MARK LYNAS

SEIS GRADOS

EL FUTURO EN UN PLANETA MÁS CÁLIDO

Librooks

MARK LYNAS

SEIS GRADOS

EL FUTURO EN UN PLANETA MÁS CÁLIDO

PREMIO DE LA **ROYAL SOCIETY** AL MEJOR LIBRO DE DIVULGACIÓN CIENTÍFICA

Librooks

Versión original en lengua inglesa publicada por HarperCollins Publishers Ltd. con el título
Six Degrees. Our future on a hotter planet

Primera edición en lengua castellana: junio de 2014

LIBROOKS BARCELONA, S.L.L.
Bailén 95, 1º 1ª – 08009 Barcelona
Tel. +34 93 184 09 60
info@librooks.es
www.librooks.es

Imagen de la cubierta:
© Greenpeace / Pedro Armestre / Mario Gómez para www.calamar2.com

ISBN: 978-84-941835-5-3
Depósito legal: B-13420-2014
Impresión y encuadernación: Artes Gráficas Huertas

Impreso en papel ecológico

A mi esposa Maria, mi hijo Tom y mi hija Rosa,
con la esperanza de que la mayoría de predicciones
aquí descritas no se cumpla.

SUMARIO

AGRADECIMIENTOS

Este libro es, ante todo, un trabajo de síntesis que recopila las investigaciones llevadas a cabo por centenares de científicos de todo el mundo. No les puedo dar las gracias uno por uno, pero sí quiero reconocer, con gratitud, que sin su visión, conocimientos, experiencia y dedicación, *Seis grados* no existiría, y continuaríamos sin entender lo que nos espera. También quiero dar las gracias a las personas que me han ayudado a localizar y utilizar las diferentes fuentes de las que bebe este libro: a Jenny Colls de la Biblioteca de Ciencias de la Tierra de la Universidad de Oxford, y especialmente al personal de la Biblioteca Científica Radcliffe, lugar en que me he pasado semanas y meses encerrado, trabajando en la Lancaster Room. Desafortunadamente, y aun con todos los recursos de la Biblioteca Bodleian, no todo el material estaba siempre disponible, así que muchas gracias también a Jonathan Lifland de la Unión Geofísica Americana (AGU) por enviarme por correo electrónico copias en PDF de decenas de artículos publicados en *Geophysical Research Letters* y otras publicaciones de la AGU.

También tengo una deuda con mi agente, Antony Hardwood, otro residente de Oxford con quien he compartido muchas comidas, que entendió mi idea de los *seis grados* desde el primer momento. James Macdonald Lockhart, de Antony Hardwood Ltd., también me dio consejos muy útiles en diversas ocasiones. Gracias en particular a mi editora, Mitzi Angel, de Fourth Estate, por aceptar el libro y darle (y darme) apoyo con tanto entusiasmo a lo largo de todo el proceso. Silvia Crompton, de Fourth Estate, también le dedicó muchas horas, así como el revisor de textos Merlin Cox, que mejoró considerablemente mi primer borrador. Y no puedo dejar de mencionar a la correctora de pruebas Anne Rieley, quien, por suerte, supo detectar mis faltas y errores tipográficos a tiempo.

El glaciólogo y alma gemela mía Stephan Harrison le dio una ojeada a uno de los primeros borradores de *Seis grados*, y también lo hizo mi viejo amigo y compañero de *squash* Paul Kingsnorth. Sus comentarios fueron muy bien recibidos, ¡incluso cuando fueron ignorados! Por último, pero no menos importante, quiero expresar mi eterno agradecimiento a mi esposa Maria por no haber dudado nunca de mí, incluso cuando las tensiones y presiones de la escritura (por no mencionar el tema del libro) hicieron de mi un marido, como mínimo, poco ejemplar.

«La tierra lagrimosa lanzó un viento
que hizo brillar un relámpago rojo
y, venciéndome todos los sentidos,
me caí como el hombre que se duerme».

Dante, *El Infierno*, Canto III
Dante entra en el Primer Círculo del Infierno

INTRODUCCIÓN

Ya era de noche cuando llamaron a la puerta. Entre la oscuridad, vislumbré dos chaquetas amarillas encima de unos uniformes negros: era la policía. Los agentes me explicaron que iban puerta por puerta para advertir a los habitantes de la zona del inminente riesgo de inundaciones. Me entregaron un folleto fotocopiado donde avisaban de que nos preparásemos para desconectar la corriente y trasladar todos los objetos de valor al piso de arriba, y se marcharon.

Llevaba dos días lloviendo. La lluvia caía con fuerza torrencial durante la mayor parte del día, e iba acompañada de potentes rayos y truenos intermitentes. Las carreteras estaban anegadas y las riadas empantanaban los campos. En pocas horas, se cortó la conexión ferroviaria norte, y Oxford —como muchas otras ciudades de las Midlands y el sur de Inglaterra— quedó aislada. Cuatro días más tarde, las aguas seguían creciendo, mientras el río Támesis alcanzaba su nivel máximo como resultado de las las fuertes inundaciones producidas aguas arriba. Encendí la televisión y en las noticias vi la bonita ciudad histórica de Tewkesbury convertida en una isla, Cheltenham y Gloucester afectadas por cortes en el suministro eléctrico, y las escuelas de toda la región cerradas. Las inundaciones se habían llevado por delante una planta de tratamiento de agua, lo que había dejado a un cuarto de millón de personas sin agua potable durante más de una semana. Si bien mi casa no se inundó, mientras escribo estas líneas aún puedo oler el hedor de algas podridas que dejó el río en la vecina Port Meadow.

La intensidad y la violencia de la lluvia me recordaron a una tormenta tropical que había presenciado unos años antes en los Outer Banks de Carolina del Norte, en el transcurso de las investigaciones que llevé a cabo para escribir Marea alta. El cielo era igual de oscuro y amenazador, y el radar de lluvia de la página web del servicio meteorológico mostraba los mismos rojos y blancos de precipitaciones superintensas que ya había presenciado en el 2002, cuando me refugié en la furgoneta de los rastreadores de huracanes cerca del cabo Hatteras. Los huracanes originan algunas de las precipitaciones más fuertes de la Tierra, y se puede dar por sentado que acarrearán inundaciones. Tal como nos recordó la terrible tragedia que provocó el huracán Katrina en Nueva Orleans el año 2005, a veces estas inundaciones —combinadas con una extraordinaria marejada ciclónica— pueden resultar mortíferas.

Todos estos acontecimientos no son más que el reflejo de un mundo cambiante. El calentamiento global está intensificando el ciclo hidrológico, lo que provoca que se originen en el mar tormentas más fuertes y huracanes más violentos. Las condiciones climáticas extremas no son nada nuevo, por supuesto, pero la retención del calor del sol a causa del aumento de la concentración de gases de efecto invernadero hace que haya más energía disponible en el sistema y que nos enfrentemos a lo peor cada vez más a menudo. La desgracia que sufrió Nueva Orleans hace ahora nueve años fue para mí como una revelación sobre lo que nos deparaba el siglo XXI a muchos de nosotros, en miles de lugares de alrededor del mundo, a causa de la aceleración del cambio climático.

Las imágenes quedaron grabadas en mi memoria incluso después de que la ciudad se vaciase y los pobres supervivientes de Nueva Orleans y la región del Golfo fuesen enviados a refugios temporales en Texas y otros lugares. En el momento de escribir este libro, medio millón de ellos todavía permanecía allí: se podría decir que son los primeros refugiados climáticos, desplazados permanentemente de sus hogares. Y yo no podía dejar de preguntarme: ¿Qué vendrá después? ¿Qué pasará cuando el mundo se vaya calentando poco a poco? Con el previsible calentamiento global de hasta 6 °C en los próximos cien años que pronostica el Grupo Intergubernamental de Expertos sobre el Cambio Climático (IPCC, por sus siglas en inglés), ¿qué ocurrirá con nuestras costas, nuestras ciudades, nuestros bosques, nuestras tierras de cultivo y nuestras montañas? ¿Nos veremos obligados a malvivir de los despojos de la civilización en refugios en el Ártico, como sugieren algunos ecologistas, o la vida continuará como hasta ahora, solo que con unos grados más?

Comencé a adentrarme en la literatura científica más reciente sobre el calentamiento global mientras reflexionaba sobre estas preguntas. Sabía por las investigaciones que había llevado a cabo anteriormente para escribir Marea alta que, a estas alturas, los científicos ya han realizado centenares de predicciones —la mayor parte basadas en modelos informáticos muy complejos— sobre el impacto que tendrá el calentamiento futuro del planeta sobre todas las cosas, desde los cultivos de maíz de Tanzania hasta las nevadas de los Alpes. De vez en cuando, un estudio especialmente llamativo consigue saltar a los titulares de los periódicos, pero la gran mayoría de estos pronósticos queda arrinconada en crípticas revistas especializadas que solo leen otros climatólogos. Muchas de estas revistas llegan a la Biblioteca Científica Radcliffe de la Universidad de Oxford, a poco más de un kilómetro de mi casa, y allí descansan, en sus estanterías mal iluminadas, durante semanas o incluso años, sin que nadie perturbe su reposo. Me percaté de que era casi como si tuviera un oráculo de Delfos en el jardín de casa, o como si Nostradamus fuera mi vecino, si no fuera porque estas profecías científicas ya habían empezado a hacerse realidad.

A principios de aquel año comencé un peregrinaje diario al sótano de la Biblioteca Científica Radcliffe con mi portátil. A lo largo de semanas revisé decenas de miles de documentos científicos. El tiempo fue pasando sin que yo apenas me diera cuenta. Iba guardando en una hoja de cálculo todos los documentos que me parecían interesantes: los documentos sobre dos grados de calentamiento global en la pestaña de los dos grados, los documentos sobre cinco grados de calentamiento global en la pestaña de los cinco grados, etc. No todo eran predicciones de modelos informáticos; parte del material más interesante provenía de estudios paleoclimatológicos, investigaciones sobre cómo las variaciones de temperatura habían afectado al planeta en la prehistoria, en anteriores épocas de calentamiento global. Advertí que estos registros de episodios de efecto invernadero del pasado podían ser similares a los del futuro, así que también los introduje en mi tabla de los seis grados, según las temperaturas de los periodos climáticos que representaban.

Finalmente, me di cuenta de que poseía algo realmente único: una guía grado a grado sobre el futuro de nuestro planeta. Y, a partir de este material, el libro fue tomando forma: el primer capítulo recogía todos los impactos del calentamiento global asociados a un aumento de la temperatura de un grado, el segundo capítulo de dos grados, el tercer capítulo de tres grados... y así hasta llegar a los seis grados, el peor de los escenarios contemplados por la ciencia. Ningún científico ni periodista había hecho antes este trabajo tan minuciosamente, y nunca antes se había presentado toda esta información al público general en forma de libro.

A medida que fui avanzando, comencé a pensar que quizá debería mantenerlo todo en secreto. *Seis grados* comenzaba a parecer un manual de supervivencia, lleno de indicaciones sobre qué partes del planeta deberían ser abandonadas y cuáles tenían más probabilidades de seguir siendo habitables. ¿Tendría que compartir esta información solo con mis familiares y amigos, dar a mis personas más cercanas una discreta ventaja? ¿O quizá debería difundirla por todas partes, como una especie de cuento con moraleja, para convencer a la gente de que iniciara una campaña de rápida reducción de las emisiones y evitar el peor desenlace antes de que fuese demasiado tarde?

Evidentemente, escogí la segunda opción, más optimista. Pero había un tema que no dejó de preocuparme mientras hacía las primeras presentaciones públicas de *Seis grados*, especialmente cuando escuché por casualidad una conversación en los lavabos después de una de ellas: uno de los asistentes se disculpaba con otro por haberle arrastrado a un acto tan deprimente. Me quedé de piedra. ¿Deprimente? Sinceramente nunca me había pasado por la cabeza que *Seis grados* pudiera ser deprimente. Sí, los impactos que pronostica son terribles, pero en general aún se pueden evitar. Deprimirse ahora por la situación es como sentarse en el comedor a contemplar cómo se quema la cocina, y después irse sintiendo cada vez más abatido a medida que el fuego se extiende por toda la casa, en vez de coger un extintor y apagar las llamas.

Lentamente también me percaté de que, cuando intentaba explicar el libro a no especialistas, la mayor parte de la gente normal no entendía ni remotamente lo que querían decir dos, cuatro o seis grados de calentamiento de media. Parecen cambios muy pequeños, teniendo en cuenta que el mercurio puede oscilar quince grados entre el día y la noche. Para la mayoría de nosotros, si el jueves hace seis grados más que el miércoles, no significa que se avecine el fin del mundo, solo que podremos dejar el abrigo en casa. Son los caprichos del tiempo. Pero seis grados de cambio global de media es una perspectiva totalmente diferente.

Pensemos en esto: hace 18.000 años, durante la helada más fuerte de la última era glacial, las temperaturas globales eran unos seis grados más frías que hoy en día. En ese clima gélido, las capas de hielo se extendían de costa a costa de América del Norte. Tal y como atestiguan los surcos glaciales de las rocas de Central Park, Nueva York estaba enterrada bajo un grueso bloque de hielo de más de un kilómetro y medio de profundidad que se adentraba en el corazón del continente. El norte de Nueva Jersey también estaba congelado, así como toda la región de los Grandes Lagos y prácticamente todo Canadá. Más al sur, el corazón agrícola de estados como Misuri y Iowa estaba compuesto por una gélida tundra azotada por vientos cargados de polvo procedentes del casquete glacial y cubierta por capas de permafrost sólido. Durante la era glacial, los humanos vivían más hacia el sur, donde lugares que ahora son subtropicales, como Florida y California, mantenían un clima templado.

Además, los cambios de temperatura eran pasmosamente rápidos, de diversos grados en el espacio de una década, con un clima que se calentaba y se volvía a enfriar. Hubo un momento, hace unos 70.000 años, en que la enorme erupción de un supervolcán en Indonesia expulsó miles de kilómetros cúbicos de polvo y azufre en la atmósfera, bloqueando el calor del sol y provocando una caída en picado de las temperaturas. El consiguiente invierno «nuclear» prácticamente aniquiló a la población humana mundial, que quedó reducida a entre 15.000 y 40.000 individuos, un cuello de botella que todos los humanos aún llevamos escrito en nuestros genes. Implícitamente, si seis grados de enfriamiento casi fueron suficientes para exterminarnos en el pasado, ¿podrían seis grados de calentamiento tener un efecto similar en el futuro? He aquí la pregunta que este libro pretende responder.

De vuelta al verano del 2005, cuando comencé mi viaje para descubrir el posible futuro de la humanidad, me sentí como Dante a las puertas del infierno: un privilegiado porque iba a ver lo que pocos habían contemplado antes, pero también profundamente angustiado por los horrores que parecían aguardarnos. Igual que el poeta Virgilio fue el guía de Dante en su descenso a los infiernos, mis guías eran los numerosos científicos talentosos y apasionados que habían conducido las investigaciones originales en que se basa este libro. Les ofrezco mi gratitud, y espero que se vean reflejados con lo que viene a continuación.

> «Vamos, que mi deseo es como el tuyo.
> Sé mi guía, mi jefe y mi maestro.
> Así le dije, y luego que echó a andar,
> entré por el camino arduo y silvestre».
>
> Dante, *El Infierno,* Canto II

Un apunte técnico

Como corresponde a cualquier escritor de divulgación científica, he hecho todo lo posible para insuflar vida a cada caso de estudio sin perder el rigor del documento original. Allí donde la ciencia ha evolucionado con los años, he intentado recogerlo en el relato. Naturalmente, me he encontrado con dificultades: casi todos los estudios utilizan modelos diferentes, cada uno empleando distintos supuestos subyacentes, y a veces compararlos puede ser como comparar peras con manzanas. Todos los estudios contienen también algunas incertidumbres, a menudo expresadas en términos cuantitativos —tal es la naturaleza de la buena ciencia— y cuidadosamente sopesadas, consideraciones concienzudas que no siempre pueden verse reflejadas como hace falta en un contexto generalista como este. Invito a los lectores que tengan dudas sobre cualquier información recogida en el libro a que consulten las referencias y juzguen los trabajos originales por sí mismos. También les pido que no vengan a quejarse si tienen dudas sobre las metodologías empleadas por los estudios originales: yo no soy climatólogo, tan solo soy el intérprete.

Llegados a este punto querría añadir un apunte muy general sobre el calentamiento global, con la intención de ayudar a los lectores que anden un poco perdidos a causa de la naturaleza mayoritariamente científica del debate. En términos básicos, la palabra calentamiento global (que alterno sin distinción con «cambio climático», aunque técnicamente significan cosas un poco distintas) se refiere al aumento de las temperaturas atmosféricas mundiales como resultado del incremento de las concentraciones de gases de efecto invernadero que hay en el aire que nos rodea. Es innegable que estos gases de efecto invernadero provocan el calentamiento, como si el globo estuviera envuelto en una manta adicional, y la física así lo ha determinado desde hace más de cien años. Estos gases causan un «efecto invernadero» porque son opacos a los rayos infrarrojos de onda larga: el calor procedente del sol es de onda corta, y los atraviesa directamente, pero cuando este calor es irradiado de nuevo por la Tierra, su longitud de onda es más larga, y una parte es retenida por los gases, de la misma manera que el cristal de un invernadero retiene también el calor. Si no hubiera gases de efecto invernadero en la atmósfera, la temperatura media de la Tierra sería de unos -18 °C.

Desde el comienzo de la Revolución Industrial, las concentraciones del principal gas de efecto invernadero, el dióxido de carbono (CO_2), han aumentado en una tercera parte, y las de metano —otro potente gas de efecto invernadero— se han duplicado. Si bien ha habido fluctuaciones a lo largo de las décadas, las temperaturas globales han aumentad unos 0,8 °C en los últimos 150 años, y se espera que aumenten todavía más deprisa en el próximo siglo a causa del incremento de los niveles de CO_2. Una parte de esta futura subida de las temperaturas será el resultado de las emisiones pasadas, y otra parte reflejará los rápidos incrementos de gases de efecto invernadero fruto de la actividad humana. Lo que intentaré explicar en este libro es que podemos evitar aumentos superiores de las temperaturas si reducimos las emisiones.

Aunque he hecho todo lo posible por garantizar que cada estudio de impacto esté incluido en el capítulo que le corresponda, en algunos casos la decisión sobre qué se tenía que colocar en cada capítulo ha sido un tanto arbitraria. Muchos documentos, de hecho la mayoría, no especifican el cambio en la temperatura media global al que hacen referencia en su estudio, especialmente cuando se trata de un cambio regional. Por ejemplo, un estudio sobre los bancos de hielo del Ártico se puede basar en una serie de diferentes concentraciones futuras de dióxido de carbono, si bien los autores no las interpretan como medias de temperaturas globales, con lo cual me encuentro en la difícil situación de decidir en qué capítulo incluirlo. Puede haber distintos estudios que utilicen las mismas concentraciones futuras de CO_2, pero que no necesariamente compartan las mismas predicciones de temperatura. Para complicarlo aún más, cada modelo tiene diferentes «sensibilidades» en lo que respecta a los aumentos de los gases de efecto invernadero. De todos modos, quiero remarcar que todo el material de este libro procede de literatura científica revisada por otros colegas o profesionales, y en ningún momento he basado las predicciones en fuentes menos fiables, como artículos de periódico o comunicados de prensa de grupos activistas.

También es importante observar que la escala de temperaturas de este libro se basa en la franja de temperaturas de referencia del IPCC de 1,4 °C a 5,8 °C, publicada en el 2001 en su Tercer Informe de Evaluación, que presenta los pronósticos hasta los seis grados. Esto se refleja en la estructura de los capítulos del libro: el capítulo sobre tres grados, por ejemplo, comprende temperaturas globales de 2,1 °C a 3 °C, mientras que el capítulo sobre seis grados va de los 5,1 °C a los 5,8 °C. En febrero del 2007, el IPCC publicó su Cuarto Informe de Evaluación (AR4), que ampliaba la franja de proyecciones de temperaturas para el 2100. En el escenario de emisiones más bajas del AR4, que contempla un descenso drástico de las emisiones de efecto invernadero mundiales, el calentamiento sería de solo 1,1 °C para el 2100, mientras que en el escenario de emisiones más altas, el calentamiento global podría alcanzar los 6,4 °C. Dicho de otra manera, la franja es más amplia, y el peor de los escenarios es aún más radical que el que presentaba el informe IPCC del 2001, siete grados en la escala de este libro.

El Cuarto Informe de Evaluación del IPCC también analiza en detalle los impactos del cambio climático previstos en el futuro, cubre en gran parte el mismo terreno que este libro y toma como referencia muchos de los mismos documentos. El lenguaje es lo bastante llano como para que la mayoría de profanos lo encuentre perfectamente comprensible, lo cual es una mejora respecto a sus predecesores. Quisiera recomendar una parte en particular del AR4 a los lectores interesados: la sección del Grupo de Trabajo II, concretamente una tabla en el Resumen para Responsables Políticos que utiliza una simple escala grado a grado para describir los impactos previstos del calentamiento desde 1 °C hasta 5 °C. (No se explica el motivo por el cual la tabla no se extiende hasta los seis grados, pese a que esta temperatura está contemplada en las proyecciones de escenarios presentadas por el IPCC). El texto completo de todos los informes del IPCC está disponible en la página web www.ipcc.ch.

Admito que escoger una estructura basada en las temperaturas para este libro es un riesgo que dificulta la tarea de dar fechas concretas. El mundo podría ser dos grados más caluroso para el 2100, o podría alcanzar ese nivel mucho antes, en el 2030, por ejemplo. La velocidad del calentamiento es crucial para determinar la capacidad de la civilización humana y de los ecosistemas naturales de adaptarse al clima cambiante, y pido a los lectores que lo tengan en cuenta. La otra opción, avanzar por el siglo XXI década a década, habría sido, en mi opinión, aún más problemática, dado que las fechas asociadas a cada escenario de emisiones y cambios de temperatura aún son muy inciertas. Este libro solo trata con lo que los científicos llaman cambios climáticos «pasajeros»: a causa de la inercia térmica de los océanos, harían falta siglos para que las temperaturas se estabilizaran en una determinada concentración de gases de efecto invernadero en un supuesto estado de «equilibrio».

También he especulado ocasionalmente con lo que los cambios previstos por los científicos actuales podrían significar para la sociedad futura. ¿Podría China invadir Siberia para asegurarse un *Lebensraum* subártico en un planeta con cada vez menos zonas habitables? ¿Si sus poblaciones estuvieran sedientas, podría el conflicto entre la India y Pakistán por controlar las cada vez más escasas aguas del deshielo del Himalaya escalar hasta una guerra nuclear? Por supuesto, sería una locura pretender que estas predicciones se conviertan literalmente en realidad: la historia nos ha enseñado que los acontecimientos humanos son demasiado impredecibles para este tipo de enfoques deterministas. Pero hay una cosa sobre la que no tengo ninguna duda: el cambio climático es el lienzo sobre el que se pintará la historia del siglo XXI. Hombre prevenido vale por dos.

Adelante, pues. Adentrémonos juntos en el infierno.

1º

1

UN GRADO

El desierto durmiente de América

Sería fácil pasar de largo. Pocos excursionistas pasan por aquí, y es poco probable que los que lo hagan presten atención a unos pocos tocones enraizados en el lecho del río. En cualquier caso, este rincón solitario, allí donde el cañón del río West Walker se estrecha al adentrarse en el flanco este de la Sierra Nevada californiana, no es un buen lugar para entretenerse: la zona es conocida por sus repentinos aguaceros y sus súbitas riadas. El río abarca casi todo el ancho de la garganta, y no hay lugares seguros a los que encaramarse si empieza a caer el chaparrón.

Pero estos tocones tienen una historia que contar. Los árboles muertos saben hablar, a su manera. Al contemplarlos, un excursionista observador o un pescador perspicaz podrían plantearse una pregunta: ¿qué hacen plantados en el lecho del río, en un lugar donde la corriente constante del agua impide el crecimiento de cualquier árbol? A principios de los noventa, unos científicos llevaron a cabo una investigación que reveló que los tocones eran de pinos de Jeffrey, una especie bastante común en la zona, pero que no suele echar raíces en los ríos. Y lo que es más importante, aquellos árboles eran viejos. Muy viejos. Según las muestras de tejido, los tocones eran de la Edad Media, y crecieron durante dos periodos concretos, alrededor de los años 1112 y 1350.

El misterio fue en aumento cuando se encontraron tocones similares en el lago Mono, un gran cuerpo de agua salada a cientos de kilómetros al sur del río Walker, cerca de la frontera estatal con Nevada. Se trata de un lugar espectacular, famoso por sus cielos despejados y sus puestas de sol, con un paisaje árido y ondulante apenas estorbado por unos pocos volcanes extinguidos. Los tocones del lago Mono no solo eran de pinos, sino también de otras especies autóctonas como chopos y artemisias, y todos se encontraban muy por debajo de los niveles actuales del lago, de modo que tan solo fueron descubiertos gracias a los proyectos de desvío de agua para el suministro de la lejana Los Ángeles. De nuevo, la datación por carbono reveló que procedían de los mismos dos intervalos que los árboles del río Walker. Claramente, algo importante había ocurrido durante la época medieval.

En la profundidad de las montañas se encontraron más pruebas, escondidas en dos lugares hoy famosos por sus bosques de secuoyas gigantes, los parques nacionales de Yosemite y de las Secuoyas. Estos enormes árboles, que en términos de volumen de madera total son los organismos vivientes más grandes de la Tierra, también están entre los más viejos. Algunos árboles vivos tienen más de 3.000 años. Y, puesto que cada ciclo anual de crecimiento deja un anillo claramente visible, estas ciclópeas plantas son también un excelente registro del clima del pasado. Hace más de una década, científicos que recogían muestras de madera de secuoyas gigantes muertas advirtieron viejas cicatrices de fuego en los extremos de algunos de sus anillos. Estas cicatrices eran especialmente frecuentes durante el mismo periodo medieval —entre los años 1000 y 1300— en que habían crecido los árboles del río West Walker y el lago Mono. Los incendios forestales habían devastado ambos parques con el doble de frecuencia que en épocas anteriores, y solo puede haber una explicación plausible: los bosques estaban secos.

Incendios devastadores, ríos y lagos secos; las piezas del rompecabezas empezaban a tomar forma. El área que ahora llamamos California había sufrido durante la Edad Media una sequía de enormes proporciones que se había prolongado durante décadas en distintos periodos y que había alterado tanto el paisaje como los ecosistemas a una escala que ridiculiza las sequías de hoy en día. Pero ¿qué extensión geográfica tuvo este fenómeno? Pruebas provenientes de otro lago muy lejano, en las Grandes Llanuras de Dakota del Norte, proporcionan una respuesta parcial. El lago Moon, igual que el lago Mono en California, es una cuenca endorreica, es decir, sus aguas no tienen salida al mar, cosa que lo convierte en un lago salino. La salinidad fluctúa con el clima: en temporadas de años húmedos, entra más agua dulce en el lago y los niveles de sal descienden. Lo contrario también ocurre: en los años secos se evapora más agua, lo que hace aumentar la concentración salina. Científicos canadienses han podido reconstruir los niveles de salinidad del lago Moon a través de siglos a partir de las muestras de unas minúsculas algas llamadas diatomeas —el número y el tipo de las cuales varía con los niveles de salinidad— de los antiguos sedimentos del lago. Y mira tú por dónde, hacia el año 1200 una serie de sequías de dimensiones épicas sacudió las Grandes Llanuras, unas sequías cuyo retorno —según los científicos— sería catastrófico.

Un equipo de biólogos que trabajaba en el norte del Parque Nacional de Yellowstone, en Wyoming, a 1.500 kilómetros al sureste del lago Moon, fue capaz de arrojar algo de luz sobre la naturaleza devastadora de una sequía de tal magnitud. Habían perforado los sedimentos vertidos por los ríos y descubrieron un pico en el flujo de escombros fangosos —el producto de las riadas— hace unos 750 años. Estas riadas habían arrasado las laderas de montañas desprovistas de cubierta forestal a causa de los incendios: curiosamente, estas corrientes de detritos de las inundaciones son un clásico indicio de sequía. Al parecer, todo el oeste de los Estados Unidos había sido golpeado al mismo tiempo.

El efecto sobre la población de nativos americanos en esta era precolombina fue, efectivamente, catastrófico. Civilizaciones enteras cayeron, comenzando por la zona del cañón del Chaco, en el Nuevo México actual. Los indios Pueblo del cañón del Chaco eran, en su apogeo, una de las sociedades más avanzadas del continente, capaces de construir el mayor edificio de piedra de América del Norte antes de la invasión europea, una «gran casa» de cuatro plantas, con más de 600 habitaciones individuales, la mayor parte de la cual aún se mantiene en pie. Sin embargo, cuando llegó la gran sequía de 1130, eran vulnerables: el crecimiento demográfico había reducido la base ecológica de la sociedad y los bosques y tierras de cultivo estaban sobreexplotados. La mayoría de la población murió, mientras que los supervivientes se vieron empujados a una vida de subsistencia, obligados a instalarse en la cima de acantilados fáciles de defender. Hay pruebas de conflicto violento en diversos lugares, como calaveras con marcas de cortes por arrancamiento de cabellera, esqueletos con cabezas de flecha dentro de la cavidad corporal y marcas de dientes fruto del canibalismo.

En realidad, el mundo entero fue testigo de un cambio climático en la época medieval. La era, comúnmente llamada «periodo cálido medieval», fue un tiempo en que —según cuenta la historia— los vikingos colonizaron Groenlandia y las viñas florecían en el norte de Inglaterra. Las temperaturas en el interior de América del Norte pudieron haber sido entre 1 °C y 2 °C más calurosas que hoy en día, pero la idea de un mundo significativamente más cálido en la Edad Media es, en realidad, falsa. Las últimas investigaciones que recopilan datos inferidos a través del coral, núcleos de hielo y anillos de árboles por todo el hemisferio norte muestran un dibujo mucho más complicado, con los trópicos incluso más fríos que en la actualidad, y distintas regiones que se calentaban y luego se enfriaban en periodos diferentes. Por muy pequeño que fuera el cambio global, hay pruebas aplastantes de que lo que sufrió el oeste de Estados Unidos no fue un déficit de lluvias a corto plazo, sino una gigantesca sequía a escala global que duró, como mínimo, varias décadas. En el año 2007, científicos estadounidenses presentaron un estudio realizado a partir de los anillos de árboles que reconstruía la corriente medieval del río Colorado en Lee's Ferry, Arizona, y mostraba que el río había perdido un 15% de su agua durante una gran sequía a mediados de 1100. Durante sesenta años, el río no tuvo más que crecidas bajas, de manera que ni siquiera las inundaciones típicas del Colorado llegaron a acabar con la sequía. La nada desdeñable coincidencia de estas fechas con las pruebas provenientes de Nuevo México sugiere que esta fue la misma sequía que acabó con los indios del cañón del Chaco.

Para ver lo peor que incluso el menor cambio climático puede hacer, consideremos el sitio menos espectacular que pueda imaginarse: Nebraska. No es un estado que figure en las listas de lugares a visitar de los turistas. «Demonios, pensé que yo también estaba muerto. Resulta que solo estaba en Nebraska», dice el personaje de Gene Hackman en la película *Sin perdón*. Una monótona extensión de terreno increíblemente llano, la única particularidad de Nebraska es que es el único estado americano con una asamblea legislativa unicameral. Aparentemente, Nebraska también es el principio del antiguo Oeste; en Lincoln, la capital, corre la leyenda de que el Oeste comienza exactamente en la intersección de las calles 13 y O, en un punto marcado por una cruz de ladrillos rojos.

Pero quizás el dato más importante de Nebraska es que se encuentra justo en el centro de uno de los sistemas agrícolas más productivos de la Tierra. El maíz y la ganadería bovina dominan la economía, y la región de Sand Hills, en el corazón de Nebraska, contiene algunas de las fincas ganaderas más prósperas de todo Estados Unidos.

Para el visitante ocasional, las Sand Hills parecen cubiertas de hierba verde, y en la época previa a la llegada de los europeos alimentaron tremendas manadas de bisontes, de aquí su productividad para la ganadería moderna. Pero tal como su nombre indica, si rascas unos pocos centímetros, la fina capa de tierra da paso a algo mucho más inquietante: arena. Estas colinas de aspecto inofensivo formaron parte de un desierto, un inmenso sistema de dunas de arena que se extendía a través de miles de kilómetros por las Grandes Praderas, desde Texas y Oklahoma en el sur, a través de Kansas, Colorado, Wyoming, Dakota del Norte y del Sur, hasta los lejanos estados de Saskatchewan y Manitoba en el norte, en las praderas canadienses. Estos sistemas de dunas están «estabilizados» en la actualidad: cubiertos por una capa protectora de vegetación, de manera que ni siquiera los vientos más fuertes pueden alterarlos. Pero durante el periodo cálido medieval, cuando las temperaturas en la zona de las Grandes Praderas debían ser solo un poco más calurosas que ahora, estos desiertos cobraron vida y empezaron a marchar a través de un paisaje fértil que hoy es una fuente de alimentos crucial para la humanidad. Esta evidencia histórica sugiere que incluso los más pequeños cambios de temperatura podrían devolver a la región un estado de aridez extrema.

Aquellos que recuerden el Dust Bowl (un periodo de grandes sequías y tormentas de arena que asoló el oeste americano) de 1930 podrían pensar que ya han presenciado lo peor que la naturaleza puede ofrecer. En los peores años de la Dust Bowl, entre 1934 y 1940, millones de acres de la cobertura vegetal de las Grandes Llanuras fueron arrancados por colosales tormentas de arena. Por ejemplo, una de ellas, en mayo de 1934, alcanzó Chicago y arrojó nieve roja sobre Nueva Inglaterra. Cientos de miles de personas, incluyendo un 85% de la población de Oklahoma, abandonaron sus tierras y huyeron hacia el oeste. Todo esto solo comportó un 25% de reducción de las precipitaciones, lo suficiente para que las tierras aradas fueran arrastradas por el viento, pero no para que las dunas gigantes se movieran. Lo que despertó a las dunas de su largo letargo hace casi mil años fue una sequía de una escala completamente diferente, una disminución de las precipitaciones que se sostuvo durante décadas, no años.

En un mundo que no llega a ser ni un grado más caliente de media, el oeste de los Estados Unidos podría verse otra vez atacado por sequías perennes devastadoras para la agricultura y que provocarían un desplazamiento de población en una escala muy superior a la de la catástrofe de 1930. Aunque una irrigación más intensa podría mantener lo peor a raya durante algún tiempo, la mayoría de los grandes acuíferos ya tiene sus días contados a causa de la sobreexplotación derivada de la agricultura industrializada. Granjas, carreteras e incluso ciudades serán engullidas por la arena mientras poderosas tormentas de arena y polvo convierten el día en noche a través de kilómetros de antiguas praderas. Nuevas dunas se alzarán en los campos donde antes pacía el ganado y crecía el maíz. Para los agricultores, no habrá más remedio que abandonar por completo la agricultura a lo largo de millones de kilómetros cuadrados de lo que una vez fueron prósperas tierras de cultivo. El precio de los alimentos subirá en todo el mundo, sobre todo si otras zonas sufren sequías importantes a la vez. Y aunque se supone que algunas zonas más al sur de Estados Unidos se volverán más húmedas a causa de la intensificación del monzón americano, sus habitantes quizás no verán con buenos ojos la llegada de un flujo migratorio de millones de personas.

Más hacia el este, sin embargo, la agricultura podría verse beneficiada por temperaturas más calurosas y precipitaciones más intensas. Igual que California ofreció refugio a los habitantes desplazados de Oklahoma durante el Dust Bowl, las zonas del Medio Oeste y los Grandes Lagos podrían tener que dar trabajo y sustento a aquellos que ya no puedan ganarse la vida en los terrenos arenosos del lejano oeste, cuando las lluvias dejen de caer y los vientos del desierto comiencen a soplar.

¿El día de mañana, ya?

A la vez que los granjeros de las Llanuras Altas de América del Norte ven como sus campos y praderas son engullidos por el viento bajo un calor inmisericorde, sus parientes del otro lado del Atlántico podrían tener que hacer frente a otro problema: el frío extremo. Se prevé que una de las consecuencias más inesperadas del calentamiento global sea el posible desplome de las temperaturas en el noroeste de Europa a causa de las interrupciones y ralentización de la corriente caliente del Atlántico comúnmente conocida como la corriente del Golfo. Este es el argumento (muy exagerado) que Hollywood convirtió en la película de catástrofes *El día de mañana*, en la que el colapso de la corriente atlántica desencadena una nueva edad de hielo que congela Nueva York y Londres al instante (aunque, por supuesto, el bueno se sigue llevando a la chica). Los científicos del mundo real no tardaron en criticar la película por saltarse a la torera las leyes de la termodinámica, pero tuvieron que reconocer que una ralentización de la corriente del Atlántico norte era una realidad inquietante, especialmente para aquellos que viven en una zona del mundo acostumbrada a un suave clima marítimo que no concuerda en absoluto con su alta latitud septentrional.

Es necesario hacer un pequeño aparte técnico en este punto. Solo una pequeña parte de la gran corriente que aporta agua caliente en el Atlántico norte es la auténtica corriente del Golfo: esta, como su nombre indica, es una corriente de agua caliente subtropical que nace en el golfo de México y circula en dirección noreste y que eventualmente pasa a formar parte de un sistema de corrientes mucho mayor designado por los científicos como Circulación Meridional de Retorno del Atlántico (MOC). La MOC es impulsada en parte por el enfriamiento y hundimiento de agua en altas latitudes, frente a las costas de Groenlandia y Noruega, donde el aire glacial del Ártico enfría el agua, lo que provoca que el agua dulce se concentre en forma de hielo ártico y aparezca un rastro de agua densa y salada que cae rápidamente al fondo del océano. Desde allí comienza un viaje de retorno al sur, para surgir a la superficie 1.200 años más tarde en el Pacífico. Hace tiempo que los científicos temen que una mayor concentración de agua dulce y caliente en los mares de Noruega y Groenlandia —provocada por un aumento de las precipitaciones, la aportación de agua del deshielo de los glaciares y la desaparición del hielo ártico— pueda impedir el hundimiento de esta agua y parar la gran cinta de transporte oceánica. De aquí los famosos escenarios de interrupción de la corriente del Golfo que hemos visto en los titulares y la película de Hollywood.

Aunque parezca difícil de creer, la interrupción de la circulación atlántica siempre ha sido más que una simple teoría. Ha ocurrido con anterioridad. A finales de la última edad de hielo, hace 12.000 años, justo cuando el mundo estaba calentándose, ocurrió un desplome de las temperaturas que se prolongó durante mil años. Los glaciares volvieron a expandirse, y los jóvenes bosques dieron de nuevo paso a la tundra helada. El periodo se llama «Dryas Reciente» por la flor *Dryas octopetala,* cuyo polen está presente en todas las capas de sedimentos de turba de la época. En Noruega las temperaturas eran 7-9 °C más bajas que hoy en día, e incluso el sur de Europa sufrió una regresión a condiciones casi glaciales. También se produjo enfriamiento al otro lado del Atlántico, y hay pruebas de un rápido cambio climático en zonas tan alejadas como América del Sur y Nueva Zelanda.

La culpable parece ser la súbita detención de la circulación Atlántica a causa de la rotura de un dique natural en el lago Agassiz, un lago gigante de agua de deshielo que se había acumulado tras los glaciales en retirada de América del Norte. Se supone que, al romperse la presa, una enorme cantidad de agua (el volumen del lago era equivalente a siete veces el de los

Grandes Lagos actuales) fue volcada en el Atlántico a través de la bahía de Hudson. Esta masa de agua dulce se diluyó en los mares del Atlántico norte, lo que hizo disminuir su salinidad e impidió que se hundieran. El resultado fue la interrupción de la corriente oceánica profunda y una desestabilización climática global.

Obviamente, hoy en día no existen lagos glaciales gigantes esperando a desembocar en el Atlántico norte, pero el calentamiento global podría interrumpir la formación de agua profunda mediante la fundición de los bancos de hielo ártico y el aumento del flujo de agua dulce proveniente de los ríos de Siberia. Sin embargo, y pese al rápido deshielo de los casquetes glaciales, durante muchos años no se encontró prueba alguna de cambios en la MOC atlántica, y muchos oceanógrafos empezaron a descartar la teoría. Esto, al menos, hasta que la RSS *Discovery*, una nave de investigación científica propiedad del gobierno británico, comenzó un recorrido rutinario por el Atlántico en el 2004. El equipo científico se había propuesto tomar muestras de agua salada a distintas profundidades a través de una linea dibujada entre las islas Canarias en el este y Florida en el oeste, con el objetivo de repetir mediciones similares que habían sido tomadas en 1957, 1981, 1992 y 1998. No esperaban descubrir nada interesante; de hecho, el jefe del equipo, el profesor Harry Bryden, había confesado a un periodista: «En 1998 solo vimos pequeñas variaciones. Estaba a punto de abandonar».

Pero el 2004 fue diferente. Bryden y sus colegas descubrieron que había menos agua caliente fluyendo hacia el norte en la superficie, y menos agua fría fluyendo hacia el sur en las profundidades. En total, la circulación atlántica había disminuido en un 30%, lo equivalente a la pérdida de 6 millones de toneladas de caudal de agua por segundo. No es de extrañar que el profesor Bryden admitiera estar «sorprendido». De pronto, la desaceleración del gran sistema de corrientes atlánticas ya no era una simple hipótesis postulada para un futuro distante. Ya estaba sucediendo.

La reacción de los medios fue instantánea. «La corriente que calienta Europa se debilita», advertía la CNN. El programa *All Things Considered* del canal NPR abría con la noticia «El motor térmico del océano Atlántico se enfría». La respuesta en Europa fue de comprensible preocupación. «Alarma por la drástica debilitación de la corriente del Golfo», informó el periódico británico *The Guardian* el 1 de diciembre del 2005. La versión del *Telegraph* sobre el mismo tema fue «El calentamiento global traerá un clima más frío para el Reino Unido». Un par de párrafos más abajo, el periódico citaba a un experto que confirmaba que «Una caída de las temperaturas de uno a dos grados en las próximas décadas causaría inviernos más extremos».

Los lectores más viejos probablemente se estremecieron ante la posibilidad de volver a inviernos tan amargos como el de 1962-1963, cuando el Reino Unido se pasó tres meses cubierto de nieve, y las temperaturas alcanzaron unas mínimas de -16 °C en el sur de Inglaterra. En algunos lugares el mar se heló, y aparecieron placas de hielo en el río Támesis a la altura del puente de la Torre de Londres. Aquella estación fue unos 2,7 °C más fría que la media — casi la misma bajada de temperaturas prevista para Londres en un modelo de estudio que investigaba el posible resultado de una reducción del 50% de la corriente caliente del Atlántico. ¿Estaba Europa a las puertas de una nueva edad de hielo?

Al parecer no. Casi un año más tarde, y con mucha menos fanfarria, la revista *Science* publicó que «una mirada más cercana a las corrientes del océano Atlántico ha confirmado lo que muchos oceanógrafos ya sospechaban: no hay ningún signo de que la "cinta transportadora" de calor del océano esté debilitándose». En lugar de los datos instantáneos generados por unos pocos viajes en barco, se repartieron diecinueve sensores instrumentales a través del Atlántico, entre el oeste de África y las Bahamas, que fueron capaces de dibujar una imagen más coherente. Según explicó Harry Bryden en una conferencia en Birmingham, un año de continua vigilancia había confirmado que la bajada del 30% registrada en un principio tan solo había sido resultado de la oscilación natural aleatoria, el tipo de fenómeno que ocurre constantemente de un año a otro.

Este resultado fue un triunfo para los modelistas, muchos de los cuales llevaban años echando jarros de agua fría sobre la teoría de la edad de hielo europea. Estaban de acuerdo en que haría falta arrojar enormes volúmenes de agua dulce en el Atlántico norte para detener la corriente del Golfo, mucho más de la que generan en la actualidad el deshielo de Groenlandia o el aumento de las precipitaciones en Siberia. En vez de desmoronarse de un día para otro, la circulación oceánica podía descender en un respetable 25% o 30%, pero solo después de cien años de emisiones continuas de gases de efecto invernadero. E incluso entonces, no serviría para enfriar Europa, como mucho, moderaría lo que habría sido una rápida subida de las temperaturas.

Tal como concluyó el IPCC en el 2007: «es muy improbable que la MOC [Circulación Meridional de Retorno del Atlántico] sufra una gran transición abrupta durante el curso del siglo XXI». Aunque todos ellos mostraban alguna debilitación para el 2100, ninguno de los modelos evaluados por el IPCC daba crédito al escenario de colapso. E incluso si se produjera esta ralentización de la MOC, el IPCC informaba que «aún se mantendría el calentamiento de temperaturas en la superficie alrededor del Atlántico norte y Europa, a causa del superior efecto de los gases de efecto invernadero». El juicio del IPCC era definitivo: no habría una nueva edad de hielo en Europa.

La montaña brillante de África

El doctor Vince Keipper, aventurero aficionado, llevaba años esperando este día. Cerca de la cima del Kilimanjaro, el punto más alto del continente africano, Keipper y su grupo esperaban con ilusión las vistas panorámicas de las llanuras de Kenia y Tanzania. Habían ascendido a través de la pronunciada y traicionera brecha oeste, y más allá de las altas murallas de hielo del glaciar Furtwängler. El clima era perfecto, con solo unas pocas nubes lejanas. Entonces, no muy lejos de la cumbre del pico de 5.895 metros, el grupo se sobresaltó al escuchar un fortísimo estrépito detrás suyo. «Nos giramos y vimos como la masa de hielo se derrumbaba con un rugido», recordaba Keipper. «Una sección del glaciar se desmoronó por la mitad, y trozos de hielo del tamaño de una habitación se desparramaron por el suelo del cráter».

Keipper y su grupo sabían que habían escapado por un pelo: podrían haber quedado enterrados si el hundimiento se hubiera producido solo unas horas antes. También sabían que el espectáculo que acababan de contemplar tenía una profunda repercusión simbólica: el pico más alto de África se estaba fundiendo frente a sus ojos.

El Kilimanjaro se ha convertido en el epítome de las campañas internacionales por el cambio climático. Las palabras suajili *kilima* y *njaro* significan «montaña brillante», un testamento del poder que este volcán gigantesco ha ejercido sobre aquellos que lo han contemplado a lo largo de los tiempos. Una reciente fotografía aérea del cráter, con poco más que un puñado de fragmentos de hielo incrustados en sus caras oscuras, fue la pieza central de una exhibición fotográfica itinerante de carácter global patrocinada por el British Council en el 2005. Durante la Conferencia de las Naciones Unidas sobre el cambio climático en Marrakech, Marruecos, Greenpeace envió un equipo al Kilimanjaro para transmitir una rueda de prensa por videoconferencia desde las proximidades de uno de los glaciares en declive.

La fama internacional del Kilimanjaro también ha atraído la atención de los negacionistas del cambio climático, quienes sugieren que la deforestación de las laderas inferiores de la montaña tiene más culpa de la retirada de los glaciares que el calentamiento global.

A Lonnie Thompson, glaciólogo de la Universidad Estatal de Ohio, considerado merecidamente uno de los científicos naturalistas más importantes de América, toda esta retórica antagonista le dejaba frío, por así decirlo. Thompson es un pionero de la perforación de núcleos de hielo en regiones montañosas inaccesibles, capaz de recoger hielo con decenas de miles de años de antigüedad de picos glaciales tan remotos como el Nevado Huascarán, en Perú, o el Dasuopu, en el Tíbet. Muy a menudo, llega al límite de la resistencia humana en el proceso, como cuando, en 1993, Thompson y su equipo de perforación pasaron acampados 53 días a 6.000 metros, entre los picos del Huascarán, en lo que probablemente fue un récord de estancia en altitud extrema. (Yo me quedé allí una noche en el 2002, y fue una noche gélida, azotada por el viento, una de las peores de mi vida). En un momento dado un temporal arrastró la tienda de Thompson, con él dentro, en dirección a un precipicio, hasta que logró clavar su piolet en el suelo. «No entiendo —comentó en una ocasión— por qué alguien querría escalar una montaña por diversión».

Thompson fue uno de los primeros en descubrir que este hielo de montaña contiene un registro único de las variaciones climáticas durante las edades, preservado en capas de polvo, isotopos de oxígeno y pequeñas burbujas de gas atrapadas dentro de los estratos de agua congelada. Una vez transportadas en congeladores y analizadas en el laboratorio, estas firmas heladas revelan de todo, desde sequías a erupciones volcánicas de décadas y siglos pasados. También cuentan la historia de los cambios de temperatura del pasado: los dos isotopos de oxígeno, 16O y 18O (que tienen distintos pesos atómicos a causa de la presencia de dos neutrones más en el núcleo del segundo), varían en abundancia según la temperatura del agua, así que su proporción en los núcleos de hielo es un buen indicador «inferido» de los climas de la antigüedad.

Thompson y su equipo también perforaron en tres de las áreas glaciares restantes en el Kilimanjaro, y en octubre del 2002 concluyeron que el 80% del hielo de la montaña ya se había derretido durante el siglo pasado. Las noticias llegaron a los titulares internacionales, junto con la predicción de Thompson de que el resto del hielo habría desaparecido entre el 2015 y el

2020. Tal y como estuvo dispuesto a admitir, esta predicción no estaba basada en un complejo modelo informático ni en ninguna otra técnica avanzada. «En 1912 había 12,1 kilómetros cuadrados de hielo en la montaña», dijo a los periodistas de la CNN. «Cuando fotografiamos la montaña en febrero del 2000, solo quedaban 2,2 kilómetros. Si se observa el área de decrecimiento, es lineal. Y cuando proyectas esto hacia el futuro, ves que alrededor del 2015 el hielo habrá desaparecido del Kilimanjaro».

Si se desprendía alguna urgencia en la voz de Thomspon, era porque sabía que el reciente deshielo estaba empezando a destruir el único registro de climas pasados preservado en los glaciares del Kilimanjaro. En sus análisis de capas de polvo en el hielo, el equipo de científicos encontró pruebas de una gran sequía de 300 años que había tenido lugar hacía 4.000 años; una sequía tan severa que se la relaciona con la caída de muchas civilizaciones del Viejo Mundo en el norte de África y Oriente Medio. El hielo también indicaba unas condiciones mucho más húmedas hace aún más tiempo, cuando había grandes lagos bañando lo que ahora es el árido Sahel africano. Cerca de la superficie el equipo de Thompson descubrió hielo que contenía una capa del radionucleido cloro-36, polvo radioactivo procedente del ensayo de la bomba termonuclear Ivy que los americanos realizaron en el atolón Eniwetok en 1952. Gracias a esta precisión en el control del tiempo, los científicos pudieron determinar que el hielo que hubiera podido preservar un registro de fluctuaciones climáticas posteriores a 1960 ya se había fundido.

Además, el hielo más viejo de la base resultó tener más de 11.000 años, lo que significa que ha habido hielo en la cima del Kilimanjaro ininterrumpidamente desde la última era glacial. Este descubrimiento hizo que los núcleos de Thompson fueran aun más valiosos, por la simple razón de que, dentro de solo diez años, aquellos círculos de hielo serrado conservados en las cámaras frigoríficas de la Universidad Estatal de Ohio serían el último hielo del Kilimanjaro que quedaría en todo el mundo. Esta es la idea que ha llevado a Thompson y a su equipo a conservar parte del hielo intacto, permitiendo así que las futuras generaciones de científicos puedan profundizar en su estudio mediante nuevas tecnologías que quizás sirvan para revelar secretos climáticos con los que hoy en día no podemos ni soñar.

Aunque los negacionistas del cambio climático se esfuerzan en sugerir que hay algo especial en la desaparición de los glaciares del Kilimanjaro, esta tesis se ve desautorizada porque están ocurriendo cambios similares en montañas de todo el mundo, en particular en las montañas Rwenzori de

Uganda, a casi 1.000 kilómetros al noroeste. En esta remota región, frontera entre Uganda y la República Democrática del Congo, las legendarias «montañas de la Luna» generan unas lluvias tan abundantes (unos cinco metros anuales) que los picos cubiertos de nubes solo son visibles unos pocos días al año, y forman la principal fuente del río Nilo. En la cima del pico más alto, el monte Stanley de 5.109 metros (nombrado en honor del explorador, que pasó por la zona en 1887), el hielo y la nieve bloquean la cima, inalcanzable para todos excepto para los montañeros más intrépidos. Y sin embargo, igual que en el Kilimanjaro, los glaciares del Rwenzori están sufriendo una importante disminución: las tres cumbres más altas han perdido la mitad de su superficie glacial desde 1987, y se espera que todos los glaciares desaparezcan en las próximas dos décadas.

En otros lugares del mundo, la desaparición de los glaciares de montaña supone una amenaza mayor para el suministro de agua corriente abajo. Pero la capa de hielo del Kilimanjaro es tan pequeña que su desaparición apenas tendrá efecto en los dos ríos, el Pangani y el Galana, que crecen en sus flancos. La principal fuente de agua del Kilimanjaro no son los glaciares, sino los bosques. El cinturón de bosques de montaña que crece entre los 1.600 y los 3.100 metros proporciona el 96% del agua que proviene de la montaña. Esta exuberante maraña de árboles, helechos y matorrales no solo absorbe las lluvias torrenciales del Kilimanjaro como una esponja, sino que además atrapa la humedad de las nubes que cubren casi permanentemente las pendientes medias de la montaña. Gran parte de esta agua es drenada hacia el subsuelo a través de las porosas cenizas volcánicas y lava, para emerger mucho más allá, en la sabana, en pozos vitales para la población local y para la fauna salvaje.

Así pues, ¿está la capacidad del Kilimanjaro de generar agua a salvo del calentamiento global? No precisamente: la subida de temperaturas y la disminución de las precipitaciones aumentan el riesgo de incendios, que ya han empezado a consumir las capas altas de bosque de montaña. Cuando desaparezcan los glaciares, también lo harán los bosques más altos, lo que repercutirá en una pérdida anual de 15 millones de metros cúbicos de caudal para los ríos aguas abajo, según una estimación. En contraste, la pérdida de la aportación de agua glacial significará un descenso de menos de un millón de metros cúbicos anuales: significativo, pero no catastrófico. La disminución de las reservas de agua lo afectará todo, desde la población de peces hasta la producción hidroeléctrica río abajo, en la empobrecida Tanzania.

Gran parte de la mundialmente famosa biodiversidad del Kilimanjaro (alberga 42 especies distintas solo de antílopes) también será amenazada por los cambios en el clima.

A medida que las nieves desaparezcan, también lo harán la fauna y los bosques verdeantes que hoy en día cruzan los turistas en su arduo camino hacia el techo del continente africano.

Los ríos fantasma del Sáhara

Muy al norte del Kilimanjaro, en el Sahel, otro lugar castigado por la sequía podría estar experimentando un muy bienvenido alivio. La región norteafricana del Sahel siempre ha sido sinónimo de catástrofe climática: durante los años setenta y ochenta, el hambre golpeó la zona de forma tan severa que inspiró enormes campañas humanitarias, como Band Aid y Live Aid. En directo desde los campos de refugiados de 1984, el reportero de la BBC Michael Buerk describió una «hambruna de proporciones bíblicas» mientras la cámara recorría lentamente los cuerpos de los muertos y moribundos. Más de 300.000 personas perecieron durante las primeras hambrunas de los setenta.

El Sahel es una área inmensa que se extiende de este a oeste a través del norte de África, desde Senegal en la costa atlántica hasta Somalia en el océano Índico. Formado principalmente por sabana y matojos espinosos, es una zona de transición climática entre el Sáhara hiperárido, al norte, y las exuberantes selvas tropicales que crecen cerca del ecuador, al sur. Las lluvias intermitentes han hecho que el pastoreo trashumante sea la forma de vida predominante, y sus habitantes se desplazan grandes distancias cada estación, siempre en busca de forraje para su ganado. Se suele dar por supuesto que el calentamiento global traerá al Sahel una sequía todavía más acusada, lo que permitiría a las dunas del Sáhara marchar hacia el sur en dirección a Nigeria y Ghana, con el consiguiente desplazamiento de millones de personas. Aunque aún son conjeturas, las previsiones producto tanto de estudios paleoclimáticos como de modelos informáticos sugieren que podría ocurrir todo lo contrario. Mientras otras partes de África se marchitan por el calor, ¿se convertirá el Sahel en un refugio?

Tenemos que ir hacia el norte, hacia el gran Sáhara, para encontrar pistas de cómo podría alterarse el clima de la zona. Aquí, en el desierto más grande del mundo, también se ha alcanzado la temperatura más alta jamás registrada en la Tierra: unos abrasadores 58 °C. El Sáhara cubre un área tan inmensa que podría albergar cómodamente en su interior los Estados Unidos continentales enteros. No es que este desierto tenga dunas de arena, es que tiene montañas de arena de hasta 400 metros de altura. Es tan absolutamente inhabitable que solo un puñado de gente sobrevive en unos pocos oasis menguantes.

Pero esparcidos por todo este enorme territorio hay claros signos de que existió un Sáhara diferente hace miles de años. Pinturas neolíticas y grabados rupestres han sido descubiertos en lugares en donde hoy en día el asentamiento humano sería imposible. Estas antiguas formas de arte representan elefantes, rinocerontes, jirafas, gacelas e incluso búfalos, animales que en la actualidad moran cientos de kilómetros al sur. En el desierto occidental hiperárido de Egipto, donde caen menos de 5 mm de lluvia al año, los arqueólogos han encontrado cabezas de flecha y cuchillos de sílex que servirían para dar caza y matar caza mayor. En una excavación al suroeste de Libia incluso se han descubierto pequeños anzuelos de sílex, de nuevo en un lugar donde no queda ni rastro de agua en la superficie.

Se han encontrado otros indicios de un pasado más húmedo. Aunque cualquiera que cruce el árido oasis egipcio de Saf Saf a lomos de un camello será capaz de ver poco más que rocas y dunas, las imágenes de radar que la lanzadera espacial *Endeavour* tomó en 1994 muestran claramente que hay cauces de río enterrados por completo bajo la arena. Estos cursos fantasma incluyen también afluentes principales del Nilo que circulaban por el actual Sudán, todos secos desde hace mucho y olvidados bajo el polvo. El sur de Argelia estuvo una vez salpicado por grandes lagos poco profundos que albergaban copiosas poblaciones de peces, pájaros e incluso cocodrilos del Nilo. La datación por carbono de caracoles y vegetación disecada preservada en estos viejos lechos lacustres muestra que hace entre 5.000 y 10.000 años el límite del desierto se retiró 500 kilómetros al norte, y que en diversos momentos casi desapareció por completo.

En las fronteras de lo que hoy son Chad, Nigeria y Camerún se extendía un inmenso lago de más de 350.000 kilómetros cuadrados de extensión, a través del sur del Sáhara. Apodado lago Mega-Chad por su remanente actual, el lago Chad, este gigantesco mar interior, era la masa de agua dulce más grande que ha visto África en los últimos dos millones y medio de años. Solo habría sido un poco más pequeño que el lago más grande de la actualidad, el mar Caspio. Extrañas crestas de arena, que ahora yacen abandonadas en el desierto, revelan las costas del antiguo lago, al igual que las conchas de moluscos muertos hace tiempo y que una vez prosperaron en sus aguas cálidas y poco profundas. El paisaje, llano entre las dunas movedizas, es el testamento del poder erosivo de sus aguas largamente desaparecidas.

El sentido común sugiere que un lago tan grande en una región tan árida solo se podría haber mantenido a causa de unas precipitaciones muy elevadas y, de hecho, los registros a largo plazo indican que, en efecto, la región sahariana ha experimentado episodios húmedos y secos en ciclos de miles de años. Los periodos más fríos de las edades glaciales tendían a ser los más secos en el Sáhara, mientras que los periodos cálidos interglaciares traían lluvia, lo que permitía que la vida floreciera de nuevo. A principios del Holoceno, hace entre 9.000 y 6.000 años, el sol del hemisferio norte era algo más fuerte que hoy en día, a causa de un pequeño cambio cíclico en la órbita de la Tierra alrededor del sol. La intensificación de la radiación solar calentaba la gigantesca masa de tierra del norte de África hasta tal punto que provocaba un monzón, igual que el que hoy en día trae lluvias cada verano al subcontinente indio.

Los monzones siguen el simple principio de que una superficie terrestre se calienta en verano más rápidamente que los océanos que la rodean. Esto crea una zona de bajas presiones a causa de las corrientes ascendientes de aire caliente del interior del continente, lo que a su vez absorbe el aire frío y húmedo de los mares circundantes. Estos vientos portadores de lluvia provocan chaparrones de verano en los climas monzónicos como el de la India, donde la vida agrícola pivota alrededor de este ciclo anual. El monzón estival africano es más débil y, en general, menos conocido, pero es la única fuente fiable de lluvias en el Sahel. Los modelos climáticos preven que en el siglo XXI las masas de tierra se calentarán mucho más rápido que los océanos, lo que podría fortalecer los monzones estivales. Así que con un grado de calentamiento global, este monzón podría ganar fuerza, penetrar de nuevo en el continente africano y reverdecer el Sáhara.

Pero ¿ocurrirá de verdad? Habría que escuchar la voz de la precaución antes de planear el traslado de la producción de alimentos a gran escala al centro del Sáhara. A principios del Holoceno, la diferencia de calor solar entre los dos hemisferios actuaba como catalizador adicional del monzón. Ahora, todo el globo se está calentando a la vez, así que el pasado no es una analogía perfecta del futuro. Aún es más, sería un error pensar que el Sáhara más húmedo era una especie de vergel: las precipitaciones totales llegaban en la mayoría de casos a unos meros 100 mm, que tan solo alcanzaban para alimentar la escasa vegetación de la sabana. Además, las fases climáticas más húmedas se habrían alternado con largos periodos de sequía. Aun así, los modelos informáticos podrían haber encontrado un camino a través de las distintas posibilidades enfrentadas, y la respuesta que ofrecen comporta profundas implicaciones para todos los habitantes del norte de África.

La etapa preliminar ha sido establecida por Martin Hoerling y otros dos científicos climáticos con base en Boulder, Colorado, que utilizaron sesenta modelos diferentes para confirmar que mientras el sur de África se seca a causa del calentamiento global, el norte de África, efectivamente, comienza a volverse más húmedo. De hecho, la tendencia a la sequía a largo plazo que causó tanta miseria y devastación durante la segunda parte del siglo XX se habrá invertido totalmente hacia el 2020 (con un calentamiento global de un grado o menos). En ese momento, el Sahel experimentará una recuperación de sus precipitaciones a largo plazo. Para el 2050, esta recuperación se habrá desarrollado del todo, con un 10% más de lluvias en toda el área subsahariana.

Hay un segundo estudio que ampara esta conclusión y prevé lluvias más intensas tanto en la costa oeste de África como en el Sahel, gracias a un océano Atlántico más caliente en la zona de los trópicos, lo que suministraría grandes cantidades de vapor de agua y generaría nubes portadoras de lluvia. Con unas precipitaciones más copiosas, las cosechas podrían incrementar su producción y compensar las pérdidas en otras regiones, asumiendo, eso sí, que las temperaturas no sean lo bastante elevadas como para matar de calor a la gente que antes se moría de hambre.

Sin embargo, hay un equipo de modelistas informáticos con sede en Princeton, Nueva Jersey, que ha llegado a unas conclusiones a largo plazo muy diferentes. Su modelo simula con gran precisión las terribles sequías de los setenta y los ochenta, pero después de un breve interludio de mayores precipitaciones, proyecta unas condiciones de sequía todavía más severas en la zona del Sahel para la segunda mitad del siglo XXI.

¿A qué se debe esta divergencia entre los modelos producidos por los equipos de Princeton y Boulder? Los investigadores de Princeton admiten estar desconcertados. «Hasta que comprendamos mejor qué aspectos de los modelos se corresponden a las distintas respuestas de esta región, recomendamos no basar los análisis sobre el futuro calentamiento global en el Sahel en los resultados de un solo modelo». De todas maneras, insisten, «una tendencia drástica a la sequía durante el siglo XXI debería ser considerada seriamente como posible escenario futuro».

Este último descubrimiento también coincide con los estudios globales, que sugieren sequías más severas que afectarán zonas cada vez más extensas a medida que el mundo se calienta. Uno de los análisis de más amplio alcance es el llevado a cabo por Eleanor Burke y sus colegas del centro Hadley de la Oficina Meteorológica del Reino Unido, que utilizaron una medida conocida como «Índice de Severidad de la Sequía de Palmer» para predecir la probable incidencia de la sequía durante el próximo siglo. Los resultados fueron profundamente perturbadores. La incidencia de sequías moderadas se habría doblado para el 2100, pero lo peor de todo era que la cifra para sequías extremas (el 3% de la superficie terrestre del planeta en la actualidad) aumentó al 30%. En esencia, un tercio de la tierra del planeta estaría desprovista de agua dulce y ya no sería habitable para los humanos.

Aunque estas cifras se basan en ratios de calentamiento global de más de un grado para el 2100, indican la dirección que probablemente seguirá el cambio. A medida que la superficie terrestre se calienta, también se seca a causa de una evaporación más rápida. La vegetación se marchita, y cuando por fin llegan las lluvias intensas, simplemente arrastran lo que queda de la capa vegetal. Puede parecer extraño que se prevean sequías e inundaciones para las mismas zonas, pero el aumento en la proporción de precipitaciones torrenciales también alargará la duración de los intersticios de sequía entre ellos, lo que acabará por afectar a la tierra. Este es, entonces, el pronóstico más probable para el Sahel: aunque las precipitaciones totales podrían aumentar, estas subidas vendrán en forma de inundaciones perjudiciales, intercaladas con periodos muy calurosos de sequía extrema.

Según algunos historiadores, el Sáhara verde de hace 6.000 años fue la base geográfica del mítico Jardín del Edén, y sus habitantes originales no fueron expulsados por Dios a causa de su mal comportamiento, si no por la devastadora desecación del clima. Mientras los científicos continúan discutiendo sobre las particularidades del clima futuro del Sáhara y el Sahel, una cosa parece segura: la humanidad no va a volver al Edén en un futuro próximo.

Comienza el deshielo del Ártico

En los últimos años, una nueva frase se ha añadido al léxico de los científicos: «el punto de inflexión» (*tipping point* en inglés). Originariamente popularizado en el éxito de ventas del mismo nombre escrito por Malcom Gladwell, este término resume una idea: la vital importancia de comprender que los sistemas sociales o naturales pueden no comportarse de forma lineal. Una comparación que suele utilizarse es la de una canoa en un lago: si la zarandeas, oscilará hasta recuperar la estabilidad en su posición vertical. Pero si cruzas el punto de inflexión, el bote volcará y encontrará una nueva estabilidad, solo que está vez estará boca abajo y el imprudente piragüista estará en el agua, esforzándose por salir a la superficie.

Los científicos se han ido dando cuenta de que el clima de la Tierra es un buen ejemplo de sistema no lineal: se ha mantenido estable a través de las eras, pero en muchos estados diferentes, a veces mucho más calurosos o fríos que hoy en día. Durante las edades de hielo, por ejemplo, las temperaturas globales fueron cinco grados más frías que ahora durante decenas de milenios. Lo que es más, el sistema puede pasar el punto de inflexión de un estado a otro con facilidad sorprendente. Hubo episodios de calentamiento repentino durante la última era glacial en los que las temperaturas de Groenlandia subieron 16 °C en cuestión de décadas. No se comprenden del todo los motivos por los que el clima cambió tan deprisa, pero está claro que incluso pequeños cambios en «forzamientos», como los gases de efecto invernadero o el calor del sol, han causado en el pasado respuestas espectaculares en el sistema climático. En cambio, nuestro clima relativamente estable es algo inusual: el periodo Holoceno, durante el que se ha desarrollado la civilización humana, ha vivido muy pocas oscilaciones en las temperaturas globales. Hasta ahora.

Los científicos han establecido más allá de la duda razonable que el actual episodio de calentamiento global, de unos 0,7 °C en el último siglo, ha aumentado las temperaturas a niveles sin parangón en la historia reciente. El informe del IPCC del 2007 confirmó que no existe ningún «registro inferido» (sean anillos de árboles, núcleos de hielo, coral o cualquier otra fuente) que demuestre que haya habido alguna época más calurosa que la actual en los últimos 1.300 años. De hecho, los registros de las profundidades marinas sugieren que las temperaturas están ahora a un grado de convertirse en las más elevadas de, como mínimo, el último millón de años.

La parte del planeta más vulnerable a este súbito asalto del calentamiento, y la que probablemente será escenario del cruce del primer «punto de inflexión» es el Ártico. Aquí las temperaturas están aumentando al doble de ritmo que en el resto del mundo. Alaska y Siberia se están calentando particularmente deprisa; en estas regiones el mercurio ya ha subido 2-3 °C en los últimos cincuenta años.

Las consecuencias de este cambio ya son profundas. En Barrow, Alaska, el deshielo se produce una media de diez días antes de lo que lo hacía en los años cincuenta, y los arbustos han empezado a brotar en la tundra estéril y musgosa. Un equipo de científicos con sede en Fairbanks, Alaska, ha documentado un deshielo repentino de las capas subterráneas de hielo en la vertiente norte del estado, que normalmente es muy fría y que ahora está salpicada de charcos recientes formados por el agua del deshielo. Estas masas de hielo habían permanecido congeladas durante al menos 3.000 años, lo cual indica hasta qué punto el actual calentamiento se está alejando de la variabilidad histórica anterior.

En otras partes del estado lagos enteros se están colando a través de grietas en el suelo a medida que la capa de permafrost impermeable de debajo se resquebraja. Más de 10.000 lagos han encogido o han llegado a desaparecer en los últimos cincuenta años, lo que pone de manifiesto una caída alarmante en las capas freáticas del estado. En el 2007, investigadores canadienses informaron de que en la isla de Ellesmere, Nunavut, lagunas que habían existido durante milenios se habían vuelto estacionales por la evaporación de sus aguas a causa del calor estival. Las especies que dependen del agua, desde las larvas de insecto y las gambas de agua dulce a los pájaros de nidificación, están desapareciendo como resultado. La vegetación que antes crecía en estos suelos pobres y anegados está ahora tan seca que prende con gran facilidad.

Los glaciares de las montañas del Ártico también están respondiendo. En la península de Seward, en Alaska, el glaciar Grand Union está retirándose tan deprisa que se espera que haya desaparecido por completo para el 2035. Otros glaciares mucho mayores de otros lugares de Alaska también están decreciendo con rapidez. Se estima que tan solo en la década previa al 2001, los mayores glaciares de Alaska habrán perdido 96 kilómetros cúbicos de hielo, lo que habrá causado un ascenso del nivel global del mar de 3 mm. En todo el Ártico, los glaciares y casquetes glaciales han perdido 400 kilómetros cúbicos de volumen durante los últimos cuarenta años.

Quizás el barómetro más claro del cambio se encuentra en el mar. El casquete glacial del Ártico lleva en constante retroceso desde aproximadamente 1980, perdiendo más y más de su otrora permanente hielo cada verano. Cada año aparece una media de 100.000 kilómetros cuadrados de mar abierto a medida que el hielo que una vez lo cubría se deshace. Tan solo en septiembre del 2005, una superficie de hielo ártico del tamaño de Alaska desapareció sin dejar rastro. La capa de hielo marítimo ha ido disminuyendo incluso durante la oscuridad total de los meses de invierno: tanto en el 2005 como en el 2006, la extensión del hielo descendió muy por debajo de la media.

Y aquí es donde se alcanza el punto de inflexión. Mientras que el hielo blanco cubierto de nieve refleja más del 80% del calor solar que cae sobre él, el océano abierto, más oscuro, absorbe hasta el 95% de la radiación solar. En otras palabras, desde el momento en que el banco de hielo empieza a fundirse, el proceso comienza a retroalimentarse: cuanta más superficie oceánica queda al descubierto, más calor del sol absorbe, y más difícil es que el hielo se recupere durante el siguiente invierno. Los modelos climáticos difieren sobre donde está exactamente el punto de inflexión de la cubierta de hielo Ártico, pero prácticamente todos ellos están de acuerdo en que, una vez crucemos cierto umbral de calentamiento, la pérdida de todo el casquete polar será casi inevitable.

Estos modelos sugieren que no hemos llegado todavía al punto de inflexión crítico, pero no estamos muy lejos de alcanzarlo. Uno de los modelos predice un colapso repentino del casquete polar para el 2024, con una pérdida de cuatro millones de kilómetros cuadrados de hielo en los siguientes diez años. En esta simulación, publicada por un equipo instalado en Estados Unidos y liderado por Marika Holland, del Centro Nacional de Investigación Atmosférica de Boulder, Colorado, todo el océano estaría virtualmente libre de hielo para el verano del 2040. Pese a que otros modelos examinados por el mismo equipo no cruzan el punto de inflexión hasta el 2030 o el 2040, uno de ellos simula un desplome en la producción de hielo ártico para una fecha tan temprana como el 2012.

Aun así, el equipo de Holland insiste en que «las reducciones en las emisiones futuras de gases de efecto invernadero reduce la probabilidad y la severidad de este tipo de eventos». En otras palabras, no todo está perdido todavía. Otro equipo, liderado por Jim Hansen, de la NASA, ha llegado a una conclusión similar. Hansen y los coautores escriben que aunque los mayores cambios ya están en el sistema, «aún sería posible salvar el Ártico de una pérdida total del hielo», pero solo si otros contaminadores atmosféricos, como el hollín, que oscurece la superficie del hielo y hace que se derrita más rápido, se reducen a la vez que el dióxido de carbono. Si se implementa un programa drástico de reducción de las emisiones, «quizás tendremos una oportunidad de evitar un cambio climático desastroso», concluye el equipo. Aunque puede que no nos quede mucho tiempo: en el momento de escribir estas líneas, el 10 de agosto del 2007, se ha registrado un nuevo mínimo histórico del hielo marítimo del Ártico. Con un mes entero de deshielo estival por delante, se espera que el anterior mínimo documentado, el del 2005, sea «aniquilado». Es particularmente preocupante que se estén detectando estas increíbles reducciones en la superficie del hielo en todos los sectores de la cuenca del Ártico, mientras que en años anteriores solo se veían afectadas ciertas zonas. Quizás este sea el punto de inflexión.

Pero ¿por qué es tan importante el banco de hielo del Ártico? Tal y como se explicará en el siguiente capítulo, sin él, especies árticas tan emblemáticas como los osos polares y las focas estarán condenadas a la extinción. Pero su impacto también se notará más cerca de casa, lejos del (antes helado) norte. En palabras de Ted Scambos, científico jefe del Centro Nacional de Datos de Nieve y Hielo de Estados Unidos, en Colorado: «Sin el casquete polar que cubre el océano Ártico, son de esperar grandes cambios en el clima de la Tierra».

Estos grandes cambios son inevitables a causa de la forma en que funciona el clima del planeta. La mayoría de los climas de latitudes medias se generan mediante el contraste entre el frío polar y el calor ecuatorial: la razón por la que en el Reino Unido llueve todo el año es su ubicación en la inestable frontera entre estas masas de aire enfrentadas, el llamado «frente polar». Las tormentas del noreste que recorren la costa este de los Estados Unidos en invierno también son fruto de este contraste de temperaturas. Pero con el calentamiento del Ártico, este contraste se debilitará y la zona en la que tiene lugar se desplazará hacia el norte, a medida que las temperaturas crecientes contraigan los cinturones climáticos del mundo hacia los polos. En el Reino Unido lugares como Cornualles o Gales, que están acostumbradas a sufrir lo peor del tormentoso invierno, podrían encontrarse en un clima de bochorno durante semanas y meses, con una climatología mucho más seca. Solo Escocia parece destinada a permanecer en un clima húmedo indefinidamente. Y, tal y como veremos en el capítulo 3, podría ser que el resultado en el oeste de los Estados Unidos sea también la sequía, pero en una escala nunca vista en toda la historia de la humanidad.

No es que todos estos cambios previstos sean meras conjeturas: ya están ocurriendo. Las mediciones por satélite de los últimos 30 años han mostrado una contracción latitudinal de 1 ° de las corrientes en chorro hacia los polos en ambos hemisferios. Dado que estos cinturones de vientos de gran altitud, estrechos corredores de aire que se mueve a gran velocidad en la parte superior de la troposfera, marcan los límites entre las distintas masas de aire, este movimiento progresivo indica que la localización de las zonas climáticas tradicionales del mundo ya ha empezado a cambiar como consecuencia del aumento de las temperaturas globales.

Lo que hemos visto hasta ahora es solo el principio. Tal y como advirtió recientemente un grupo de científicos: «El sistema ártico se está moviendo hacia un nuevo estado sin parangón en la historia reciente de la Tierra». Como veremos en los próximos capítulos, este nuevo Ártico libre de hielo vivirá grados de calentamiento que no se parecerán a nada que haya experimentado la región polar ártica en millones de años.

Peligro en los Alpes

Cuando los ingleses Craig Higgins y Victor Saunders salieron de la cabaña Hörnli a las 4 de la mañana del 15 de julio del 2003, no tenían ni idea de que acabarían formando parte del mayor rescate que jamás se haya realizado en el icónico Matterhorn de Suiza. El ascenso comenzó de forma directa: los dos alpinistas escalaron tres torres de roca, detrás de las cuales había escarpadas losas que llevaban a una pequeña cabaña a medio camino de la arista Hörnli. Higgins y Saunders acababan de alcanzar la segunda cabaña, a las 6 de la mañana, cuando una enorme avalancha de rocas se abatió sobre la cara este de la montaña. Los dos escaladores se refugiaron detrás del edificio de las piedras que rebotaban a su alrededor; en este punto, lo mejor habría sido darse la vuelta y descender tan deprisa como pudieran, pero las montañas tienen un extraño efecto en la mente de las personas. Los dos británicos siguieron adelante.

Entonces, tres horas más tarde, un gigantesco alud sacudió de nuevo la montaña, esta vez en la cara norte. Poco después cayó una tercera avalancha, esta vez en la propia arista Hörnli. Un guía de montaña suizo se encontró a centímetros del desastre cuando el suelo empezó a resquebrajarse delante de él. Sin esperanzas de poder cruzar aquella zona peligrosamente inestable, el guía pidió ayuda por radio. Durante las cuatro horas siguientes, dos helicópteros de Air Zermatt se dedicaron a rescatar a los alpinistas atrapados en la cumbre y llevarlos a la cabaña principal. «Mientras descendíamos con lentitud», recuerda Saunders, «la columna de humo provocada por el polvo de las rocas y por los helicópteros que no paraban de volver nos hicieron comprender que estaba en marcha un rescate a gran escala». Cuando se dieron cuenta de que ellos también estaban atrapados, los dos escaladores británicos se unieron a la cola de gente que esperaba para ser devuelta a la seguridad.

Noventa personas fueron rescatadas aquel día. Increíblemente, nadie murió ni resultó herido, un testamento de la profesionalidad de los guías de montaña suizos y de los servicios de emergencia. La montaña permaneció cerrada durante días, mientras los expertos intentaban calcular las probabilidades de que ocurrieran más deslizamientos. De hecho, la caída de rocas no era el único peligro en la zona: a la vez que se escenificaba el drama del Matterhorn, enormes pedazos de hielo se desprendieron de un glaciar situado sobre la estación de esquí de Grindelwald y cayeron al río, lo que provocó una ola de dos metros que se precipitó montaña abajo. La policía actuó rápidamente y consiguió desalojar la zona de turistas justo antes de que la masa de lodo y rocas arrastrara todo bajo su paso.

Cuando supo de los dos sucesos que casi acabaron en tragedia, el glaciólogo Wilfried Haeberli no tuvo ninguna duda sobre su causa. «El Matterhorn depende del permafrost para mantenerse unido», informó a los reporteros el científico de la Universidad de Zúrich. Pero Suiza acababa de sufrir la ola de calor más intensa de su historia. El calor estival había fundido la nieve de invierno mucho antes de lo habitual; por este motivo, el permafrost y los mismos glaciares también habían comenzado a derretirse. Una vez comienza este proceso, avisó Haeberli, «el agua empieza a fluir, y grandes pedazos de roca empiezan a desprenderse de la montaña».

El área de los Alpes que está a más de 3.000 metros de altitud se conserva permanentemente congelada durante todo el año, y se aguanta en su lugar, tal como dice Haeberli, gracias al permafrost. Pero en el verano del 2003 la zona de deshielo alcanzó los 4.600 metros, más alto que la cima del Matterhorn, y casi tanto como la cumbre del Mont Blanc, la montaña más alta de Europa occidental. Y, si bien los alpinistas del Mont Blanc tuvieron la suerte de escapar ilesos el 15 de julio, al menos cincuenta escaladores no fueron tan afortunados y murieron durante aquel verano abrasador, la mayoría a causa de la caída de rocas.

Más adelante, Haeberli, experto mundial en el permafrost, escribió junto con otros compañeros un documento científico sobre las consecuencias del caluroso verano del 2003 en los Alpes. Sus colegas y él calcularon que el deshielo experimentado durante la ola de calor había sido de mayor magnitud que ningún otro que hubieran sufrido aquellas montañas en la historia reciente, y que la mayoría de las rocas habían caído como resultado durante los meses más calurosos de junio, julio y agosto. También descubrieron que el deshielo del 2003 había penetrado hasta medio metro más profundamente en la roca que ningún otro en las dos décadas previas.

Sorprendentemente, las peores avalanchas no habían tenido lugar en las caras soleadas donde el calor solar era más fuerte, sino en las caras norte, más sombrías, allí donde la elevada temperatura del aire había penetrado en la montaña. La ominosa conclusión del artículo era que con un grado más de calentamiento global, una mayor degradación del permafrost era inevitable en los Alpes. «Es probable que los desprendimientos de rocas generalizados y los problemas geotécnicos derivados en las infraestructuras humanas sean una consecuencia recurrente del calentamiento del permafrost de las paredes de roca, derivado del cambio climático previsto», advierten Haeberli y sus colegas. «El verano extremo del 2003 y su impacto en el permafrost montañoso podría verse como una primera manifestación de estas predicciones».

A medida que el deshielo y los desprendimientos afecten a las pendientes montañosas, pueblos y ciudades enteras de los Alpes y otras regiones de montaña sufrirán el riesgo de ser destruidas. Algunos pueblos, como Pontresina en el este de Suiza, ya han empezado a construir baluartes de tierra para protegerse de las mortíferas estampidas provenientes de las pendientes que se están deshelando sobre ellos. Pero muchos más no estarán preparados hasta que ocurra lo peor y la muerte les caiga desde arriba, súbitamente y sin avisar. Aun más, este no será el único peligro asociado a las montañas en un mundo que se calienta: tal como mostrarán los siguientes capítulos, igual de peligrosa será la posibilidad de quedarnos sin el recurso primordial para la vida: el agua.

Las ranas hervidas de Queensland

Nadie podría acusar a las autoridades australianas de no tomarse seriamente su responsabilidad de proteger la selva tropical de los Trópicos Húmedos de Queensland. Los visitantes tienen que permanecer en los caminos marcados en todo momento. Se debe llevar combustible para los hornillos de camping, ya que las hogueras podrían perturbar el delicado ciclo de nutrientes de la selva. Cada brote de musgo, hoja y ramita están protegidos: llevarse materia viva está penado por la ley. Perros y gatos están prohibidos, así como el jabón, la pasta de dientes y la crema solar, no sea que los productos químicos lleguen a los arroyos y dañen a los animales acuáticos. Y desde luego que no está permitido colgarse de las lianas de los árboles.

Hay un buen motivo para este intenso interés en su conservación. Reconocido desde 1988 como Patrimonio Mundial de la UNESCO, alberga 700 especies de plantas que no pueden encontrarse en ningún otro lugar de la Tierra. El ecosistema de los Trópicos Húmedos contiene muchas especies que son reliquias únicas de las antiguas selvas que crecieron hace 120 millones de años en el supercontinente Gondwana. Muchas de las variedades de helecho que todavía pueden encontrarse aquí sirvieron de forraje para los dinosaurios. Sorprendentes plantas carnívoras, como las plantas jarro o las droseras asoman entre el suelo selvático. Las pitones se enroscan entre las ramas y los gecos y lagartos se escurren entre las rocas y los troncos de los árboles. También hay trece especies de mamíferos, como los canguros arborícolas y los pósums, endémicas de la región de los Trópicos Húmedos. En general, esta zona alberga un cuarto de las ranas de toda Australia, un tercio de sus peces de agua dulce, y casi la mitad de sus pájaros, todo en una fracción del 1 de todo el continente.

Y, sin embargo, hay una amenaza que las autoridades australianas no pueden prevenir y que incluso se han empeñado en ignorar. No proviene ni de los cerdos asilvestrados ni de los sapos neotropicales gigantes, ni siquiera de un millar de humanos que se columpien de las lianas, dejen tiradas sus basuras y se laven los dientes. Esta amenaza avanza a medida que se calienta el clima que mantiene los bosques —y que en algunas zonas genera unos sorprendentes 8 metros anuales de precipitaciones. Resulta que los Trópicos Húmedos de Queensland son una de las zonas más sensibles al cambio climático del planeta. Un solo grado de calentamiento tendría unos efectos devastadores sobre su diversidad de especies y hábitats.

La razón es la inusual topografía del área de los Trópicos Húmedos. A diferencia de la selva amazónica, que se extiende a través de una inmensa planicie hasta llegar a la vertiente oriental de los Andes, el bosque de Queensland se encuentra en un terreno escarpado que abarca desde las arenas blancas que limitan con el océano hasta alturas de 1.500 metros o más en algunos lugares. Muchas de las especies endémicas de la zona se encuentran solamente por encima de cierta altura: hay una zarigüeya de cola rayada que solo se encuentra a partir de los 800 metros de altitud, y muchos pájaros, reptiles y ranas solo viven en las cimas de las montañas. A medida que el clima se calienta, las zonas de temperatura suben, lo que obliga a estas especies a comprimirse en islas de hábitat cada vez más pequeñas que, eventualmente, podrían desaparecer, dejándolas sin un lugar donde vivir. Al igual que las especies polares del Ártico, serán expulsadas literalmente del planeta.

El doctor Steve Williams, de la Escuela de Biología Tropical de la Universidad James Cook, lleva años avisando de los peligros que incluso unas pequeñas variaciones climáticas comportarían para la selva de los Trópicos Húmedos. Williams, que lidera equipos de voluntarios de Earthwwatch en sus viajes de reconocimiento, ha conducido 652 estudios de pájaros, 546 estudios de reptiles y 342 estudios de ranas, y en diferentes ocasiones ha colocado alrededor de 50.000 trampas nocturnas para capturar pequeños mamíferos. Armado con estos voluminosos datos estadísticos sobre fauna salvaje, llevó a cabo un modelo informático que representaba la zona sometida a un cambio climático y estudió los resultados para ver lo que pasaba. Incluso con un aumento de un grado, los resultados fueron terribles. En particular, 63 de las 65 especies modeladas perdió alrededor de un tercio de su entorno vital. Se espera que una especie de rana microhílida, que en vez de tener a sus renacuajos en estanques pone sus huevos en suelos húmedos, se extinga directamente. Con mayores grados de calentamiento, los índices de pérdida de biodiversidad serían cada vez peores. En palabras del propio Williams, se trataría de «una catástrofe medioambiental de trascendencia mundial».

Las especies animales no serían las únicas afectadas. Un estudio de modelización similar realizado por David Hilbert, del Centro de Investigación de la Selva Tropical CSIRO, llegó a la conclusión de que un grado de calentamiento reduciría la superficie de selva tropical de las tierras altas a la mitad y acabaría con el hábitat de muchas de las especies de animales poco comunes mencionadas anteriormente. Las selvas tropicales en su conjunto no desaparecerán de Queensland mientras la región reciba precipitaciones abundantes, pero sin estos preciosos remanentes del antiguo supercontinente, el mundo actual será inmensurablemente más pobre. Además, el gobierno australiano, que rehusó tomarse en serio el calentamiento global durante más de una década, habría fracasado en su obligación internacional de proteger un lugar declarado Patrimonio Mundial de la UNESCO.

A solo unos kilómetros mar adentro de las brillantes arenas blancas de la costa de Queensland, se encuentra otro lugar Patrimonio Mundial de la UNESCO en peligro: la Gran Barrera de Coral. Se trata del arrecife coralino más grande y mejor conservado del mundo, una enorme pared submarina de coral que conforma el mayor elemento natural del planeta y se extiende más de 2.300 kilómetros a lo largo de la costa noreste de Australia. Uno de los más espectaculares y diversos ecosistemas del planeta, la barrera es el hogar de más de 1.500 especies de peces, 359 especies de coral duro, 175 especies de pájaros y más de 30 tipos de mamíferos. Es uno de los últimos refugios del dugón o vaca marina y alberga seis de las siete especies mundiales de tortugas marinas amenazadas.

Pero los océanos alrededor de la Gran Barrera de Coral se están calentando, igual que en todo el mundo, lo que amenaza con arrastrar a este ecosistema único hacia un declive irreversible. Los arrecifes de coral son en realidad los esqueletos externos producidos por billones de diminutos pólipos de coral, que secretan carbonato cálcico en forma de ramas, abanicos y globos. Estos elementos, a su vez, se van combinando durante miles de años hasta que forman un arrecife. Cada pólipo contiene algas, plantas minúsculas que viven en simbiosis con su anfitrión animal. Ambas partes salen beneficiadas: el coral consigue los azúcares que producen las algas con la fotosíntesis de la luz (que convierten en energía), mientras que las algas obtienen fertilizantes a partir de los residuos de los pólipos. Pero esta cómoda relación solo puede continuar en las condiciones acuáticas adecuadas: cuando se cruza el umbral de tolerancia térmica de 30 °C, las algas son expulsadas, y los corales «blanqueados» mueren a menos que las aguas frías vuelvan rápidamente.

El blanqueamiento (o decoloración) del coral es sin duda un fenómeno reciente, observado en todos los océanos del mundo desde 1980 aproximadamente. Los científicos han perforado los arrecifes en profundidad y no han encontrado pruebas de que este efecto haya ocurrido durante los últimos milenios. Pero a medida que los océanos se han ido calentando a causa del efecto invernadero aumentado por los humanos, los episodios de blanqueamiento han golpeado a los arrecifes de todo el mundo de forma cada vez más frecuente y devastadora. El primer episodio de blanqueamiento masivo de la Gran Barrera de Coral ocurrió en 1998. Desde entonces las cosas han ido empeorando. En el 2002 se produjo otro episodio de blanqueamiento, y esta vez, entre el 60% y el 95% de todos los arrecifes estudiados en el parque marino fueron blanqueados en cierta medida. Un pequeño número de arrecifes, particularmente los que estaban cerca de la costa, donde las aguas estaban más calientes, sufrió una aniquilación total.

La suerte quiso que yo me encontrara en la Gran Barrera de Coral durante el verano del 2002, visitando la estación de investigación de la Universidad de Queensland, en la isla Heron. El lugar era terriblemente eficiente: solo unos minutos después de desembarcar del catamarán de Grahamstown, ya había aprendido a ver la diferencia entre un charrán bobo de frente blanca y una pardela del Pacífico, y había descubierto que el nombre de la isla Heron (isla de las garzas en español) era incorrecto: los pájaros blancos en cuestión no eran garzas, sino garcetas costeras orientales, o garcetas de arrecife. El lugar era impresionante, «un aviario rodeado por un acuario», tal como lo describió muy acertadamente uno de los científicos. Los rascones filipinos correteaban por todos los lados como si fueran gallinas domésticas, entrando y saliendo de las cabañas de investigación. (Dos estudiantes habían adoptado uno y lo habían bautizado Sheryl). Muy pronto pude divisar al hombre al que había venido a ver, caminando decididamente por la estación con el vestido de neopreno bajado hasta la cintura. Ove Hoegh-Guldberg era claramente un hombre feliz dentro y fuera del agua. Una de sus historias favoritas era sobre el día en que, sin saber cómo, había acabado con el dedo atrapado dentro de una almeja gigante. Se vio obligado a arrancar al animal del fondo marino para no ahogarse con la subida de la marea, solo para encontrarse en la playa con un guardia del parque marino, que le echó la bronca por causar daños a una especie protegida.

Hoegh-Guldberg era el autor de un relevante documento de 1999 que, por primera vez, llamaba la atención del mundo sobre la amenaza que el blanqueamiento representaba para la supervivencia de los arrecifes. Después de determinar el umbral de tolerancia térmica de los corales en distintas partes del mundo, aplicó un modelo de aumento de temperaturas marítimas durante el siglo XXI. Los resultados le sorprendieron incluso a él.

Descubrió que, hacia el 2020, con menos de un grado de calentamiento global, los mares se habrían calentado tanto que el episodio de blanqueamiento masivo de la Gran Barrera de Coral de 1998 sería algo «normal». Dado que una barrera gravemente descolorida tarda unos 30 años en recuperarse, los episodios anuales de blanqueamiento destruirían el ecosistema, transformando, tal y como Hoegh-Guldberg escribió en el documento, «la Gran Barrera de Coral en una comunidad dominada por otros organismos (por ejemplo, las algas) en vez de por los corales que forman el arrecife». Otros ecosistemas de arrecifes de coral, desde el Caribe a Tailandia, sufrirán una transformación similar. Con el fin de los arrecifes de coral, uno de los grandes tesoros de la biodiversidad será destruido para siempre.

Con este funesto panorama en mente, nos fuimos a hacer *snorkel* la tarde en que llegué a la isla Heron. Mientras chapoteábamos por las aguas poco profundas, sorprendimos a un gran banco de sardinas, que se dio la vuelta en masa y desapareció como una flecha mar adentro. Media docena de grandes pastinacas ondeaba perezosamente algo más allá, donde un fuerte viento hizo que la superficie se rizara y convirtió el buceo en una arriesgada experiencia. De vez en cuando una ola rompía sobre el extremo de mi tubo de respiración y me hacía tragar un buen buche de agua salada. Ove ni se inmutaba, y flotamos por el agua durante un rato mientras me señalaba los corales afectados.

«¿Ves ese azul brillante y rojo? En realidad está blanqueado. Es una ironía que se vean los mejores colores cuando está blanqueado». Algunos de los más afectados eran los corales ramificados, que presentaban zonas enteras que se habían descolorido hasta volverse de color blanco hueso. En algunos sitios tan solo las puntas de las antenas de coral se habían blanqueado, mientras que en otras la estructura entera se había visto afectada. Pero solo una minoría exhibía el saludable tono amarronado que indicaba que el alga simbiótica aún estaba cumpliendo su función.

«¿Qué probabilidades hay de que vuelva?», farfullé mientras tragaba otra ola.

«Si se mantiene frío a partir de ahora, la mayoría de los corales se recuperará, probablemente», contestó. «Pero algunos no lo harán y, si las temperaturas suben de nuevo, gran parte de todo esto no tardará en morir».

El trabajo de Hoegh-Guldberg se complementa con un estudio más reciente que ofrece una previsión ligeramente más optimista. El trabajo de Andrew Baker y sus colegas en el Caribe y el océano Índico, que fue publicado más tarde en la revista *Nature*, sugiere que los corales podrían ser más adaptables y, en consecuencia, menos vulnerables a la extinción de lo que se creía previamente. Los científicos estudiaron las comunidades de coral que habían sufrido decoloración durante el evento de 1998 con el objetivo de comprobar hasta qué punto habían sido capaces de recuperarse, y se llevaron una sorpresa al descubrir que el alga simbiótica del interior del coral había sido sustituida por una versión más tolerante al calor en todos los lugares que examinaron. Con un umbral de estrés térmico superior al de antes, los arrecifes dañados podrían ser capaces de sobrevivir en unos futuros mares más cálidos sin desaparecer completamente, según indicaron los científicos.

Pero Ove Hoegh-Guldberg no está de acuerdo. Incluso con un aumento de su tolerancia térmica gracias a unas algas diferentes, señala, las temperaturas del océano van a seguir siendo demasiado calientes para que sobreviva la mayor parte de corales. Él y sus coautores utilizaron los últimos modelos y análisis de arrecifes para proyectar de nuevo la frecuencia del blanqueamiento durante las próximas décadas, y sus resultados confirmaron sus pesimistas análisis iniciales. Hacia el 2030, el blanqueamiento grave ocurriría en la mayoría de los arrecifes del mundo cada 3-5 años, y para el 2050, los atacaría cada 2 años.

Un evento de blanqueamiento más reciente, que afectó al Caribe en el 2005, parece corroborar esta tesis. Ese verano, las temperaturas marinas de la región alcanzaron máximas que nunca habían sido registradas en los veinte años de registros por satélite. De hecho, se trataba de las mismas altas temperaturas que hicieron que la temporada de huracanes del 2005 fuera tan mortífera: el huracán Katrina golpeó Nueva Orleans en el 2005 después de atravesar estas mismas zonas del océano inusualmente calientes. Y eran temperaturas que habrían sido altamente improbables en una atmósfera libre de la carga actual de gases de efecto invernadero. Las consecuencias en los corales del Caribe fueron desastrosas. Según las mediciones llevadas a cabo por buceadores, se blanqueó el 90% de los corales en las islas Vírgenes Británicas, el 80% en las islas Vírgenes Norteamericanas, el 85% en las Antillas Holandesas, el 66% en Trinidad y Tobago y el 52% en las Indias Occidentales Francesas. Algunos arrecifes podrían recuperarse en los próximos años, pero las predicciones de los modelos indican que en esta región los episodios de blanqueamiento de esta magnitud se repetirán cada dos años a mediados de siglo.

En cualquier caso, muy pocos de los arrecifes del mundo están en condiciones de soportar los retos que les deparará el cambio climático. La intervención humana directa (aguas residuales, pesca excesiva y filtraciones de residuos agrícolas) ya ha reducido los arrecifes de coral a meras sombras de su antiguo estado virgen. En total, un 70% de los arrecifes están ya muertos o moribundos. Se trata de un desastre de escala casi inimaginable para la biodiversidad mundial: tan solo superados por la selva tropical, los arrecifes son el segundo ecosistema más importante en términos de vitalidad y diversidad de la vida que albergan. Un tercio de la vida de los océanos de todo el mundo, incluyendo más de 4.000 especies de peces, vive y se alimenta en los arrecifes de coral.

Puede que el atolón de la isla Heron esté bien cuidado, pero no se puede decir lo mismo de los arrecifes de otros lugares del Pacífico. Durante el mismo viaje en el que visité a Ove Hoeg-Guldberg, también practiqué el buceo por la, así llamada, Costa del Coral de las islas Fiji, en uno de los pocos huecos que encontré entre los hoteles de 5 estrellas y los centros turísticos de lujo que ahora plagan toda la zona. En vez de con arrecifes de colores vibrantes bullendo de peces loro y meros, me encontré con montones de escombros, los restos hechos añicos del coral que yacían, deprimentes, en un océano turbio. A nadie de entre la multitud que tomaba el sol en la playa parecía importarle, pero para mí, la experiencia fue un deprimente baño de realidad. Me vi forzado a llegar a la conclusión de que la Costa del Coral de Fiji ya no era vulnerable al cambio climático, porque ya estaba muerta.

Otro punto caliente de la biodiversidad, y también otro Lugar Patrimonio de la Humanidad amenazado por el calentamiento global, es la Región Florística del Cabo, en Sudáfrica. Cubre un enorme arco costero en la zona interior de Ciudad del Cabo, y es el hogar de una de las mayores concentraciones de plantas vasculares del mundo fuera de las selvas tropicales. Sus adversos suelos rocosos y su árido clima mediterráneo dan sustento a más de 9.000 especies de plantas, más de 6.000 de las cuales no se encuentran en ningún otro lugar del planeta. Las plantas más representativas de la región son las proteas. La protea rey, con su enorme cabeza floral semejante al sol, se merece su título de flor nacional de Sudáfrica. Sin embargo, la región no está precisamente intacta: en sus laderas, que una vez fueron territorio de leones y rinocerontes, los viñedos y plantaciones de rooibos invaden las últimas zonas salvajes.

Según un equipo de investigadores basado en el Instituto Nacional de Biodiversidad de Sudáfrica, tan solo unos pequeños cambios en el clima podrían tener un impacto devastador en los últimos baluartes de las proteas y otras especies endémicas. El equipo utilizó el modelo de cambios climáticos del Centro Hadley británico y llegó a la conclusión de que, hacia el 2020, hasta una tercera parte de las especies de protea de la región estaría amenazada o en peligro de extinción, mientras que cuatro se extinguirían completamente.

También en América del Norte, un grado de cambio climático podría empujar a una especie amenazada al abismo de la extinción, y se trata de una particularmente adorable y peluda. Según el WWF, las picas, pequeñas criaturas con orejas redondas y bigotes poblados parecidas a un hámster, son el primer mamífero amenazado por el cambio climático. Las picas viven en las rocas de las altas montañas del oeste de los Estados Unidos y el suroeste de Canadá, y son famosas no solo por ser bonitas y peludas, sino también por sus actividades agrícolas: estos pequeños parientes del conejo común cortan, secan al sol y almacenan la vegetación para el invierno en características pilas de forraje sobre las rocas. (Como especie carismática, las picas han adquirido estatus de culto: en la página www.pikaworks.com encontraréis de todo, desde música pica a alfombrillas para ratón).

Sin embargo, con el calentamiento global, las picas —animales tímidos, que nunca se alejan más de un kilómetro de sus madrigueras— están destinadas a irse quedando cada vez más aisladas en islas geográficas cada vez más pequeñas, a medida que las zonas de temperatura suben hacia las cimas. Ya se han documentado extinciones a nivel local en zonas de los Estados Unidos. Tal como dice el doctor Erik Beever, ecologista y entusiasta de las picas: «Estamos siendo testigos de uno de los primeros ejemplos contemporáneos de como el calentamiento global aparentemente contribuye a la extinción local de un mamífero americano en lugares de toda una ecorregión».

Hablar del «canario en la mina de carbón» se ha convertido en todo un cliché a la hora de discutir sobre los efectos del clima en el mundo natural, pero hay un grupo de animales que ejemplifica este punto mejor que cualquier otro: los anfibios. El hecho de tener la piel húmeda y de pasar los primeros años de sus vidas en el agua hace a las ranas, salamandras y sapos particularmente vulnerables a los cambios en su medio ambiente. En efecto, un anfibio, el sapo dorado de Costa Rica, se cita a menudo como el primer caso de extinción a causa del calentamiento global.

La que un día fue la «joya de la corona» del Bosque Nuboso de Monteverde de Costa Rica (en palabras del científico y autor Tim Flannery), este anfibio naranja fluorescente se podía observar a centenares en 1987, reunidos alrededor de las charcas del bosque mientras se preparaban para la reproducción. Pero ya había señales de peligro: el experto en anfibios Marty Crump, que fue testigo de este último frenesí reproductor de los sapos dorados, también vio como los huevos eran abandonados a causa de la desecación de las charcas del bosque. Solo 29 renacuajos sobrevivieron a la primera semana, mientras que 43.500 huevos se secaron y pudrieron. Al año siguiente, Crump solo encontró un único y solitario macho, y un año después, en 1989, lo vio de nuevo. Aquel día, el 15 de mayo de 1989, fue la última vez que se divisó un sapo dorado. La especie fue catalogada como extinta en el 2004. La causa de la muerte parece haber sido el levantamiento general de la niebla que nutre el bosque con pequeñas gotitas de humedad: a medida que el aire que rodea a las montañas se fue calentando, la base de las nubes simplemente ascendió demasiado por encima del bosque, lo que provocó la desecación de las charcas de desove del sapo dorado.

Este memorable animal puede ser el primero, pero ya no es el primer anfibio que se ha extinguido a causa de la subida de las temperaturas: las poblaciones de ranas han caído en picado en todos los trópicos, y más de 100 de las 110 especies de ranas arlequín tropicales americanas han desaparecido, incluso en bosques aparentemente vírgenes muy alejados de la actividad humana. Nadie sabe exactamente el porqué: algunos biólogos culpan al hongo quítrido, un patógeno que está invadiendo nuevas zonas y que podría causar la reducción súbita de las poblaciones. Otros culpan a enfermedades misteriosas que aún no han sido identificadas ni descubiertas. Pero los expertos están de acuerdo en una cosa: el aumento de las temperaturas ocupa un lugar principal en la epidemia de extinciones, sea porque contribuye a la propagación de nuevas enfermedades o porque causa estrés en las poblaciones de anfibios y las vuelve más susceptibles a desaparecer. En esta particular escena del crimen, el arma todavía está por determinar, pero está claro quién es el culpable.

No queda un lugar seguro, al parecer. Un grado de calentamiento global tendrá graves efectos en algunos de los ecosistemas más excepcionales del planeta, lo que agravará la crisis de biodiversidad que ya está en marcha por motivos no relacionados con el cambio climático. Marginadas y aisladas en hábitats naturales cada vez menores a causa de la expansión constante de las zonas de influencia humana, las especies salvajes más vulnerables no podrán adaptarse a los cambios de temperatura mediante migraciones o alteraciones de su comportamiento.

Mientras que los arrecifes de coral cumplen un papel importantísimo en la protección de las costas contra las tempestades y en el desarrollo de la industria pesquera, nadie puede decir que las picas, las proteas y las ranas arlequín sean esenciales para la prosperidad económica global. Su valor es intrínseco, no financiero. Pero esto no impedirá que el mundo sea un lugar mucho más pobre cuando se hayan ido.

Alerta de huracanes en el Atlántico sur

Entre todos los titulares sobre huracanes que golpean los Estados Unidos, hay una tormenta que destaca por encima de todas las demás, en el sentido de que sorprendió a la comunidad científica con la guardia baja. No fue el Katrina, que arrasó Nueva Orleans y mató a más de un millar de personas. Tampoco fue Rita, otro monstruo de categoría 5 que volvió a inundar partes de la ciudad un mes después de haber sido atacadas por el Katrina. Ni fue el huracán Wilma, que en solo un día se transformó de tormenta tropical menor a el huracán más potente que jamás se ha registrado en el Atlántico. No, la tormenta que realmente hizo que los meteorólogos se estrujaran los sesos ocurrió un año antes, en el 2004. Y golpeó una parte del mundo en la que no se supone que puedan existir huracanes. La llamaron Catarina, y afectó a la costa de Brasil.

La creencia científica sostiene que los huracanes solo pueden formarse donde la temperatura de la superficie marina supere los 26,5 °C. Además de océanos cálidos, las tormentas tropicales necesitan una baja cizalladura de los vientos: vientos laterales a gran altura que pueden cortar por la mitad el vértice de una tormenta. Estas condiciones, como os dirá cualquier hombre del tiempo, solo ocurren en los trópicos del Atlántico norte. Nunca se había documentado ni un solo huracán en el Atlántico sur, hasta marzo del 2004, claro. De hecho, cuando un extraño remolino de nubes se empezó a formar frente a la costa de Brasil el 20 de marzo del 2004, los meteorólogos locales no podían creer lo que veían sus ojos. Un huracán en el Atlántico sur era tan inaudito que muchos de ellos aun seguían negándose a emplear el término «huracán» cuando el Catarina —con sus vientos de cerca de 160 km/h y lluvias torrenciales— tocó tierra cerca de la ciudad de Torres, con la destrucción de 30.000 casas y la muerte de varias personas. Muchos de los que lo sufrieron, que también se habían negado a creer que los huracanes fueran posibles en Brasil, cometieron la negligencia de no refugiarse cuando la tormenta se dirigió hacia la costa a gran velocidad.

En el inevitable análisis meteorológico post mórtem, dio la impresión de que, efectivamente, la tormenta había sido una simple rareza, una experiencia única en la vida para las personas que lo sufrieron. Lo más extraño era que las temperaturas del mar no habían sido especialmente altas cuando empezó a ganar fuerza. En su lugar, lo que realmente le dio fuerza al Catarina fue una combinación muy rara de otros factores atmosféricos, que hicieron que el vórtice de la tormenta apenas experimentara la fuerte cizalladura del viento que normalmente evita la formación de huracanes en el Atlántico sur. Es un panorama complejo, pero que plantea una pregunta obvia: además de calentar el agua de los mares, lo que ya de por sí eleva las probabilidades de que nazcan huracanes, ¿provocará el cambio climático un aumento en la regularidad de la repetición de las condiciones que permiten que los ciclones ganen fuerza en zonas nuevas como el Atlántico sur?

Dos meteorólogos en Australia, Alexandre Bernardes Peza y Ian Simmonds, trataron esta cuestión en su disección forense del Catarina, que fue publicada en agosto del 2005 por la revista *Geophysical Research Letters*. Su conclusión, aunque provisional, contenía una alarmante previsión: parecía que, en efecto, el calentamiento de la atmósfera favorecería las condiciones que permitieron que Catarina se formara en un lugar tan inusual. «Por tanto —escribieron—, hay pruebas que sugieren que el Catarina podría estar conectado con el cambio climático en la circulación del hemisferio sur, y podría aumentar la probabilidad de que ocurran más huracanes en el Atlántico sur en unas condiciones de calentamiento global».

Dado que un aumento de la temperatura global de solo 0,8 °C ya ha provocado la formación de un huracán, un grado más de calentamiento global podría hacer que las tormentas fueran mucho más frecuentes en esta región vulnerable en un futuro. Esto no solo significará que los brasileños van a tener que prepararse más a menudo para los malos tiempos, o incluso evacuar zonas enteras de sus costas densamente pobladas, sino que además surgirá la necesidad de ampliar los servicios de predicción de huracanes a toda una nueva cuenca oceánica.

La temporada de huracanes del siguiente año, 2005, también se guardó una sorpresa que puso de manifiesto que Brasil no era la única zona que iba a tener que vigilar la aparición de huracanes en un futuro más cálido. El 9 de octubre del 2005 apareció una nueva tormenta tropical a unos 800 kilómetros al sureste de las Azores, en el Atlántico este, y rápidamente empezó a ganar fuerza hasta alcanzar el estatus de huracán a su paso por las portuguesas islas Madeira. Afortunadamente, el huracán Vince perdió fuerza antes de tomar tierra cerca de Huelva, en España, pero aun así marcó un nuevo récord, al convertirse en la primera tormenta tropical de la historia que ha afectado al continente europeo.

De nuevo, la sabiduría convencional dicta que las tormentas tropicales solo se pueden formar en aguas más calientes, a miles de kilómetros al suroeste de la península Ibérica. En el momento de escribir este texto, los meteorólogos tropicales aún no han diseccionado la inusual combinación de factores responsable de la aparición del huracán Vince, pero, de nuevo, la implicación es clara: a medida que se acelera el calentamiento global, la experiencia del pasado sobre las áreas de formación de huracanes se convierte en una guía no necesariamente fiable de cara al futuro. Muchos más meteorólogos seguirán dándole vueltas al tema hasta que lleguen a admitir que no solo Brasil, sino también Europa, ya es vulnerable a estas terribles tormentas.

En efecto, ya existen pruebas de lo que podría ocurrir: un documento publicado en julio del 2007 por climatólogos españoles y alemanes después de observar una serie de tormentas simuladas en un modelo informático, sugiere que todo el Mediterráneo podría situarse en la línea de fuego a medida que las temperaturas suban hasta niveles capaces de provocar auténticos ciclones tropicales en una región que nunca antes los había experimentado. El mayor numero de ciclones virtuales apareció en la zona más calurosa del Mediterráneo, entre Italia y Libia, y una vez formadas, estas potentes tormentas sobrevivían durante una semana o más. Uno de los huracanes generados por ordenador se formó en la parte este del Mediterráneo, y luego se desplazó hacia el oeste por toda la costa sur de Francia, para consternación de los científicos. Otra tormenta formó un ojo estrecho y simétrico de lluvia torrencial, tal y como hacen los ciclones tropicales de verdad. Sin duda, la idea de que lo que una vez fueron plácidas costas, desde España hasta Chipre, van a estar bajo la amenaza de huracanes en un futuro sometido al calentamiento global es una de las predicciones más sorprendentes que jamás se hayan realizado en el mundo de la modelización climática.

Pero ya hay muchos indicios en el mundo real de que las características de los huracanes están cambiando a medida que los océanos de todo el mundo se calientan. Kerry Emanuel, del Instituto Tecnológico de Massachusetts, uno de los abuelos de la física de los ciclones tropicales, ha publicado recientemente en la revista *Nature* un artículo que ha generado su propia tormenta académica. En contraste con la visión habitual de que el calentamiento global todavía no es lo bastante significativo como para tener un efecto perceptible en los ciclones tropicales, Emanuel estudió los datos de nuevo y llegó a la conclusión de que las tormentas estaban, en efecto, aumentando en intensidad y duración, a causa, en gran parte, de la subida de las temperaturas del mar provocado por el calentamiento global. No era que el índice de intensidad de las tormentas hubiera subido unos pocos puntos porcentuales en los últimos treinta años, sino que, en realidad, se había duplicado, un aumento mucho mayor del que habían previsto las teorías o las modelizaciones.

Desde entonces, los métodos y datos de Emanuel han sido cuestionados en una discusión académica demasiado técnica como para ser analizada aquí. Sin embargo, vale la pena comentar que sus conclusiones fueron apoyadas por un segundo trabajo, esta vez publicado en *Science* por un equipo de expertos del Instituto de Tecnología de Georgia, en Atlanta. A partir de un análisis de la mayor parte de los mismos datos de tormentas, recopilados por aviones, satélites y barcos durante las últimas tres décadas, este equipo científico había identificado un gran aumento en el número y proporción de los huracanes que alcanzaban las categorías más altas, 4 y 5, pese a una disminución general en el número de ciclones.

Al igual que Emanuel, el equipo había estudiado información proveniente tanto del Pacífico como del Atlántico, con la intención de construir una imagen global. Y al igual que él, (aunque utilizando una medida estadística diferente), descubrieron que el número de tormentas fuertes se había doblado desde 1970 hasta 2004. El equipo de Georgia llegó a la conclusión de que no era probable que el aumento de huracanes de categoría 4 y 5 fuera el resultado de ciclos climáticos naturales, sino que, probablemente, estaba conectado al aumento de temperaturas en los océanos tropicales.

Un año más tarde, después de que la temporada de huracanes del 2005 batiera todos los récords, con 1.000 muertos, un millón de personas sin hogar y 200.000.000 millones de dólares en pérdidas, dos importantes climatólogos trataron de solventar la discusión sobre si el calentamiento global había contribuido o no al aumento de tormentas catastróficas. Tras advertir que las altas temperaturas del mar de aquel año, las más altas jamás registradas, habían sin duda contribuido a la intensidad del Katarina, Wilma, Rita y el resto de tormentas del 2005, Kevin Trenberth y Dennis Shea recurrieron a las matemáticas complejas para determinar qué parte de este signo de calentamiento del Atlántico se debía al calentamiento global y qué parte a los ciclos naturales. Su conclusión debería ser una llamada de atención para todos: al menos la mitad del aumento de temperaturas provenía del calentamiento global causado por los humanos. Tal como mucha gente ya sospechaba en su momento, el Katrina tan solo había sido en parte una catástrofe natural.

Atolones que se hunden

Odio tener que decirlo tan bruscamente, pero con toda probabilidad nada puede salvar la isla pacífica de Tuvalu. Igual que una tetera que hierve lentamente, el sistema oceánico tiene un tiempo de respuesta muy largo a las condiciones cambiantes, y el nivel del mar seguirá subiendo lentamente durante siglos incluso si paramos las emisiones de gases de efecto invernadero mañana mismo. Tuvalu ya está experimentando episodios regulares de inundaciones a causa de la subida del nivel del mar en el pasado, tal como documenté en *Marea Alta*. Una subida adicional del nivel de los océanos de todo el mundo será la sentencia de muerte para esta fascinante y alegre sociedad isleña.

Tuvalu, con solo 9.000 habitantes, es en realidad una de las más pequeñas de entre las cinco naciones-atolón que pronto dejarán de existir. Las otras son el grupo de atolones vecino de Tuvalu, Kiribati, con 78.000 habitantes, las islas Marshall, con 58.000 habitantes, la minúscula Tokelau, de 2.000 habitantes, un territorio dependiente de Nueva Zelanda, y las Maldivas, el grupo de islas más grande y con mayor densidad de población, con 269.000 habitantes. Junto con otras personas desplazadas de las zonas costeras de otras islas que no forman parte de atolones, hay en total alrededor de medio millón de personas que, separadas de pronto de sus culturas y orígenes, pronto tendrán que buscarse nuevos hogares. Nueva Zelanda ha aceptado reluctantemente acoger a un pequeño número de tuvaleses, pero ninguna otra nación se ha ofrecido como lugar de refugio, y mucho menos los países ricos que han contribuido en mayor medida en la creación del problema.

A menos que sea incentivado por un gran huracán o una marejada ciclónica, el final de los países-atolón no será rápido ni dramático. Será una muerte provocada por miles de males menores, una disminución progresiva de la capacidad de cada nación para sustentarse, a medida que los jóvenes pierden la fe en el futuro y los mayores se consuelan con sueños del pasado. Cada pedazo de playa que se pierda, cada huerta invadida por el agua salada, cada cocotero debilitado que se derrumbe entre las olas irán añadiéndose a la pérdida inevitable. Décadas antes de que desaparezca bajo el mar el último trozo de coral, los servicios públicos empeoraran, los niños emigrarán, las escuelas cerrarán y el tejido de una nación comenzará a deshacerse.

No olvidéis que a medida que se desarrollen los futuros capítulos de este libro, las naciones-atolón, no reconocidas y olvidadas, se estarán hundiendo poco a poco.

2º

2

DOS GRADOS

Las ciudades sedientas de China

Toma un tren desde Hohhot hasta Lanzhou en el norte de China, y cruzarás una extraña zona de tierras yermas, donde escarpados barrancos y precipicios se apiñan alrededor de la vía del tren a su paso por la estrecha garganta de un río. Los acantilados están agujereados por numerosas cuevas. Su historia es incierta: quizás fueron usadas por vagabundos, o por gente expulsada de las ciudades, o incluso por disidentes comunistas que exhortaron a los campesinos a rebelarse contra los nacionalistas durante los años treinta. Una explicación más prosaica es que fueron excavados por los trabajadores del ferrocarril durante la laboriosa instalación de las vías a través de un territorio frío, ventoso e inhóspito.

Esta zona desértica está en el extremo del altiplano de Loess chino, un territorio gigantesco de polvo compactado de cientos de metros de profundidad, depositado durante miles de años por las tormentas de polvo y los aullantes vientos del desierto del Gobi, en Mongolia. Esta árida meseta puede no ser muy apropiada para la agricultura, para el forrajeo o para cualquier otra cosa (salvo para excavar cuevas), pero es una gruta del tesoro para los paleoclimatólogos, que utilizan sus capas de polvo arena perfectamente preservadas para reconstruir las fluctuaciones de los climas antiguos en toda la región del norte de China.

Con este propósito en mente, en 1999 un equipo de científicos chinos con base en Lanzhou realizó excursiones hacia varios emplazamientos del altiplano de Loess, donde perforó el suelo compactado hasta más de 30 metros de profundidad para extraer cuidadosamente sus secciones y carretearlas de vuelta al laboratorio. El objetivo de la investigación estaba cerca de la base de cada sección: una capa de suelo prehistórico —«paleosuelo», en el argot— del periodo interglaciar Eemiense, el periodo cálido anterior al inicio de la última edad de hielo. Los registros climáticos preservados en este estrato de desfavorable tierra marrón rojiza guardaban pruebas no solo sobre el pasado, sino también sobre el futuro.

Igual que África y el subcontinente indio, el norte de China está sujeto a un ciclo monzónico anual. En verano, sopla un aire húmedo procedente del océano que trae abundantes precipitaciones en el sur. En invierno, sin embargo, el patrón se invierte y fuertes vientos bajan desde el norte, trayendo con ellos polvo y temperaturas gélidas. Los científicos de Lanzhou midieron las dimensiones de las partículas y los datos magnéticos de la sección de paleosuelo mediante complejas técnicas, y fueron capaces de extraer conclusiones a partir de sus muestras sobre los cambios en la intensidad del monzón hace 129.000 años, a medida que el clima del Eemiense se iba calentando. Puesto que los océanos absorben el calor muy lentamente, parecía que el monzón seco del invierno había respondido mucho más rápido que el del invierno al cambio de condiciones climáticas. El resultado fue un periodo de sequía y tormentas de polvo de escala continental, antes de que el monzón veraniego fuese capaz de penetrar lo bastante tierra adentro para traer lluvias significativas al altiplano de Loess.

Así que, ¿es plausible que este mecanismo se repita en un mundo con dos grados más de temperatura? Estudios de los sedimentos del suelo marino del Pacífico sugieren que, en la cúspide de la edad interglaciar del Eemiense, las temperaturas globales eran aproximadamente 1 °C más altas que hoy en día, lo que hace de este periodo un útil análogo de lo que podría ser un clima más cálido en el futuro, especialmente si tenemos en cuenta que las temperaturas regionales en un gran continente como Asia habrían sido, a su vez, aproximadamente un grado superiores a la media mundial. Y si, efectivamente, el clima monzónico de China necesitó más tiempo para hacer la transición de frío y seco a caluroso y húmedo hace 129.000 años, tal y como piensan algunos científicos, esto sugiere una posible causa para las sequías y las altas temperaturas que ha sufrido el norte de China en los últimos años. Así que, mientras en el sur de China se espera una mayor frecuencia de inundaciones a causa del clima más cálido, la diferencia en el ritmo de calentamiento del océano significa que el monzón de verano podría demorarse mucho más en traer las lluvias a un norte atacado por las sequías. Con China dividida en dos extremos, la agricultura sufrirá inevitablemente, y ciudades necesitadas de agua como Beijing y Tianjin continuarán sufriendo la falta de agua, sobre todo si prosigue el crecimiento económico y los acuíferos son explotados hasta quedar secos. El gobierno chino ha comenzado la construcción de un gigantesco programa de trasvase de agua, con el objetivo de transportar miles de millones de metros cúbicos de agua desde el río Yangtsé, en el sur, hasta las sedientas ciudades del norte. Sin embargo, hasta este megaproyecto —el mayor jamás construido— tendrá dificultades para mantener el agua corriente funcionando. Con una escasez crónica de agua, no es que a China le vaya a ser difícil desarrollar un estilo de vida más próspero, es que va a tener que sufrir para conseguir alimentarse.

Océanos ácidos

Los gases de efecto invernadero producidos durante los últimos cien años no solo han cambiado el clima; también han empezado a alterar las condiciones en el mayor hábitat planetario: los océanos. Al menos la mitad de la mitad del dióxido de carbono que emitimos tú o yo cada vez que nos subimos a un avión o encendemos el aire acondicionado acaba en los océanos. Podría parecer que la naturaleza ha escogido un buen sitio para tirar la basura, pero la química oceánica es compleja y delicada. Los océanos son, por naturaleza, ligeramente alcalinos, lo que permite que muchos de los animales y plantas que los habitan se construyan caparazones de carbonato de calcio.

No obstante, el dióxido de carbono se disuelve en el agua y forma ácido carbónico, el mismo ácido débil que te produce una sensación efervescente cada vez que echas un trago de agua con gas. Lo que le va genial a un vaso de Vichy, pero no es tan genial si está empezando a ocurrir a una escala gigantesca en la totalidad de los océanos del mundo. Y ya ha comenzado, de hecho: la humanidad ya ha conseguido reducir la alcalinidad de los mares en 0,1 unidades de pH. Tal como dice el profesor Ken Caldeira, del Departamento de Ecología Global del Instituto Carnegie: «El índice actual de entrada de dióxido de carbono es casi 50 veces más alto de lo normal. En menos de 100 años, el pH de los océanos podría disminuir hasta medio punto por debajo de lo que es natural, de 8,2 a 7,7 aproximadamente». Puede que no parezca mucho, pero este medio punto en la escala de pH significa que la acidez se multiplicaría por cinco. Y puesto que los océanos circulan muy lentamente, incluso si los niveles de dióxido de carbono se estabilizaran —quizás porque la humanidad recapacita sobre su impacto en el calentamiento— estos cambios en la composición química de los océanos perdurarían durante miles de años.

Esta área de investigación en rápido desarrollo fue el sujeto de un importante informe de la Royal Society en junio del 2005, en el que se identificaron algunas de las principales preocupaciones que tienen en vilo a los biólogos marinos. La primera es la posibilidad de que, incluso si las emisiones se mantienen relativamente bajas durante este siglo (equivalentes a dos grados o menos de calentamiento global), grandes áreas de los océanos del sur y parte del Pacífico se volverán tóxicas para los organismos con conchas de carbonato de calcio a partir del 2050. Con unas emisiones más altas, de hecho, la mayor parte de todos los océanos del mundo serían, tarde o temprano, demasiado ácidos para mantener la vida marina calcárea.

Las formas de vida más importantes que se verán afectadas son las que forman la base de la cadena alimenticia oceánica: el plancton. Aunque cada organismo es minúsculo (solo unas pocas milésimas de milímetro de largo), el plancton fotosintético como el cocolitóforo es, quizás, el recurso vegetal más importante de la Tierra. Incluye al menos la mitad de toda la producción primaria de la biosfera, lo que equivale a todas las plantas terrestres juntas, y a veces forma floraciones tan extensas que colorean de verde la superficie del mar y pueden ser fotografiadas desde el espacio. Los lugares donde medra el fitoplancton son los graneros de los océanos mundiales: todas las especies superiores, desde la caballa hasta las ballenas jorobadas, dependen de él en última instancia. Pero los cocolitóforos tienen una estructura de carbonato de calcio, lo que los hace especialmente vulnerables a la acidificación oceánica. Cuando los científicos simularon los océanos del futuro mediante el bombeo artificial de grandes niveles de CO_2 en secciones de un fiordo noruego, vieron consternados que las estructuras de los cocolitóforos se corroían y comenzaban a desintegrarse.

La acidificación también afectará directamente a otras criaturas marinas. Los cangrejos y erizos de mar necesitan sus caparazones para sobrevivir, y las branquias de los peces son extremadamente sensibles a la química del océano, de la misma manera que nuestros pulmones son sensibles a la del aire. Los mejillones y las ostras, ambos de vital importancia como recursos económicos y como parte de los ecosistemas costeros de todo el mundo, podrían perder su capacidad para construirse conchas duras hacia finales de siglo, y se disolverían irremediablemente si los niveles de CO_2 atmosférico llegan a las 1.800 ppm (partes por millón: esta medida de ppm significa, simplemente, que por cada millón de litros de aire hay 1.800 litros de dióxido de carbono). Los corales tropicales, que ya han sido golpeados severamente por el blanqueamiento, se irán corroyendo más y más por el crecimiento del ácido oceánico. Caminad en el mar sobre un arrecife en el 2090, y puede que se derrumbe bajo vuestros pies. Los barcos, en vez de quedar destrozados en el choque contra un coral rocoso, podrían abrirse paso a través de los arrecifes debilitados como si navegaran a través de esponjas. En efecto, es difícil exagerar como es de peligroso este experimento que estamos llevando a cabo con los océanos del mundo. En palabras de un biólogo marino: «Estamos asumiendo un gran riesgo. Las condiciones químicas del océano dentro de 100 años probablemente no tengan parangón en el pasado geológico, y algunos organismos clave pueden carecer de mecanismos para adaptarse al cambio».

El fitoplancton también es crucial para el ciclo de carbono mundial. Colectivamente, se trata del mayor productor de carbonato de calcio de la tierra, capaz de sacar de circulación miles de millones de toneladas de carbono cuando sus conchas calcáreas se depositan en el fondo marino. No hay nada nuevo en este proceso: la tierra caliza de los acantilados y montes del sur de Inglaterra se formó originariamente a partir de la sedimentación de muchos miles de millones de cocolitóforos durante el Cretáceo. Pero a medida que los océanos se vuelven más y más ácidos, este crucial componente del ciclo carbónico planetario podría ir deteniéndose lentamente. Cuanto menos plancton lo atrape y lo elimine, más cantidad de carbono permanecerá en los océanos y la atmósfera, lo que empeorará aún más el problema.

La subida de las temperaturas también golpeará de lleno al fitoplacton, porque las aguas cálidas de la superficie del océano cortarán el suministro de nutrientes que estas plantas diminutas necesitan para crecer. Igual que con la acidificación, los cambios son detectables hoy en día: en el 2006, los científicos informaron del declive en la productividad del plancton de 190 megatoneladas al año como resultado de la actual tendencia al calentamiento. Juntos, estos dos factores, el calentamiento y la acidificación, representan un devastador golpe doble para la productividad de los océanos. Como dice Katherine Richardson, profesora de biología oceanográfica en la Universidad de Aarthus de Dinamarca: «Estas criaturas marinas prestan un gran servicio a la humanidad al absorber la mitad del dióxido de carbono que producimos. Si los exterminamos, este proceso se detendrá. Estamos alterando toda la composición química de los océanos sin tener ni idea de las consecuencias».

Destruir el fitoplancton mediante la acidificación de los océanos es lo más parecido a pulverizar herbicida sobre la mayor parte de la vegetación terrestre, desde las selvas y praderas a la tundra ártica, y es algo que tendrá unos efectos igualmente desastrosos. Así como los desiertos se extenderán por la tierra a medida que se acelera el calentamiento global, los desiertos submarinos también crecerán en los océanos a medida que el calentamiento y la acidificación se cobran su peaje inevitable.

El mercurio sube en Europa

En circunstancias normales, el cuerpo humano sabe como lidiar con el exceso de calor. Los capilares que hay bajo la piel se llenan de sangre, lo que permite que el calor sobrante sea irradiado hacia el exterior. Las glándulas sudoríparas bombean humedad y eliminan el calor mediante evaporación. Hasta podemos eliminar el calor jadeando, y el corazón trabaja a un ritmo acelerado. Durante el ejercicio, la temperatura corporal de 37 °C puede aumentar hasta los 38 o 39 °C sin que haya efectos negativos.

Pero el de 2003 no fue un verano normal, y la ola de calor experimentada en Europa durante los meses de junio, julio y agosto no tuvo unas consecuencias normales. En Suiza, el mercurio subió por encima de los 30 °C en fechas tan tempranas como el 4 de junio, y alcanzó un máximo de 41,1 °C en el sureste del país el 2 de agosto, un calor sofocante que se asocia más frecuentemente al desierto de Arabia que al clima moderado de Europa Central. Se batieron récords por todo el continente: en las islas Británicas, las temperaturas llegaron por primera vez a los 38 °C. Las playas estaban a rebosar de veraneantes que disfrutaban del calor estival, pero en las grandes ciudades como París estaba ocurriendo un desastre oculto.

Los primeros síntomas de insolación parecen poco importantes. Un individuo afectado sentirá ligeras náuseas y mareos, y quizás se vuelva algo irritable. Aún no hay por qué alarmarse: bastan unos tragos de agua y una hora más o menos de descanso en una zona más fresca para recuperarse de una insolación sin que se produzcan secuelas. Pero en agosto del 2003 no había lugares frescos en París, especialmente para las personas mayores encerradas en apartamentos mal ventilados. No eran tanto las altas temperaturas diurnas, sino el hecho de que no refrescara lo suficiente por las noches como para que el cuerpo tuviera tiempo de recuperarse. Los efectos se fueron acumulando, y aumentaron las posibilidades de sufrir la consecuencia más peligrosa —e incluso fatal— de la insolación: la hipertermia o golpe de calor.

Una vez la temperatura del cuerpo humano alcanza los 41 °C, su sistema termorregulador empieza a averiarse. La sudoración cesa, y la respiración se vuelve rápida y superficial. El pulso se acelera, y la víctima puede caer rápidamente en coma. A menos que se tomen medidas drásticas para reducir la temperatura del cuerpo, el cerebro se quedará sin oxígeno y los órganos vitales comenzarán a fallar. La muerte puede llegar en pocos minutos, a menos que los servicios de emergencia puedan llevar rápidamente a la víctima a cuidados intensivos.

Estos servicios de emergencia no pudieron salvar a más de 10.000 parisinos víctimas del golpe de calor. Los depósitos de cadáveres se quedaron rápidamente sin espacio a causa de los cientos de muertos, principalmente personas mayores y marginados, que llegaban cada noche. La crisis provocó un gran escándalo político, ya que la gente acusó a los políticos y administradores municipales de estar más interesados en sus largas vacaciones de agosto que en salvar vidas en la capital. Las estimaciones varían, pero se calcula que hubo entre 22.000 y 35.000 muertes en toda Europa.

La ola de calor y la sequía también devastaron el sector agrícola: se perdieron cosechas por un total de 12.000 millones de dólares, mientras que los incendios forestales en Portugal causaron otros 1.500 millones en daños. Grandes ríos como el Po en Italia, el Rin en Alemania y el Loira en Francia alcanzaron mínimos históricos, lo que impidió la circulación de barcazas y causó escasez de agua para la irrigación y la producción hidroeléctrica. Proliferaron las algas tóxicas en los ríos y lagos vacíos. Los índices de deshielo en los glaciares de montaña de los Alpes doblaron el anterior récord fijado en 1998, y algunos glaciares perdieron el 10% de todo su volumen durante la ola de calor de aquel verano. Al mismo tiempo, tal como hemos descrito en el capítulo 1, el deshielo del permafrost provocó desprendimientos en zonas de montaña como el Matterhorn.

No pasó mucho tiempo hasta que se empezaron a plantear preguntas sobre la posible contribución del calentamiento global a todo este desastre. Los meteorólogos que habían investigado sobre las olas de calor ocurridas en el pasado descubrieron que la del 2003 se había salido de la tabla estadística: había sido un acontecimiento de los que se producen una vez en miles de años. Según el análisis de un equipo de climatólogos del Reino Unido, el calentamiento global del siglo XX ya ha doblado el riesgo de que se produzcan olas de calor de estas características. Por toda Europa, según un estudio publicado en el 2007, la frecuencia de días extremadamente calurosos se ha triplicado en el último siglo, y la duración de las olas de calor en el continente se ha duplicado. La conclusión es evidente: la ola de calor del verano del 2003 no fue un desastre natural.

La intensidad de la ola de calor también nos proporciona información sobre nuestro futuro. Las temperaturas fueron de media 2,3 °C superiores a lo habitual en todo el continente. ¿Significa esto que en un mundo dos grados más cálido, los veranos como el del 2003 se repetirán cada año? Eso parece: en el estudio británico que acabamos de mencionar, los científicos utilizaron el modelo informático del Centro Hadley de la Oficina Meteorológica británica para proyectar el cambio climático futuro resultante de un aumento de las emisiones de gases invernadero, y llegaron a la conclusión de que hacia el 2040 —con unas temperaturas globales que todavía no habrían alcanzado un aumento de dos grados, según el modelo— más de la mitad de los veranos serán más calurosos que el del 2003.

Esto significa que los veranos extremos del 2040 serán aún más tórridos que el del 2003, y que la cifra de muertos aumentará en consecuencia, llegando incluso a los cientos de miles. Puede que haya que evacuar a los ancianos durante meses a refugios acondicionados, y que el movimiento en el exterior durante las horas más calurosas se vuelva cada vez más peligroso. Las temperaturas podrían dispararse hasta máximas que hoy en día solo tienen parangón en el norte de África, lo que comportaría que ríos y lagos se secaran y que la vegetación se marchitara por todo el continente. Las cosechas que precisaran lluvias estivales se torrarían en los campos, y los bosques, acostumbrados a climas más fríos, se morirían y arderían. Como resultado, incendios forestales catastróficos podrían penetrar en nuevas zonas del norte y arrasar los bosques de árboles de hojas anchas desde Alemania hasta Estonia.

He aquí otro ejemplo de como el verano del 2003 nos da una idea de lo que nos espera. Los sistemas de vigilancia de toda Europa mostraron una caída del 30% en el crecimiento de las plantas por todo el continente, ya que la fotosíntesis comenzó a interrumpirse en respuesta a la doble presión de las elevadas temperaturas y la sequía devastadora. Desde los hayedos caducifolios del norte de Europa hasta los pinos y robles de hoja perenne de la costa mediterránea, el crecimiento de las plantas fue ralentizándose hasta detenerse. En vez de absorber dióxido de carbono del aire, las plantas estresadas comenzaron a emitirlo: las plantas europeas emitieron a la atmósfera cerca de 500 millones de toneladas de carbono, el equivalente a una duodécima parte de las emisiones globales procedentes de combustibles fósiles. Se trata de una retroacción positiva de vital importancia, puesto que sugiere que a medida que aumenten las temperaturas —especialmente durante olas de calor extremas— las emisiones de dióxido de carbono procedentes de los bosques y los suelos también aumentaran, lo que dará todavía más empuje al calentamiento global. Y si estas emisiones procedentes de la tierra se sostienen durante largos periodos de tiempo en grandes zonas de la superficie terrestre, el calentamiento global podría escaparse a nuestro control, tal como se muestra en el siguiente capítulo.

Podríamos habernos acercado peligrosamente a este punto durante el periodo de sequía que afectó de 1998 a 2002 a las latitudes medias del hemisferio norte y que hizo que la vegetación se marchitara en regiones tan alejadas las unas de las otras como el oeste de Estados Unidos, el sur de Europa y el este de Asia. Un estudio mostró que las emisiones de carbono que normalmente habrían sido asimiladas por las plantas se acumularon en la atmósfera, lo que explicaría los saltos anormales en los niveles de concentración atmosférica de CO_2 durante los años siguientes. (Unos saltos que provocaron escalofríos entre muchos observadores del cambio climático, que se temían que las retroacciones positivas descontroladas hubieran empezado a actuar). Las plantas y suelos emitieron más de mil millones de toneladas de dióxido de carbono como respuesta al calor y a la sequía.

En el momento de escribir este libro, la ola de calor del 2003 ya ha empezado a borrarse de la memoria de la gente, y los veranos «normales» de los dos años siguientes han permitido que se empiece a absorber parte del carbono adicional que fue a parar a la atmósfera durante la fatídica ola de calor.

Pero nos olvidamos a nuestra cuenta y riesgo. El verano del 2003 fue un «experimento natural» cuyas conclusiones deberían ser tomadas muy en serio. No fue el simple resultado de un modelo informático, cuyas asunciones y pronósticos pueden ser refutados legítimamente. Ocurrió de verdad. Aun más, en el verano del 2006 casi se repitió la ola de calor del 2003, lo que sugiere que, en todo caso, los modelos están subestimando la probable frecuencia y severidad de las futuras olas de calor.

Hemos sido avisados.

Quemaduras mediterráneas

Puede que las imágenes más impactantes del caluroso verano del 2003 provinieran de Portugal, donde los gigantescos incendios forestales arrasaron un paisaje seco como la yesca, destruyendo huertas, quemando casas y matando a dieciocho personas a su paso. En total, la zona devastada era casi tan grande como Luxemburgo. Las conflagraciones fueron tan enormes que proyectaron capas de humo sobre el Atlántico norte, y tanto los fuegos como el humo eran perfectamente visibles desde el espacio. Los incendios debieron haber sido especialmente estremecedores para los turistas que habían acudido en manada al sur de Portugal en busca de sol, no de varios días de inhalación de humo.

Pero hay un estudio que muestra que este tipo de incendios forestales serán una visión cada vez más común para los veraneantes del sur de Europa y el Mediterráneo. Las simulaciones del cambio climático enseñan que la región se volverá más seca y más calurosa a medida que el cinturón árido subtropical se mueve hacia el norte desde el Sáhara. En el mundo de los dos grados, se esperan de dos a seis semanas adicionales de riesgo de incendios en todos los países de la costa mediterránea, y las regiones golpeadas más duramente serán las de tierra adentro, donde las temperaturas son más altas. En el norte de África y Oriente Medio prácticamente todo el año será clasificado como «de riesgo de incendios».

Estos incendios se alimentarán de las temperaturas abrasadoras. Se espera que el número de días en que el mercurio subirá por encima de los 30 °C aumente entre cinco y seis semanas en el interior de España, el sur de Francia, Turquía, el norte de África y los Balcanes. El número de «noches tropicales», en las que las temperaturas no bajen de los 20 °C, se incrementará en un mes, y la región entera vivirá cuatro semanas adicionales de verano. También se prevé que se multiplique por dos el número de lo que el estudio llama «días extremadamente calurosos», y las zonas interiores del Mediterráneo podrán experimentar de tres a cinco semanas de «olas de calor», definidas por temperaturas diurnas superiores a los 35 °C. Las islas como Cerdeña y Chipre escaparán de las peores consecuencias solo gracias a la influencia refrescante del mar.

Las altas temperaturas se verán agravadas por la sequía: se espera que algunas zonas del sur del Mediterráneo pierdan alrededor de una quinta parte de sus precipitaciones. España y Turquía también se verán gravemente afectadas, mientras que las zonas del norte sufrirán un declive del 10%

de media y lo que corresponderá a entre dos y tres semanas de días secos. Se puede esperar más de un mes extra de sequía en el sur de Francia, Italia, Portugal y el noroeste de España. La estacionalidad de las lluvias también cambiará, lo que causará estragos en las prácticas agrícolas: en el sur de Francia y España, por ejemplo, se prevé que la temporada seca empiece de dos a tres semanas más pronto y acabe dos semanas más pronto.

El aire acondicionado no será siempre una opción viable: los picos de demanda energética ocurrirán durante la parte más seca del año, cuando las reservas en los embalses ya serán bajas, y la falta de producción hidroeléctrica podría provocar apagones durante las peores olas de calor. Los turistas —especialmente los mayores— tendrán que alejarse por la amenaza de los golpes de calor, mientras que los propios habitantes del Mediterráneo podrían preferir pasar el verano en el norte de Europa, en busca de temperaturas más frescas. Los estilos de vida tendrán que cambiar, quizás la gente se vea forzada a adoptar costumbres parecidas a las de los habitantes de Oriente Medio o del norte de África para lidiar con el calor.

La falta de agua se convertirá en un problema perenne en toda la cuenca mediterránea, especialmente en algunas de las zonas de costa más áridas de España e Italia, que también son algunas de las más densamente pobladas. Los alemanes y británicos ricos que estén pensando en retirarse a España deberían pensárselo dos veces. Entre el calor abrasador y la escasez de agua dulce que pueda aliviarlo, quizás el encanto del sol perderá parte de su atractivo. El movimiento masivo que se ha producido en las últimas décadas desde el norte de Europa hacia el Mediterráneo podría empezar a invertirse en el mundo de los dos grados, para acabar convirtiéndose en una desbandada de la población provocada por las olas de calor provenientes del Sáhara que batirían el Mediterráneo y lo convertirían en una zona de temperaturas prácticamente inhabitable.

El coral y las capas de hielo

En 1998, tres geólogos canadienses hicieron un viaje a las islas Caimán. No estaban allí para tomar el sol o blanquear dinero (dos actividades por las que las islas reciben una fama bien merecida) sino para investigar una extraña plataforma de piedra caliza que se se alza en la zona de Rogers Wreck en la isla Gran Caimán. La plataforma que los geólogos llaman formación Ironshore, tiene unos 20 metros de grosor, e incluye capas de coral de cientos de miles de años de antigüedad. La formación llamó la atención de los científicos porque, si eran capaces de datar el coral con exactitud, su altura sobre el nivel del mar actual les ayudaría a resolver un misterio sobre los cambios en el nivel del mar que se habían producido en el pasado.

Los arrecifes tropicales de coral se forman en mares poco profundos, así que si el coral viejo se encuentra ahora sobre el nivel del mar, solo existen dos posibles explicaciones: la tierra se ha elevado, o el nivel del mar ha caído. Tras una investigación meticulosa, los tres científicos —Jennifer Vezina, Brian Jones y Derek Ford, del departamento de Ciencias Atmosféricas y de la Tierra de la Universidad de Alberta— descartaron una elevación de la tierra y concluyeron que el nivel del mar durante el último periodo interglaciar eemiano había sido varios metros más alto que el actual.

La conclusión de los científicos canadienses coincidía con otros estudios de alrededor del mundo, que también sugerían que los niveles del mar durante el Eemiano, hace 125.000 años, habían sido entre cinco y seis metros superiores a los del presente. Si las temperaturas globales eran entonces 1 °C más altas que ahora (aunque ligeramente superiores en el Ártico, gracias al efecto de amplificación polar), esto hacía que se planteara otra pregunta: ¿de dónde había salido toda esta agua?

El primer sospechoso era la capa de hielo de la región occidental de la Antártida. Los glaciólogos llevaban tiempo creyendo que podía ser sensible a pequeños cambios de temperatura, y en total contiene suficiente hielo como para elevar el nivel del mar en cinco metros. En efecto, ya en 1978 un artículo en la revista *Nature* advertía de que la capa de hielo planteaba una «amenaza de desastre», una advertencia que hoy en día es aún más apremiante, como veremos en el capítulo 4. Pero los intentos de modelar el colapso de la capa de hielo no son concluyentes, y en el 2000 se propuso un culpable totalmente diferente de la subida del nivel del mar: Groenlandia.

El casquete glaciar de Groenlandia contiene el agua suficiente en su mole de tres kilómetros de grosor como para elevar el nivel global del mar en siete metros, y cuando los científicos investigaron los núcleos extraídos de la cumbre del casquete, llegaron a una conclusión sorprendente. En efecto, Groenlandia se había encogido significativamente durante el Eemiano —tanto que, de hecho, la mayor parte del territorio meridional y occidental había estado completamente libre de hielo durante miles de años. De hecho, han aparecido pruebas recientemente que demostrarían que Groenlandia había estado cubierta de bosques en regiones que ahora se encuentran debajo de dos kilómetros de hielo, aunque esto habría ocurrido durante una era interglaciar previa al Eemiano (y ligeramente más cálida). Los científicos concluyeron que con una menor altitud, pendientes más acusadas y una superficie reducida drásticamente, la capa de hielo del Eemiano habría contribuido a una subida de los niveles del mar de entre 4 y 5,5 metros en aquella época. Esto, juntamente con contribuciones menores provenientes de la Antártida y otros glaciares, además de la expansión térmica del agua del mar, explicaría los altos niveles del mar.

El estudio llamó la atención de algunos académicos en su momento, pero las implicaciones que contenía no empezaron a calar hasta algunos años más tarde. En retrospectiva resulta sorprendente: contenía claras pruebas de que un clima un grado más caluroso podría fundir suficiente hielo en Groenlandia como para sumergir las ciudades costeras de todo el mundo, ciudades que albergan a decenas de millones de personas. Tampoco se trató de un caso aislado: estudios más recientes confirman que la contribución de Groenlandia a los altos niveles del mar del Eemiano fue, en efecto, de entre dos y cinco metros.

El informe del 2001 del Grupo Intergubernamental de Expertos sobre el Cambio Climático (IPCC), concluyó que unas temperaturas más altas acabarían por derretir la capa glaciar de Groenlandia, pero solo después de siglos o milenios. Además, las previsiones de entre 9 y 88 cm de subida del nivel del mar incluyeron una contribución poco importante de Groenlandia. No fue una advertencia especialmente apremiante: a la mayor parte de la gente ya le cuesta preocuparse por lo que pueda ocurrir dentro de 100 años, y mucho menos por si sus descendientes lejanos del año 3000 vayan o no a estar con el agua al cuello.

Hubo un hombre que se atrevió a discrepar, y no era un ecologista cualquiera que se pudiese despachar con facilidad. La nueva advertencia venía de James Hansen, el científico de la NASA cuyo testimonio en el Congreso durante el caluroso verano de 1988 sirvió para ubicar el calentamiento global en la agenda internacional por primera vez. Hansen escribió un artículo con su característico estilo directo que se tituló «¿Podemos desactivar la bomba de relojería del calentamiento global?», y fue publicado más tarde en la revista *Scientific American*, en el que se realizaba la pregunta clave: «¿con qué rapidez responderán las capas de hielo al calentamiento global?». El artículo criticó las afirmaciones del IPCC de que la fundición de las capas de hielo sería gradual incluso en un mundo que se calienta rápidamente, unas palabras que según Hansen habían minimizado la urgencia de la situación.

En cambio, Hansen advirtió de que una subida de 1 °C podría desestabilizar los casquetes polares lo suficiente como para causar subidas en el nivel del mar muy superiores a los modestos cincuenta centímetros aproximadamente que el IPCC calcula para el 2100. Al final de la última edad de hielo, por ejemplo, los niveles del mar se dispararon, subiendo un metro cada veinte años durante un periodo de cuatro siglos, lo que hundió los arrecifes de coral en Hawái y sumergió las costas más bajas. Esta espectacular inundación, acuñada como «Pulso de deshielo 1a» por los científicos, ocurrió hace 14.000 años, cuando las gigantescas capas de hielo de la última era glacial finalmente cedieron y dieron paso al Holoceno, más cálido.

Lo que ha ocurrido antes puede volver a pasar, argumentó Hansen, especialmente si tenemos en cuenta la enorme carga atmosférica de gases de efecto invernadero, cuyo impacto sobre el clima supera por mucho los pequeños cambios orbitales que gobiernan las transiciones entre las edades de hielo y los periodos interglaciares. Igual que lo fueron en el pasado, los cambios en las capas de hielo del futuro podrían ser, en palabras de Hansen, «explosivamente rápidos».

Sin embargo, Hansen recibió poco soporte hasta el año siguiente, cuando un equipo de modelización europeo puso cifras reales al umbral crítico de deshielo de Groenlandia: 2,7 °C. Además, no se trata de una cifra de calentamiento *global* si no de calentamiento *regional*. Puesto que el Ártico se calienta a un ritmo más rápido que el resto del planeta, este punto de inflexión será cruzado antes en Groenlandia que la media global: a causa de la amplificación polar, según otro equipo científico, Groenlandia se calienta 2,2 veces más rápido que el resto del mundo. Dividamos una cifra con la otra, y el resultado debería hacer sonar la señal de alarma en todas las ciudades costeras del mundo: Groenlandia comenzará a deshacerse irreversiblemente en cuanto las temperaturas globales suban por encima de 1,2 °C.

Esas son las malas noticias. Las buenas noticias son que, según este estudio, la capa de hielo de Groenlandia se irá encogiendo poco a poco, durante milenios, hasta alcanzar una forma menor, tierra adentro. Con mayores niveles de calentamiento (hasta de 8 °C regionales, por ejemplo, si las emisiones de gases de efecto invernadero continúan aumentando sin control), la mayoría de la capa de hielo desaparecerá durante los próximos 1.000 años, lo que todavía le da a la humanidad margen de sobra para prepararse para las inundaciones de siete metros, aunque las zonas más bajas serán sumergidas mucho antes.

Aparte de esto, parte del deshielo será contrarrestado por el aumento de las nevadas, lo que aumentará el grosor del hielo en el centro. Este es otro resultado de la subida de las temperaturas, ya que una atmósfera más caliente puede albergar mayores cantidades de vapor de agua. Gran parte de la Antártida y el interior de Groenlandia son clasificadas como «desiertos polares» porque simplemente hace demasiado frío para que nieve en cantidades significativas. Ya existe evidencia de que hay zonas del glaciar de Groenlandia por encima de los 1.500 metros del contorno exterior que están acumulando nieve y hielo nuevo (a un ritmo de 6 cm al año, según un estudio). Incluso se ha insinuado que una capa de hielo de mayor grosor en Groenlandia podría compensar la subida del nivel del mar.

Pero las pruebas del mundo real van en contra de estos escenarios optimistas, lo que sugiere que quizás James Hansen tenga razón, después de todo. Los modelos en los que se basan las predicciones de fusión de la capa de hielo de Groenlandia operan mediante la estimación de la diferencia entre la pérdida de agua del deshielo futuro y la acumulación de hielo proveniente de futuras nevadas. Pero la dinámica de las capas de hielo no se limita al deshielo y las nevadas. Grandes cantidades de hielo fluyen constantemente desde el centro de Groenlandia en glaciares gigantescos, para emerger a través de fiordos y descargar en el mar mediante icebergs. Estos glaciares pueden tener un rápido efecto sobre la estabilidad de la capa de hielo, pero no están incluidas correctamente en los modelos informáticos. «Los modelos actuales tratan la capa de hielo como si se tratara de un cubito de hielo que está fundiéndose ahí en medio, y estamos descubriendo que no es tan simple», dice Ian Howat, un experto en los glaciares de Groenlandia.

En particular, mientras el deshielo prosigue en la superficie, hay ríos enteros que caen a través de dolinas congeladas llamadas molinos hacia el lecho de roca que subyace bajo la capa de hielo. Esta agua dulce actúa de lubricante por debajo del hielo y acelera el movimiento de los glaciares de camino al mar. Tal y como dijo un glaciólogo a la revista *Nature*: «A lo largo de las costas, todos los glaciares están adelgazando como locos, y además están fluyendo más rápido de lo que deberían. Los cambios que se inicien en las regiones costeras se propagaran tierra adentro muy rápidamente». Cuando Byron Parizek y Richard Alley, dos glaciólogos de la Universidad de Penn State de los Estados Unidos, decidieron incluir la lubricación por agua dulce por primera vez en un modelo de la capa de hielo, descubrieron que, efectivamente, tuvo como resultado una cubierta de hielo más fina sobre Groenlandia, y una mayor contribución a la subida del nivel del mar.

Los glaciares de Groenlandia también están cambiando mucho más rápido de lo que nadie se esperaba. El mayor glaciar de descarga de todo el territorio, Jakobshavn Isbrae en el suroeste, es tan gigantesco que por sí solo tiene un impacto considerable en el nivel del mar: ha contribuido en un 4% a la subida global del siglo xx. Este gigantesco río de hielo no solo ha ido adelgazando la friolera de 15 metros anuales desde 1997 (eso es como un bloque de oficinas de 4 plantas cada año), sino que además su caudal ha sido de más del doble entre 1997 y 2003, lo que sugiere que una mayor cantidad del hielo de Groenlandia está siendo absorbida por el mar. Como si quisiera remarcar la anormalidad del cambio, la plataforma de hielo flotante del Jacobshavn Isbrae ha sufrido una desintegración casi completa, lo que ha engendrado una flota de icebergs alrededor de la costa.

En el lado oriental del casquete glacial hay un glaciar que también ha sufrido cambios espectaculares. Un equipo de investigación de los Estados Unidos liderado por Ian Howat estudió fotografías por satélite del comportamiento del glaciar Helheim entre el 2000 y el 2005, y descubrió sorprendido que no solo se había acelerado el flujo de hielo, sino que además el glaciar había adelgazado más de 40 metros y se había retirado varios kilómetros fiordo arriba. Aproximadamente la mitad de las pérdidas se deben a un mayor deshielo en la superficie: en los últimos años, zonas cada vez mayores de Groenlandia han estado alcanzando temperaturas por encima de la congelación, y miles de piscinas de agua procedente de la fusión acribillan la superficie del hielo en verano. Pero el resto se debe a la aceleración del flujo de agua glacial, que ha alcanzado el poco glacial ritmo de 11 kilómetros al año.

Este caudal acelerado arrastra más hielo hacia el valle, lo que hace que el glaciar se vaya volviendo más delgado, de la misma forma en que lo hace una cinta de goma cuando la estiras. Durante el proceso, que se está reproduciendo en glaciares de alrededor de la capa de hielo, se vierten miles de millones de toneladas de hielo al Atlántico norte, lo que hace que aumente aún más el nivel del mar. Según Howat, el adelgazamiento ha alcanzado un «punto crítico», lo que ha iniciado un «cambio drástico de las dinámicas del glaciar». Su conclusión es devastadora: «si otros glaciares de Groenlandia responden de la misma forma que el Helheim, se podría dividir en dos el tiempo necesario para destruir la capa de hielo de Groenlandia».

Otros científicos están de acuerdo. Durante la reunión de otoño de la Unión Geofísica Americana en diciembre del 2005, el doctor Gordon Hamilton de la Universidad de Maine también advirtió de «cambios muy drásticos» en el glaciar Kangerdlugssuaq, en el este de Groenlandia. En solo un año, entre abril del 2004 y abril del 2005, este enorme glaciar había multiplicado por dos su velocidad y había retrocedido cuatro kilómetros simultáneamente. Si otros grandes glaciares empiezan a seguir el mismo camino que el Helheim y el Kangerdlugssuaq —que han doblado la velocidad a la que vierten hielo al océano, de 50 a 100 kilómetros cúbicos anuales— el efecto sobre Groenlandia sería fatal, advirtió el doctor Hamilton.

Sin embargo, las últimas pruebas sugieren que no todo está perdido. En marzo del 2007 Ian Howat y sus colegas comunicaron a la revista *Science* que quizás los resultados de sus últimas pruebas podrían ser más reconfortantes. Aunque, tal y como se había informado previamente, tanto el glaciar Helheim como el Kangerdlugssuaq doblaron sus índices de pérdida de masa en el 2004, dos años después, en el 2006, habían vuelto a una relativa normalidad. Aun así, los glaciólogos Martin Truffer y Mark Fahnestock, en un escrito en la revista *Science*, se esforzaron en señalar que estos cambios recientes «no quieren decir que [los glaciares] se hayan estabilizado». Al contrario, «todavía está en el aire la pregunta de si los cambios de los últimos cinco años no habrán dejado un sistema más vulnerable en su totalidad». Claramente estos ríos gigantes de hielo son bestias complejas que los científicos aún están tratando de comprender.

Pero sea cual sea el comportamiento individual de los glaciares de descarga, los estudios por satélite a gran escala de toda la capa de hielo de Groenlandia sugieren que se avecinan grandes cambios. Los científicos que trabajan en el proyecto satélite GRACE (Gravitiy Recovery and Climate Experiment) informaron en noviembre del 2006 de que están en marcha grandes pérdidas. Aunque la capa de hielo mantuvo el equilibrio durante buena parte de los noventa, entre el 2003 y el 2005 perdió unos 100.000 millones de toneladas anuales de hielo, lo suficiente como para aumentar los niveles globales del mar en 0,3 mm cada año.

Jim Hansen, por su parte, continúa con su batalla por conseguir que el mundo despierte ante la amenaza del deshielo de los casquetes glaciales, y los intentos de la administración Bush y de los jefes de Hansen en la NASA por silenciarle han sido despachados sin contemplaciones. (Cuando el departamento de relaciones públicas de la NASA le ordenó que dejara de dar conferencias o de hablar con periodistas sin haberlo comentado con ellos, Hansen se fue directamente a contárselo a la prensa, lo que provocó un aluvión de titulares sobre la «censura de la NASA» entre los medios de comunicación de los Estados Unidos). Sus publicaciones —incluso en revistas científicas de peso— cada vez incluyen más palabras fuertes como «peligro» y «cataclismo», haciendo caso omiso de las convenciones que dictan que los científicos deben limitarse a hablar en una jerga carente de emociones. Un artículo de Hansen publicado (junto a otros cinco coautores) en mayo del 2007 advierte crudamente en su resumen de que las «recientes emisiones de gases de efecto invernadero han llevado a la Tierra peligrosamente cerca de un cambio climático drástico que podría escaparse a nuestro control, con grandes peligros para los humanos y otras criaturas», una clara exposición de los hechos, pero que aun así debe haber hecho fruncir muchos ceños entre los pasillos del mundo académico.

Sin embargo, la afirmación de Hansen de que las capas de hielo del mundo podrían desaparecer mucho más deprisa de lo que sugiere el IPCC tiene una sólida base en la física. Para poder explicar en el mundo real la veloz fragmentación que sufrieron las capas de hielo al final de la última glaciación, Hansen apunta a un proceso llamado «variación del albedo» que, en el caso de que se repitiera hoy en día, podría destruir lo que queda de los casquetes glaciales mucho más rápido de lo que sugieren las proyecciones convencionales. Esta variación del albedo es de una simplicidad preocupante: a medida que el hielo y la nieve se derriten se van humedeciendo, lo que hace que su superficie sea más oscura y, en consecuencia, aumenta su capacidad para absorber la luz solar. Esto hace que suban las temperaturas todavía más, lo que a su vez provoca más deshielo, en un ejemplo clásico de retroacción positiva. Esta variación del albedo es, según Hansen, la razón por la cual la desintegración de la capa de hielo puede ser «explosivamente rápida» en lugar de ser un proceso gradual que se alargue durante milenios. Y, puesto que grandes áreas de Groenlandia y el oeste de la Antártida ya están bañadas por aguas del deshielo estival, Hansen sugiere que este «mecanismo desencadenante» de nieve oscura y húmeda ya ha comenzado en la actualidad.

Pero ¿a qué velocidad puede aumentar el nivel del mar? El informe del IPCC del 2007 dice que solo lo hará entre 18 y 59 cm, unas cifras tranquilizadoras para aquellos que viven cerca de la costa. Sin embargo, también introduce una nota de advertencia que admite que las incertidumbres sobre los tiempos de respuesta de los casquetes de hielo podrían hacer que estas cifras fueran más elevadas. Pero no dice cuánto más, y nadie más en la comunidad científica se ha aventurado a ofrecer una estimación excepto, una vez más, James Hansen, cuya advertencia sobre el calentamiento global en una cifra tan temprana como 1988 muestra una extraordinaria capacidad de previsión. En un artículo titulado «Reticencias científicas y subida del nivel del mar» publicado en el 2007 en el periódico gratuito on-line *Environmental Research Letters,* Hansen echó un rapapolvo a sus colegas por su actitud de permanecer «en la zona de confort» y su reticencia a decir nada que pudiera ser considerado «ligeramente equivocado». En vez de esto, argumenta que «hoy en día existe información suficiente para, en mi opinión, dar por seguro que los escenarios del tipo todo-sigue-igual que plantea el IPCC nos van a llevar a una desastrosa subida del nivel del mar de varios metros en el plazo de un siglo». Señala que, si el ritmo de fusión de la capa de hielo se dobla cada década, una posibilidad a considerar, el nivel del mar aumentará un total de 5 metros para el 2100.

Así que a lo mejor se deberían tomar más en serio las advertencias de James Hansen, particularmente su preocupación por la posibilidad de que el ritmo del deshielo y subida de los niveles del mar se disparen el siglo que viene. Ya hay un primer aviso: el nivel del mar está subiendo a un ritmo de 3,3 mm anuales, mucho más rápido que los 2,2 mm proyectados por el informe del IPCC del 2001. Si, tal y como Hansen postula, alcanzamos durante este siglo un ritmo de deshielo tan rápido como el del final de la última glaciación, toda la capa de hielo de Groenlandia podría desaparecer en 140 años. La geografía de las costas de todo el mundo sería radicalmente diferente. Miami desaparecería por completo, igual que la mayor parte de Manhattan. El centro de Londres estaría inundado. Bangkok, Bombay y Shanghai también perderían la mayor parte de su superficie. En total, la mitad de la humanidad se vería obligada a mudarse a tierras más altas y entregaría al océano paisajes, edificios y monumentos que han sido parte capital de nuestra civilización durante más de mil años.

La última batalla del oso polar

No todo el mundo piensa que la transformación del Ártico sea algo malo. Mientras el agua del deshielo se va escurriendo del casquete de Groenlandia, el cambio climático podría estar enriqueciendo a mucha gente. Pat Broe espera convertirse en uno de ellos. En 1997, Broe, un emprendedor estadounidense, compró el decadente puerto de Churchill, en el norte de Canadá, por la espléndida suma de siete dólares. La vida ha sido dura para los menos de mil residentes que viven en este sombrío pueblo, incluso después de que se haya rebautizado a sí misma como la «Capital Mundial del Oso Polar».

Pero según Broe, los tiempos de boom económico están a la vuelta de la esquina. A medida que se funde el hielo polar, la pequeña y humilde Churchill podría convertirse en un importante núcleo para las lucrativas rutas de transporte que se están abriendo entre Asia, Europa y América del Norte a través de aguas que acostumbraban a estar permanentemente congeladas. Lo que es muy práctico, porque para cuando estas rutas se abran, la Capital Mundial del Oso Polar se tendrá que buscar otra razón de ser, por la simple razón de que a medida que el hielo desaparezca, los osos polares también lo harán.

Una ironía muy poco divertida del calentamiento global es que la retirada del casquete polar del norte está dando comienzo a una nueva fiebre del oro del petróleo, lo que traerá más combustibles fósiles a los mercados de todo el mundo que, cuando sean quemados, harán que empeore inevitablemente el problema del cambio climático. Según algunas estimaciones, una cuarta parte de las reservas de petróleo y gas aún por descubrir se encuentran bajo el océano Ártico, en zonas que históricamente siempre habían sido consideradas imposibles de perforar a causa del grueso hielo flotante. Ya se están realizando inversiones enormes para poder acceder a este recurso económico tan valioso: el gobierno noruego se está gastando miles de millones de dólares en una terminal de gas natural licuado en el lejano puerto norteño de Hammerfest, mientras que el hallazgo de una gigantesca reserva de gas en las aguas árticas rusas —se estima que contiene el doble de las reservas de todo Canadá— ha provocado una indecorosa lucha entre las grandes petroleras para emparejarse con la gran corporación rusa Gazprom en su explotación. Según un analista energético mencionado en *The New York Times*, esta nueva fiebre del Ártico es «el Gran Juego en un clima frío».

En el plano internacional, las naciones del océano Ártico: Canadá, Dinamarca, los Estados Unidos, Noruega y Rusia, están luchando por establecer derechos sobre los minerales submarinos en «sus» parcelas de suelo marino. En agosto del 2007, exploradores rusos organizaron una apropiación de territorio particularmente audaz al pilotar un sumergible por debajo del hielo y plantar una bandera de acero inoxidable en el lecho marino a 4.000 metros de profundidad bajo el Polo Norte, reclamando, por tanto, toda la zona, y sus riquezas en combustibles fósiles, para la madre patria. «Estamos contentos de haber plantado una bandera rusa en el suelo del océano, y no me importa nada lo que piensen al respecto algunos individuos extranjeros», declaró con arrogancia Artur Chilingárov, el jefe de la expedición a su regreso a Moscú, al ser recibido como un héroe, champán y alaridos de las juventudes pro-Kremlin incluidos. En un alarde de ironía no intencionada, al triunfante Chilingárov le regalaron un gran oso polar de peluche, el emblema del partido pro-Putin Rusia Unida (del que Chilingárov es diputado parlamentario), mientras tocaba una banda militar. Sin embargo, el Departamento de Estado de los Estados Unidos se mostró impasible: «una bandera de metal, una bandera de goma o una sábana en el lecho del océano... no tienen ninguna validez legal», declaró a Reuters un portavoz. «No puedes ir por el mundo plantando banderas y diciendo "este territorio es ahora nuestro"», se quejó, molesto, el ministro de exteriores de Canadá, mientras acusaba a Rusia de comportarse como un explorador colonial del siglo XV.

Los osos polares de verdad no pueden competir con este tipo de imperativos económicos despiadados. Los osos polares —*Ursus maritimus*— tienen una relación umbilical con el mar. Los osos adultos pasan la mayor parte de sus vidas en el hielo, cazando focas y otras presas, y pueden viajar miles de kilómetros cada año por los mares polares. Son animales notables en todos los sentidos: con dos capas de piel añadidas a diez centímetros de grasa, los osos polares casi no experimentan pérdida de calor incluso en las temperaturas más frías. Lo cual es afortunado, puesto que un oso puede tener que esperar inmóvil durante días junto a un agujero de respiración de focas hasta que se le presente la oportunidad, de apenas cinco segundos, de atrapar una.

Los osos polares que quedan en tierra durante el verano libre de hielo se enfrentan a las vacas flacas, ya que solo disponen de bayas, algas, viejos cadáveres y deshechos humanos para alimentarse. Cuanto más pronto se rompe el hielo en primavera, de menos tiempo disponen para rellenar sus reservas antes de los duros meses de verano. Ya hay un estudio científico que ha encontrado pruebas de que los osos polares de la bahía de Hudson se encuentran en peores condiciones en los años en que la capa de hielo se rompe antes. Pocos cachorros de menos de un año sobreviven, y hay menos nacimientos. Las implicaciones son claras: la retirada del hielo polar solo traerá malas noticias para los osos polares —a pesar de que sean buenas noticias para las compañías petrolíferas y los agresivos empresarios americanos.

Y, sin embargo, menos hielo en el mar es exactamente lo que auguran todas y cada una de las predicciones, como se mostró en el capítulo anterior. Los modelos difieren sobre el momento exacto en que el hielo perpetuo del verano desaparecerá del polo, pero no hay discusión sobre la dirección del cambio. Un estudio del científico de la NASA Josefino Comiso se dirigió específicamente a averiguar la cantidad de hielo que podrá quedar en un mundo dos grados más cálido, y concluyó que grandes superficies de agua libre de hielo quedarán abiertas al norte de Canadá, Alaska y Siberia, quizás tan pronto como el 2025. Aún sobrevivirá parte del hielo perpetuo, pero en una zona más pequeña cada verano, lo que constreñirá a los osos polares en un remanente cada vez menor entre la punta de Groenlandia y el Polo Norte, o bien los dejará aislados y hambrientos en tierra firme. Tal y como concluyó ominosamente la Evaluación sobre el Cambio Climático del Ártico del 2004: «Es difícil imaginar la supervivencia del oso polar como especie en un escenario sin hielo estival».

Los osos polares no serán la única especie afectada: las focas anilladas, su mayor fuente de alimentos, también viven todas sus vidas encima o debajo del hielo. Las morsas también precisan de hielo cerca de la tierra, donde las aguas son poco profundas, ya que se zambullen desde plataformas de hielo y se alimentan en el lecho oceánico. Si las zonas restantes de hielo marino son arrastradas lejos de la costa de las plataformas continentales, el mar será demasiado profundo, lo que impedirá que las morsas puedan comer. (De nuevo, estos cambios ya están en marcha: en Alaska, los cazadores que trabajan en el mar abierto han enviado informes de morsas desesperadas que tratan de subir a bordo de sus barcas blancas, que confunden con los desaparecidos trozos de hielo flotante).

De hecho, toda la red alimentaria cambiará con temperaturas más altas y menos hielo en el mar —desde el plancton, que es el productor primario marino, pasando por los peces, aves marinas y mamíferos. En tierra, el caribú podría morir de hambre en grandes números si la lluvia helada sustituye a la nieve, lo que cubriría las plantas que los nutren con una delgada capa de hielo. Se espera que muchas especies de pájaros, como el ganso emperador, pierdan más de la mitad de su hábitat. Especies de peces de agua dulce como la trucha ártica, el tímalo y el lucio también entrarán en declive por culpa de las aguas más calientes. Aunque las especies más acostumbradas a climas cálidos saldrían beneficiadas y se trasladarían hacia el norte, las plantas y animales del Ártico, adaptados al frío, verán amenazada su supervivencia, y la extinción se cernirá sobre ellos.

El propio paisaje cambiará. Un estudio reciente simuló el efecto de 2 °C de calentamiento global sobre la vegetación del Ártico, y descubrió que la tundra prácticamente desaparecerá, empujada cada vez más contra las costas del norte de Alaska, Canadá y Siberia a causa del desplazamiento de los bosques hacia el norte. Los árboles invadirán incluso Groenlandia. La tundra de musgo frío y liquen prácticamente se extinguirá, con unos últimos restos que se aferrarán a la vida en las montañas más altas y las islas más remotas del norte. El límite del permafrost se retirará cientos de kilómetros hacia el norte, lo que desestabilizará bosques, edificios y montañas a causa de la descongelación del suelo.

Una vez más el culpable es la «amplificación ártica» del calentamiento global, lo que significa que una subida de las temperaturas globales de dos grados podría significar entre 3,2 °C y 6,6 °C de calentamiento en el Ártico para el 2050. La velocidad de la transición será *como mínimo* de medio grado por década, hasta un máximo de 1,5 °C por década. Este brusco calentamiento no solo hace empequeñecer a todo lo que ha vivido en la región por cientos de miles de años, sino que además supera la capacidad de adaptación de plantas, animales y seres humanos por igual. Todos tendrán que luchar para sobrevivir al nuevo siglo.

Las gentes del Ártico no verán amenazada su especie, puesto que forman parte de la muy numerosa *Homo sapiens* igual que el resto de nosotros, pero se encontrarán en peligro a nivel cultural. Como comentó un periódico canadiense, puede que los inuit tengan veinte palabras para decir nieve, pero se quedan bastante cortos a la hora de describir términos como «cambio climático» y «gas invernadero». No obstante, sí tienen una palabra para referirse al clima loco: *uggianaqtuq*, que se traduce en algo así como «comportarse de manera inesperada».

Hay mucho más en juego que las meras palabras, sin embargo: formas de vida que han dependido del predecible cambio de las estaciones durante miles de años se verán alteradas por los inviernos más suaves y la desaparición de las fuentes de alimento tradicionales. Como le dijo el Jefe Gary Harrison a las Naciones Unidas en la Conferencia del Cambio Climático de Montreal en diciembre del 2005: «los indígenas del Ártico están amenazados por la extinción o el declive catastrófico de poblaciones enteras de pájaros, peces y animales salvajes, incluyendo especies de caribú, focas y peces vitales para nuestra seguridad alimentaria. El cambio climático amenaza con privarnos de nuestros derechos, de nuestro derecho a sustentarnos como hemos hecho durante miles de años».

Al contrario que los animales y las plantas, sin embargo, los habitantes humanos indígenas del Ártico pueden defenderse. La líder inuit Sheila Watt-Cloutier envió recientemente una petición a la Comisión Interamericana de Derechos Humanos en nombre del pueblo inuit reclamando asistencia «contra violaciones resultantes del calentamiento global causado por actos y omisiones de los Estados Unidos». Entre los firmantes había residentes de Shishmaref, el pueblo de Alaska que yo mismo visité en *Marea Alta* para descubrir de qué forma la desaparición del hielo marino está afectando la supervivencia de la comunidad a causa de un mayor ritmo de erosión de las costas.

El documento de 130 páginas señala que los efectos del cambio climático «violan los derechos humanos fundamentales protegidos por la Declaración Americana de los Derechos y Deberes del Hombre y otros instrumentos internacionales. Entre ellos, sus derechos a los beneficios de su cultura, a la propiedad, a la conservación de la salud, vida, integridad física, seguridad y medios de subsistencia, y a la residencia, movimiento e inviolabilidad del hogar». Los inuit, al contrario que tantos pueblos de todo el mundo que han perdido el contacto con el medio, entienden lo que está en juego con el cambio climático.

Verano indio

A diferencia de los esquimales, se puede afirmar que hoy en día hay poca gente en la India a quien le importe el cambio climático. Una de las excepciones, el actual presidente indio del Panel Intergubernamental sobre el Cambio Climático, Rajendra Pachauri, ha sido una voz destacada en la sensibilización contra la amenaza del cambio climático. Pero incluso él tiene que enfrentarse a la dura realidad. «Claramente, en este momento hacer cosas que son caras y que impedirán nuestro crecimiento económico con el único objeto de reducir las emisiones de gases de efecto invernadero es algo que el público indio no aceptaría», admitió recientemente.

Uno de los pocos indios que todavía cita el epíteto de Ghandi «conviértete en el cambio que quieres ver en el mundo», Pachauri es excepcional gracias a su disposición a pararse a reflexionar en medio de la locura nacional por la riqueza que afecta a su país, la India. Las emisiones de CO_2 de la India aumentan en un 3% al año, y se espera que su consumo de petróleo alcance los 2,8 millones de barriles diarios para el 2010, a medida que la boyante clase media se dedica a comprar millones de coches, neveras y aires acondicionados. La India adelantó a Japón como el cuarto mayor consumidor de energía en el 2001. Pero estas enormes cifras no consiguen hacer sudar al gobierno de la India. «Es absolutamente inimaginable que países como la India limiten sus emisiones para los próximos 20-25 años», dijo recientemente a Reuters S. K. Joshi, un oficial veterano del Ministerio de Medio Ambiente.

Joshi se debió de perder la reunión de septiembre del 2005, organizada por su propio Ministerio juntamente con el Departamento británico de Medio Ambiente, Alimentación y Asuntos Rurales, que resumió algunos de los efectos esperados del cambio climático en la India. Estudios comisionados por ambos gobiernos proyectaron que un calentamiento de dos grados provocaría descensos en la producción agrícola tanto de trigo como de arroz que se concentrarían en la mayoría de tierras de cultivo no irrigadas. La tipología de los bosques también cambiaría, y se espera una destrucción a gran escala, particularmente en las tradicionales sabanas boscosas. Esto acarrearía repercusiones funestas para los 200.000 pueblos localizados en los bosques o cerca de ellos y de los que dependen para su subsistencia.

La investigación confirma lo hallado en un estudio anterior, publicado en el 2001, que preveía importantes impactos agrícolas en la India con dos grados de calentamiento global. La producción de trigo en los estados norteños de Haryana, Punyab y Uttar Pradesh occidental sería la más afectada. Algunos estados, como Bengala Occidental, saldrían ganando, pero en menor medida, y el conjunto del país perdería un 8% de sus ingresos netos como resultado. Para un país con una población en crecimiento, las implicaciones en materia de seguridad alimentaria serían muy serias.

Estos cambios se verán agravados por cambios meteorológicos más amplios que también estarían asociados a la subida de las temperaturas, como un fortalecimiento del monzón y unas inundaciones cada vez mayores y más graves. India también sufrirá los efectos de un mayor flujo de refugiados, puesto que sus vecinos se enfrentarán a sus propios problemas climáticos. La vecina Bangladesh, densamente poblada, sufrirá de forma desproporcionada si el monzón se vuelve más fuerte. El país ya recibe unas precipitaciones anuales de casi dos metros cúbicos y medio y entre el 30% y el 70% de su superficie se ve inundada incluso con el clima «normal» de hoy en día. Si caen más precipitaciones en tormentas más intensas, millones de personas se verán desplazadas por las inundaciones del monzón, quizás de forma permanente, si sus casas son arrastradas por repetidas riadas, lo que les obligaría a trasladarse.

En la India el nivel total de lluvia recibida durante la temporada del monzón —pese a las grandes variaciones que hay de un año a otro— ha permanecido en equilibrio durante los últimos 50 años, según estudios científicos. Pero el calentamiento global está surtiendo efecto: se está incrementando la frecuencia de chubascos tormentosos y está disminuyendo el número de precipitaciones leves durante la temporada del monzón. A causa del aumento de las precipitaciones en forma de lluvias torrenciales, la incidencia de inundaciones graves está aumentando a su vez, y continuará su crecimiento durante las décadas que vienen. Este tipo de lluvia descarga sin avisar: las riadas consiguientes provocan corrimientos de tierras y se llevan por delante casas y pueblos enteros, mientras los ríos se desbordan apenas unos minutos después de que empiece el aguacero. Lo repentino de estos desastres deja a las personas y a sus familias con muy poco tiempo para ponerse a salvo, y el total de muertos a causa de las inundaciones podría crecer a medida que se acelera el calentamiento global.

En Nepal también podría haber un problema de exceso de agua, pero esta agua vendrá de una fuente distinta. El agua del deshielo de los imponentes glaciares del alto Himalaya se va acumulando tras las paredes de escombros de las morrenas que va dejando el hielo en retirada, lo que forma legiones de nuevos lagos glaciares. Estos lagos contienen enormes cantidades de agua en sus inestables presas naturales, y las brechas pueden provocar catastróficos flujos de lodo, que se precipitan por los valles de los ríos, a veces recorriendo distancias de hasta 200 kilómetros y devastando todo a su paso. En 1985 un reventón en un lago glaciar envió una pared de agua de 10 metros de altura por el cauce de los ríos Bhote Koshi y Dudh Koshi que destruyó una central hidroeléctrica, 14 puentes, 30 casas e incluso afectó al aeródromo del Everest en Lukla. Un estudio del año 2000 identificó 20 lagos peligrosos, con el potencial de provocar inundaciones en cualquier momento, y en un mundo dos grados más caluroso su número aumentará de forma sustancial.

Aun así, el deshielo de las montañas tendrá un efecto más insidioso y mucho peor a largo plazo. A medida que los glaciares desaparecen de todos los picos excepto los más altos, también desaparecerá el agua de su derretimiento, que alimenta a los grandes ríos que llevan la vital agua dulce a los cientos de millones de habitantes del subcontinente indio. La escasez de agua y el hambre serán el resultado, lo que desestabilizará toda la región, tal como se muestra en el siguiente capítulo. Y esta vez el epicentro del desastre no estará en la India, Nepal o Bangladesh, sino en Pakistán, equipado con armamento nuclear.

El punto de fusión de Perú

A causa de su misma escala y altitud, los poderosos glaciares del Himalaya no desaparecerán por completo tan fácilmente. Pero no se puede decir lo mismo de los campos de hielo de los Andes. Aquí, el calentamiento global ya ha causado una reducción de la superficie cubierta por glaciares en una cuarta parte en las últimas tres décadas. Lonnie Thompson, el climatólogo pionero que taladró núcleos de hielo en la cima del Kilimanjaro, también se ha pasado muchos años taladrando núcleos en el excepcional glaciar Quelccaya, en las montañas del sureste del Perú. Cuando perforó el hielo por primera vez en 1976, Thompson encontró claros estratos anuales de hace hasta 1.500 años. Pero cuando volvió a principios de los noventa, las capas superiores y más recientes ya habían sido destruidas por la filtración de agua del deshielo. Su triste conclusión fue que una sólida montaña que había permanecido congelada permanentemente durante más de un milenio se estaba deshaciendo.

La capital de Perú, Lima, no parece una ciudad que dependa de las tierras altas para abastecerse de agua dulce. Localizada en la yerma franja costera del país, sus montañas más cercanas son páramos desolados de roca y arena, que no cobijan ni una sola brizna de hierba, mucho menos una ciudad entera. Así que, ¿cómo sobrevive Lima en una de las zonas desérticas más secas del mundo? No gracias a las lluvias: los someros 23 mm de precipitaciones anuales caen en forma de una llovizna helada, que se evapora tan pronto sale el sol. En vez de esto, la respuesta emerge si se sigue la carretera principal hacia el interior, por el profundo valle del río Rimac. Las montañas desérticas quemadas por el sol dan paso a la hierba, y más tarde a picos cubiertos de nieve, algunos de más de 5.500 metros de altura, lo bastante altos como para provocarme un caso agudo de mal de altura que casi me mata cuando me aproximé a ellos sin tomar las debidas precauciones, como relaté en *Marea Alta*. Estas montañas son las torres de agua de Lima, reservas naturales en el cielo que mantienen el río Rimac fluyendo durante la temporada seca de los Andes, incluso cuando las altas montañas casi no reciben lluvias o nevadas.

Extrañamente, no tengo conocimiento de que se haya llevado a cabo ningún estudio científico sobre el posible impacto de dos o más grados de calentamiento global en los glaciares vitales para la supervivencia de Lima. Sin embargo, otras cuencas fluviales de los Andes peruanos sí han sido estudiadas con atención. El río Santa, producto del desagüe de las montañas de la Cordillera Blanca (incluyendo el Huascarán de 6.768 metros, el pico más alto de Perú, y escenario de otra de las aventuras de perforación del hielo de Lonnie Thompson), depende casi exclusivamente del agua del deshielo para mantener su flujo en la estación seca, según un estudio hidrológico conjunto austríaco-peruano. Río abajo, lejos de las altas montañas, el agua del río Santa es canalizada en turbinas hidroeléctricas —en el espectacular cañón del Pato— para producir un 5% de la electricidad de todo el país, y además, sus aguas alimentan vastos campos verdes de maíz, melones y caña de azúcar en la árida llanura costera. Los habitantes de las ciudades costeras de Chimbote y Trujillo —esta última es hogar de más de un millón de personas— también dependen del Santa para su suministro de agua potable.

Pero para el 2050 los glaciares de la Cordillera Blanca se habrán reducido entre un 40 y un 60%, según un segundo estudio realizado por dos de los mismos autores. Su modelo predice una caída en el agua de drenaje de casi la mitad para la misma fecha, lo que reducirá drásticamente los cauces durante la estación seca. En ese momento las autoridades peruanas se tendrán que enfrentar a algunas decisiones difíciles. ¿Deberán verter en el río el agua de los escasos lagos gestionados para mantener estable la producción hidroeléctrica? ¿O debería almacenarse el agua para evitar que las ciudades se queden sin suministros? La producción agrícola estará en declive para entonces, y las tierras irrigadas de la costa volverán al desierto del que una vez vinieron, lo que causará un gran aumento del desempleo.

La historia antigua de Perú podría esconder una o dos lecciones sobre el tema. Siguiendo la costa hacia el norte desde Trujillo se encuentra el valle de Jequetepeque, hogar de las importantes civilizaciones precolombinas moche (200-800) y chimú (1100-1470), que cultivaron amplias superficies de lo que ahora es el árido suelo del valle. También construyeron redes de canales de riego y acueductos para traer la valiosa agua desde los arroyos de montañas lejanas, así como cortinas de viento en el desierto para evitar que las dunas movedizas sepultaran sus campos y casas. Ambas civilizaciones fueron capaces de convivir con las inundaciones producto de las visitas periódicas de El Niño, e incluso aprendieron a aprovechar las zonas húmedas que dejaban las inundaciones para cultivar una par de cosechas.

Lo que no pudieron superar fue la sequía. Las zonas altas del río Jequetepeque no tienen glaciares: por tanto, su flujo depende completamente de un suministro regular de agua proveniente de las lluvias en las tierras altas. Parte de su caudal se mantiene durante la estación seca gracias a pequeños lagos y humedales, que al igual que el hielo, tienden a soltar agua lentamente. Pero si no llueve durante demasiado tiempo, se seca el río, lo que deja a la gente sin agua para beber o regar sus cosechas. Hay signos en el folclore, descubiertos recientemente por los arqueólogos, de que las crisis periódicas que afectaron a los pueblos chimú y moche estaban directamente relacionadas con las sequías. Cuando las lluvias desaparecieron y los ríos se secaron, se desató el infierno en la tierra. El resultado fue una desagradable mezcla de guerra, migración y el eventual colapso de la sociedad.

Las sociedades urbanas de hoy en día son, por supuesto, muy diferentes de las construidas por los moche y los chimú. En su momento álgido, toda la civilización moche incluía tan solo medio millón de habitantes, dispersos por una serie de valles costeros. Lima tiene actualmente más de 8 millones de habitantes (un tercio de toda la población de Perú) que ocupan una vasta superficie. Muchos de ellos sobreviven a duras penas en los empobrecidos pueblos de chabolas que se extienden por las colinas alrededor de la ciudad. Los moche podrían haber tenido canales y acueductos, pero no podían ni soñar con el tipo de infraestructuras de canalización del agua que hoy en día consideramos normales en una ciudad moderna. Cuando estuve en Perú en el 2002, visité las modernas instalaciones del servicio de aguas SEDAPAL, a las afueras de la ciudad. Pese a sus perennes problemas de financiación, las operaciones de SEDAPAL estaban funcionando con normalidad, con sus enormes depósitos subterráneos como piscinas olímpicas que canalizaban las aguas cristalinas hacia las diferentes zonas de la ciudad.

Pero SEDAPAL tiene un problema. La Cordillera Central del interior, de cuya agua de deshielo depende el río Rimac, es más baja que la Cordillera Blanca cubierta de glaciares, puesto que los picos más altos apenas superan los 5.500 metros de altitud. Los glaciares son pequeños y carecen de grandes campos de nieve que los alimenten. SEDAPAL ha construido depósitos para almacenar la lluvia de la estación húmeda, pero los lugares disponibles —y los fondos— son limitados.

Cuesta ver como va a sobrevivir algún glaciar de la Cordillera Central con dos grados más de temperatura. Incluso un simple cálculo en una servilleta serviría para deducir que se están preparando problemas. La regla general dice que cada grado de aumento de la temperatura hace subir la altura de congelación en 150 metros, así que si la media mundial se extrapola a las montañas andinas, la altura de congelación —y consecuentemente, de los glaciares— se habrá retirado 300 metros hacia las cimas. Los glaciares solo se encuentran en la actualidad por encima de los 5.000 metros. Si el hielo solo sobrevive por encima de los 5.300 metros, entonces solo quedarán pequeñas zonas en los picos más altos cuando las temperaturas lleguen a dos grados más. Para ser sinceros, la situación es todavía peor de lo que este torpe cálculo indica, porque el aumento de las temperaturas es superior a la media global en las regiones montañosas, gracias a una peculiaridad de la física atmosférica, lo que significa que la subida de temperatura es más rápida cuanto más ascendemos en la atmósfera. En efecto, la temperatura en los Andes tropicales ya está aumentando al doble del ritmo mundial, lo que se añade al veloz deshielo que ya estaba en marcha. Solo hay una conclusión: las torres de agua de Lima están condenadas a secarse.

Aún hay más: Lima no es la única gran ciudad de la región que depende del agua del deshielo glacial. Ecuador y Bolivia, países vecinos de Perú, también sobreviven gracias a las aguas de escorrentía de sus glaciares de montaña. Quito, capital de Ecuador, obtiene parte de su agua potable del glaciar del cercano volcán Antisana —donde, igual que en el resto de los Andes, el hielo está retrocediendo rápidamente. Todas estas naciones también dependen del agua de las montañas para su producción hidroeléctrica, y puesto que el caudal de los ríos disminuirá durante las estaciones secas que están por venir, la población tendrá que sufrir largos cortes del suministro eléctrico, a menos que se encuentren fuentes alternativas, quizás mediante el uso de combustibles fósiles.

¿Así que, cómo saldrán adelante los habitantes de una ciudad como Lima? La experiencia sugiere que los pobres serán los primeros en sufrir las consecuencias. La gente rica podría permitirse comprar costosa agua embotellada que sería transportada en camiones desde muy lejos, canalizada en tuberías entre las montañas o quizás producida por plantas de desalinización cuya producción será demasiado cara para los pobres. La agricultura también sufrirá lo que dejará a cientos de miles de parados a lo largo de toda la costa peruana. Las calles de Lima podrían empezarse a vaciar a causa de una situación crónica de escasez de agua, en una especie de migración inversa en la que la gente volverá a los pueblos de montaña de los que provenía, donde habrá más abundancia de agua y se podrá seguir practicando la agricultura. La influencia de la ciudad decaerá, y la mitad de la población de Perú que ahora habita en el desierto podría verse obligada a mudarse a las montañas, siempre y cuando queden espacio y tierras cultivables para ellos. Son de prever grandes revueltas de refugiados y conflictos generalizados a medida que el caudal de los ríos va reduciéndose a un mero goteo. La geografía humana de la costa de Perú será muy diferente cuando los glaciares de los Andes ya no existan.

Sol y nieve en California

Puesto que no tienen en su territorio ningún gran glaciar fuera de Alaska, los Estados Unidos podrían pensar que serán inmunes a la crisis hidrológica que se cierne sobre Perú. No podrían estar más equivocados. Los pueblos y ciudades de toda la costa oeste americana dependen enormemente del agua congelada de las montañas, no de origen glacial, sino proveniente de las nieves invernales. En las grandes cuencas hidrológicas de California, Washington y Oregón, se almacena mucha más agua en forma de nieve durante la primavera y principios de verano de la que hay tras las presas de los embalses construidos por el hombre. La acumulación de nieve funciona como un embalse natural: recoge las precipitaciones del invierno y las va soltando lentamente durante los meses secos del año, a medida que la nieve se derrite de forma gradual. Pero las temperaturas globales y regionales irán escalando cada vez más alto en las décadas que vienen, y como consecuencia las nieves del invierno serán reemplazadas por lluvias en Sierra Nevada, la Cordillera de las Cascadas y las Montañas Rocosas. No se trata de malas noticias solo para la industria del esquí, se trata de malas noticias para cualquiera que quiera que salga agua potable cada vez que abra el grifo.

Incluso en el clima de hoy en día, los recursos hidrológicos del árido oeste ya están cerca de su límite. A causa de las presas y canales de regadío, el río Colorado está casi seco para cuando alcanza el golfo de California; las más de las veces, el agua ni siquiera llega al mar. Como resultado, lo que una vez fue un productivo ecosistema pantanoso ha perdido todas sus especies de pájaros y peces. El agua del Colorado no solo se utiliza para regar campos de golf en Las Vegas; también suministra agua potable y energía hidroeléctrica a gran parte del sur de Californa y Arizona. Han estallado batallas entre los distintos estados: en agosto del 2005, los manifestantes tomaron las calles de Salt Lake City en contra de un plan de la Autoridad del Agua del Sur de Nevada que proponía bombear agua a través de 800 kilómetros de tuberías dirección sur, hasta Las Vegas.

Otro río que apenas consigue alcanzar el mar a través de su cauce natural es el río San Joaquín, cuyas aguas son desviadas para alimentar los fértiles campos del productivo Valle Central de California. Tal como lo dijo un reportero de Associated Press: «Donde una vez engordaron las huevas de salmón habitan los lagartos y las plantas rodadoras, en el lecho de un río que a veces pasa años sin agua». En vez de sustentar a los salmones, el río sustenta a las naranjas: el 80% de las naranjas de mesa de América se cultivan en el estado. Con ciudades importantes como Los Ángeles y Sacramento cuya agua depende totalmente de una red de canales y tuberías, la hidrología de California se parece más a un gigantesco sistema de fontanería que a un conjunto natural de valles fluviales.

Pero por muchos recursos de que dispongan los ingenieros de aguas del estado, tendrán que esforzarse por encontrar una vía de escape al conflicto que se prepara entre una población floreciente y un suministro hidrológico en declive a causa del calentamiento del planeta. Un importante estudio reciente, publicado en el 2004 en el periódico *Proceedings of the National Academy of Sciences* proyectaba un declive del manto de nieve de entre un tercio y tres cuartas partes en un mundo dos grados más cálido. Además, las olas de calor serán cuatro veces más frecuentes en Los Ángeles, mientras que las sequías graves ocurrirán un 50% más de veces, lo que incrementará la demanda de la escasa agua. Entre la disminución del manto de nieve de Sierra Nevada y un deshielo más temprano que adelantará el agua de escorrentía de primavera, el suministro de aguas de superficie del 85% de californianos —tanto de los productores de naranjas como de los habitantes de las ciudades— se verá reducido.

Tampoco es que los cambios se vayan a limitar a California: un segundo estudio prevé también una reducción del manto níveo en Oregón y Washington, con descensos de entre el 20% y el 70% en el norte de las Rocosas y las Cascades. A mayores lluvias y deshielo más temprano, aumentan las probabilidades de que se produzcan inundaciones de invierno, a pesar de que la disminución de las aguas de escorrentía causará escasez de agua en verano. Las más afectadas por el aumento de las riadas serán las regiones montañosas de las sierras litorales de California y Sierra Nevada. Más al norte, en el sistema del río Columbia, el hecho de que el agua de escorrentía se adelante significará que los gestores de agua tendrán que elegir entre almacenar el agua en los embalses para la producción hidroeléctrica en verano, o soltarla más temprano para evitar la extinción del salmón. Ante tan desagradable decisión entre poder mantener las luces encendidas o a los peces contentos, no es difícil imaginar cual sería la decisión que la mayoría de la gente votaría.

Además, las sequías de verano significarán que los bosques se secarán como la yesca, y serán cada vez más susceptibles a los incendios forestales. El norte de las Rocosas, la Gran Cuenca y el suroeste podrían ver extendida la duración de su temporada de incendios —que ya acarrea consecuencias trágicas en los años malos— de entre dos y tres semanas. El resumen del estudio concluye de forma ominosa: «Las demandas actuales de recursos hidrológicos de muchas partes del oeste no podrán ser atendidas bajo unas futuras condiciones climáticas plausibles, y mucho menos las necesidades de una población y una economía mayores».

En el anterior capítulo se vio como el interior del oeste de los Estados Unidos, desde Nebraska hasta Texas, podría enfrentarse a una sequía desastrosa, mucho peor que la Dust Bowl de los años treinta, solo a causa de unas pequeñas subidas adicionales de la temperatura global. Durante los años de la Dust Bowl, los estados del Pacífico como California dieron cobijo a aquellos desplazados por la sequía. Pero en un mundo con dos grados más, estos refugios de la costa oeste se enfrentarán a sus propios problemas críticos de escasez de agua. Los cambios en el manto de nieve y en el agua de escorrentía no solo serán la sentencia de muerte de campos de golf y estaciones de esquí, sino que cuestionan la capacidad de toda la región para mantener grandes ciudades y zonas agrícolas. California dejará de ser el «estado dorado» cuando el cambio climático empiece su asalto.

Alimentar a los 8.000 millones

Por grave que sea la crisis del agua, es poco probable que nadie se muera de hambre en el oeste de los Estados Unidos con dos grados de calentamiento global. Algunas zonas del continente podrían incluso beneficiarse de la mejora en las condiciones de cultivo. Aun es más: puesto que es el país más rico del mundo, la capacidad de compra de Estados Unidos en los mercados de alimentos mundiales garantizará que sus ciudadanos sobrevivan incluso a las peores condiciones de sequía en un futuro inmediato.

Esto, por supuesto, solo será cierto si quedan alimentos que comprar en los mercados mundiales, y es que, en un mundo dos grados más cálido, las zonas de cultivo lo tendrán cada vez más difícil para adaptarse al calentamiento del clima. Mientras tanto, los países que lo pasen mal y carezcan de un gran poder adquisitivo caerán irremisiblemente en la hambruna estructural y la crisis económica. Lo cruel será que entre estos estarán la mayor parte de países que menos han contribuido al cambio climático.

Sin embargo, aún hay algunas buenas noticias. El norte de la parte central de los Estados Unidos, que incluye estados como Indiana, Illinois, Ohio, Míchigan y Wisconsin, se convertirán en zonas productoras de trigo en invierno cada vez más importantes. Hoy en día las cosechas son mínimas a causa de las bajas temperaturas del invierno, pero se espera que se dupliquen gracias a los inviernos más cálidos. La producción de maíz se disparará en el norte de Dakota y Minnesota, y en toda la parte norte del país aumentará la producción de patatas, siempre que se mantengan las precipitaciones. Los cultivadores de cítricos en estados como Florida, que con el clima actual experimentan grandes pérdidas a causa de las ocasionales temperaturas bajo cero, también saldrán beneficiados de la reducción de las heladas.

En la otra orilla del Atlántico, en el Reino Unido aún no se podrán cultivar limones, pero las cosechas de maíz dulce, de frutas del bosque como las fresas y de hortalizas tan populares como las cebollas y los calabacines serán cada vez más provechosas. Si los inviernos se vuelven más suaves y húmedos, el trigo de invierno prosperará junto a legumbres amantes del calor como las alubias *navy* (las tradicionales *baked beans*), que podrían convertirse en uno de los cultivos principales del sur de Inglaterra. Muchas de estas cosechas se podrían beneficiar del efecto fertilizante de una atmósfera más rica en dióxido de carbono, y por toda Europa, cultivos que necesitan calor como los girasoles y la soja serán capaces de expandirse mucho más al norte. El trigo y el maíz podrían incluso llegar a nuevas zona del oeste de Rusia y el sur de Escandinavia.

El maíz es uno de los principales cultivos del mundo, esencial para los ingresos familiares y la seguridad alimentaria de muchos países en vías de desarrollo. Y aquí es donde empieza el problema: en América Central y del

Sur, la región donde los antiguos mayas cultivaron por primera vez el maíz con fines alimentarios, se han proyectado pérdidas para todos los países excepto Chile y Ecuador. Estas pérdidas podrían compensarse mediante mejoras tecnológicas futuras, pero los pequeños agricultores no podrán adaptarse de la misma manera que los grandes productores mecanizados.

También se espera que la mayor parte de África experimente grandes descensos en la producción agrícola. Se calcula que el riesgo de malas cosechas y hambrunas aumentará en 29 países africanos; entre las peor paradas estarán algunas naciones que ya son muy vulnerables al hambre, como Burkina Faso, Suazilandia, Gabón y Zimbabue. Solo los países de las tierras altas de África, como Lesoto y Etiopía pueden esperar mejoras en las cosechas en zonas que en la actualidad son demasiado frías para soportar una gran producción de maíz. En Mali, hasta tres cuartas partes de la población podrían estar en riesgo por hambrunas a causa del cambio climático, mientras que ahora solo lo está un tercio, y en Botsuana, más de un tercio de la cosecha de maíz y sorgo podría ser destruida a causa del declive en las precipitaciones. En el Congo, que está situado dentro del cinturón ecuatorial y donde se pueden esperar aumentos en las precipitaciones en un mundo más cálido, los suministros de alimentos podrían disminuir igualmente, ya que los agricultores necesitan una buena temporada seca para poder quemar tierras para los cultivos del año siguiente.

Los Estados Unidos también se verán afectados. En el sudeste de América, la disminución de las lluvias estivales y las elevadas temperaturas podrían reducir a la mitad la cosecha de soja, y se prevén similares reducciones para las de sorgo. Y aunque unas temperaturas más altas abrirán nuevas oportunidades para la agricultura en Canadá, las fuentes tradicionales de alimentos —de los arces azucareros a los salmones— saldrán perdiendo en un mundo dos grados más caluroso. Las poblaciones de peces también sufrirán a ambos lados del Atlántico: las poblaciones de salmones disminuirán en Canadá, y el bacalao del mar del Norte será prácticamente aniquilado a causa de las aguas más calientes, a menos que se introduzca una prohibición total para la pesca.

En la inconmovible lotería del cambio climático, que puedas comer dependerá del lugar en el que vivas. Habita en un país rico con lluvias regulares, y no pasarás hambre —incluso si comidas tradicionales como el *fish and chips* se ven obligadas a cambiar—, pero si vives en las regiones subtropicales más secas tu vida será cada vez más precaria.

Por supuesto, hoy en día ya ocurren hambrunas, a pesar de que, en un sentido global, hay suficiente comida para todo el mundo. Tal y como suelen reclamar las agencias de ayuda humanitaria, el problema es la pobreza, no la sequía. Pero si hay una cosa cierta, es la siguiente: es más probable que se produzcan hambrunas en un mundo en el que hay menos alimentos para repartir. Con una mayor competencia sobre unas cosechas decrecientes, los precios subirán como la espuma en los mercados mundiales durante los años de más escasez. La estabilidad del precio de los alimentos en el mundo dos grados más caluroso dependerá de si se pueden plantar nuevos cultivos en zonas del norte lo bastante rápido como para compensar las pérdidas en las cosechas en las zonas más cálidas y más secas del sur.

El mundo no tiene por qué caer en un déficit serio de alimentos si se planea diligentemente y se adapta. Sin embargo, si las temperaturas suben por encima de dos grados, será complicado evitar la malnutrición en masa, tal como se verá en los siguientes capítulos. Primero millones, y luego miles de millones de personas se enfrentarán a una batalla cada vez más dura por la supervivencia, a medida que las temperaturas en aumento hagan que cultivar suficientes alimentos se convierta en una tarea más y más difícil.

Verano silencioso

A estas alturas, la mayoría de los lectores habrán llegado a la conclusión de que la mayor parte de la humanidad sobrevivirá a dos grados de calentamiento global, salvo que ocurra alguna sorpresa desagradable. Estoy de acuerdo. No se puede decir lo mismo, desafortunadamente, de una buena porción de la biodiversidad natural: las plantas y animales que comparten este planeta con nosotros. Los ecosistemas ya están fragmentados y marginalizados a causa del incesante crecimiento de la población humana y de la actividad económica, así que el cambio climático parece destinado a causar unos daños nefastos en lo que queda de la naturaleza.

Ya mencionamos en el capítulo anterior las amenazas a algunas especies emblemáticas como las picas, así como a algunos ecosistemas especialmente vulnerables como los arrecifes de coral y las selvas de los Trópicos Húmedos de Queensland. Todos sufrirán reducciones más serias en el mundo dos grados más cálido. Las majestuosas flores proteas de Sudáfrica perderán la mayor parte de su extensión, y el 10% podrían estar extinguidas para el 2050. En la selva de Queensland, alrededor de un tercio de todas las especies estudiadas estarán en camino hacia la extinción para cuando el aumento de temperaturas llegue a los dos grados. En cada uno de estos casos se puede esperar que haya importantes protestas, ya que son animales y plantas muy queridas. ¿Pero quién derramará una lágrima por la rana arlequín de Monteverde de Costa Rica, el lemming de collar canadiense, el mielero hawaiano o cualquiera de los miles de especies poco conocidas cuya supervivencia está amenazada por un calentamiento global que las aisla en zonas climáticas que ya no son apropiadas para sus necesidades?

Dada la presión a la que la naturaleza ya está sometida por las actividades humanas, el cambio climático no podría haber escogido un peor momento. Independientemente de cualquier cambio en el clima mundial, ya estamos viviendo lo que algunos biólogos han bautizado la sexta extinción de la vida en la Tierra (la quinta fue la extinción de los dinosaurios y de la mitad del resto de la vida en la frontera entre el Cretáceo y el Terciario). Por culpa de las presiones combinadas humanas de la pérdida de hábitat, la caza, la contaminación, el uso de los recursos y la introducción de especies invasivas en nuevas zonas, las especies naturales ya están extinguiéndose a un ritmo entre 100 y 1.000 veces más rápido de lo que serían las pérdidas normales en el proceso evolutivo. El estudio más exhaustivo de la salud del planeta jamás realizado, la Evaluación de los Ecosistemas del Milenio de la ONU, realizado por 1.360 expertos de 95 países, que concluyó diciendo que, en la actualidad, dos tercios de los ecosistemas de los que dependen los humanos están siendo degradados o utilizados de forma no sostenible.

Diferentes estudios de muchos lugares también dejan claro que la naturaleza ya se está viendo afectada por el calentamiento global. Uno de ellos analizó 100 especies de todo el planeta y descubrió un desplazamiento medio de 6 kilómetros hacia los polos (y 6 metros hacia arriba en las montañas) por cada década. Algunas mariposas ya han desplazado sus territorios 200 kilómetros. La primavera llega más temprano, también: los pájaros ponen, los árboles germinan y las ranas desovan más temprano. Un segundo análisis global identificó cambios en las zonas de distribución y el comportamiento de cientos de especies, desde moluscos a mamíferos y desde hierbas hasta árboles, que estaban claramente relacionados con el calentamiento global.

Muchos de nosotros hemos empezado a notar estos cambios en nuestros alrededores. Los manzanos de mi huerto comunitario, por ejemplo, empezaron a florecer poco apropiadamente a finales de octubre del 2006, porque las altas temperaturas poco acordes con la temporada, les habían engañado, haciéndoles creer que la primavera ya había llegado. También me he estado dando cuenta de la extraña ausencia de pájaros; el jardín ha estado en silencio durante varios meses. El clima inglés ha cambiado drásticamente en solo unos años: tengo recuerdos infantiles de las duras heladas de Halloween, por ejemplo, pero este año las temperaturas no han bajado por debajo de cero incluso en noviembre. Los árboles del bosque que separa nuestra propiedad del cercano canal de Oxford mantuvieron resueltamente su color verde oscuro hasta dos meses después de las fechas en las que tendrían que haber empezado a aparecer los colores del otoño. Casi todos los lectores podrían añadir alguna observación anecdótica del mismo tipo.

La velocidad del aumento de las temperaturas es de crucial importancia para las especies naturales. Una subida de 2 °C que ocurriese durante 1.000 años solo comportaría una subida de 0,02 °C por década, un ritmo de cambio lento al que la mayoría de especies —si todo lo demás permaneciera igual— tendría muchas posibilidades de adaptarse. Pero si la misma subida se llevara a cabo durante 50 años (un aumento de 0,4 °C por década, y un escenario mucho más probable) el impacto sería catastrófico. Aunque se podría pensar que las especies móviles, como las mariposas, podrían trasladarse con facilidad en respuesta a los cambios de temperatura, un estudio realizado por el profesor Jeremy Thomas sobre la mariposa azul en Inglaterra descubrió que solo es capaz de dispersarse hacia nuevas zonas a la glacial velocidad de 2 kilómetros por década, mientras que otros insectos, como los escarabajos de tierra, se desplazaban a solo una décima parte de este ritmo. Ante la necesidad de moverse 30 kilómetros por década —o 3 kilómetros por año— para adaptarse a las zonas de temperatura cambiantes, está claro que estas especies sedentarias tienen un problema. También lo tienen las plantas con raíces, naturalmente, puesto que no se pueden mover de ninguna manera, y por lo tanto tienen que depender de la dispersión de sus semillas para trasladar su población gradualmente. Para muchos árboles del bosque, el límite de dispersión de semillas es de menos de un kilómetro al año. El bosque no puede moverse más deprisa, y pronto será superado por un clima que cambia rápidamente.

El aumento de las temperaturas no es la única variable, claro está: la sequía, más que el calor, es la mayor amenaza para los bosques de hayas que hay cerca de mi casa, en Oxford. A medida que los ecosistemas se deshacen, las especies que mantienen una estrecha relación las unas con las otras irán perdiendo esta armonía. En Holanda, las poblaciones de papamoscas cerrojillos han descendido en un 90% en las últimas dos décadas porque la incubación de sus pollitos se realiza a destiempo a causa del adelanto de la primavera. Para cuando los pollos hambrientos necesitan la mayor cantidad de comida, las poblaciones de orugas de las que dependen ya han tocado techo, y los pajarillos se mueren de hambre lentamente.

Las especies han evolucionado para llenar nichos ecológicos particulares, que pueden desaparecer si otras especies mueren o emigran. Animales y plantas tienden a estar altamente adaptados a sus hábitats geográficos. Las praderas calcáreas, por ejemplo, no tendrán mucho éxito si se mueven dirección norte hacia climas más fríos y los suelos resultan ser de arcilla o granito. La fragmentación de los hábitats es otro problema: las ciudades, los «desiertos» de agricultura monocultivo y las grandes carreteras presentan barreras infranqueables para la migración de las especies. En el sur de Inglaterra, los tímidos lirones ni siquiera se atreven a cruzar campos abiertos, mucho menos a escabullirse entre las atareadas calles de Birmingham en su supuesto viaje hacia el norte. Como resultado, el cambio climático pone en duda los propios fundamentos de la conservación de la naturaleza: no tiene sentido declarar un lugar como reserva natural si todas las especies que lo habitan han tenido que huir hacia el norte en unas pocas décadas para escapar de la extinción.

Todas estas preocupaciones se centran en el «envoltorio» que habitan las especies, y también nos sirven como acercamiento al que bien podría ser uno de los artículos científicos más importantes jamas escritos. En un estudio publicado en *Nature* en el 2004, el ecologista Chris Thomas y más de una docena de otros expertos revelaron que según sus modelos más de un tercio de todas las especies estarán «destinadas a la extinción» si las temperaturas globales alcanzan los dos grados de aumento para el 2050. «Más de un millón de especies podrían estar en peligro de extinción como resultado del cambio climático», dijo Thomas en declaraciones a la prensa.

Entre ellas estarían la mariposa *Hypochrysops halyaetus* azul iridiscente, originaria del suroeste de Australia, el dragón de bosque de Boyd (*Hypsilurus boydii*), un espectacular lagarto con cresta de los amenazados Trópicos Húmedos de Queensland, la mitad de las 163 especies de árbol presentes actualmente en la sabana Cerrado brasileña; entre el 11% y el 17% de todas las plantas europeas y una cuarta parte de todos los pájaros del continente, con el milano real, el acentor común, el herrerillo capuchino, el piquituerto escocés y el estornino negro encabezando la lista; la tiza de Colima y el ratón trepador de Jico del desierto mexicano de Chihuahua, y un 60% de las especies que residen actualmente en el famoso Parque Nacional de Kruger de Sudáfrica, por nombrar solo algunos.

Merece la pena pararse un minuto a asimilar el significado completo de este sacrificio global pronosticado. En un eco helador de tiempos más inocentes, el ensayo de Thomas y sus colegas me recuerda a una inversión de *El origen de las especies* de Charles Darwin. Si el trabajo de Darwin trazó la teoría de la evolución de las especies a lo largo de las eras, el artículo de *Nature* del 2004 dibuja la hoja de ruta de su esperada desaparición. Si Darwin hubiera escrito su estudio hoy en día, bien podría haberlo llamado *El final de las especies.*

Considerad la idea de que las especies vivientes, que han evolucionado en este planeta durante millones de años, podrían ser destruidas para siempre en el espacio de una generación humana; de que la vida, en toda su exuberancia fascinante, puede ser destruida tan rápidamente, y de manera tan tristemente irrevocable. Como ha sugerido el biólogo Edward O. Wilson, el siglo que viene podría ser una «Edad de la Soledad», cuando la humanidad se encuentre prácticamente sola en un planeta devastado. En tributo a Rachel Carson, yo la llamo nuestro «Verano silencioso»; una ola de calor infinita, sin cantos de pájaros, zumbido de insectos, ni ninguno de los extraños y maravillosos ruidos que inconscientemente nos hacen compañía.

«¿Deberíamos aceptar este destino?», pregunta Wilson. «¿Deberíamos borrar conscientemente la historia viviente de la Tierra? Entonces, quemad también las bibliotecas y galerías de arte», reclama, «haced leña de los instrumentos musicales, triturad las partituras, borrad a Shakespeare, a Beethoven y a Goethe, y a los Beatles, también, porque todos ellos pueden ser recreados —o, al menos, reemplazados por unos sustitutos razonablemente buenos». A diferencia, por supuesto, del dragón de bosque de Boyd o la rana dorada, el primero muy amenazado, la segunda ya desaparecida para siempre gracias al cambio climático.

No es que la pérdida de la biodiversidad sea solo una preocupación estética. Aunque yo y mucha otra gente sentimos que la vida natural y la biodiversidad tienen un valor intrínseco, separado de su utilidad para los humanos, toda la sociedad humana es, en última instancia, dependiente de los ecosistemas naturales. Este concepto quizás podría parecer nuevo para el urbanita medio que esté engullendo un plato de comida preparada frente al televisor, pero esto no hace que sea menos cierto. Desde el pescado hasta la leña, la generosidad de la naturaleza nos alimenta, nos da cobijo, nos calienta y nos viste. El suelo no podría dar sustento a la agricultura si no fuera por la materia orgánica descompuesta por las bacterias. Las cosechas no darían semillas si no fueran polinizadas por las abejas. El aire no sería respirable de no ser por la fotosíntesis de las plantas y el plancton. El agua no sería potable sin la acción limpiadora de bosques y humedales. Muchas de las medicinas que alargan nuestra esperanza de vida fueron desarrolladas por primera vez a partir de sustancias naturales producidas por plantas y animales, y sin duda todavía quedan muchas más por descubrir. La vida regula incluso los ciclos de nutrientes del planeta: si los organismos que viven en los océanos no hubieran absorbido el exceso de carbono y lo hubieran convertido en calcio y creta durante millones de años, nuestro planeta habitable se habría convertido hace mucho tiempo en Venus, cuya superficie sufre temperaturas abrasadoras de 500 °C —lo bastante calientes para fundir el plomo— gracias a su atmósfera inhóspita compuesta por un 96% de dióxido de carbono.

Algunos de estos servicios que nos prestan los ecosistemas pueden ser sustituidos mediante la tecnología, como podrían sugerir tantos economistas. Pensad, por ejemplo, en la agricultura hidropónica: el reemplazo de la tierra natural por materiales sintéticos y cócteles químicos. Pero la ecología es una red tan complicada que ni siquiera podemos comprender muchas de las interacciones vivientes que ocurren en los ecosistemas, y mucho menos imaginar que seremos capaces de rediseñarlas y reemplazarlas. En una ocasión, unos científicos intentaron construir desde cero un mundo viviente aislado, apodado «Biosfera 2», en un gran invernadero en el desierto de Arizona. Fracasaron. A medida que los niveles de dióxido de carbono aumentaban en el interior de sus invernaderos sellados, los habitantes humanos de Biosfera 2 debieron reflexionar entre bocanada y bocanada de aire sobre las lecciones que estaban aprendiendo. Un ecosistema que funcione no puede ser creado artificialmente. La vida nos mantiene vivos y, si la destruimos, lo hacemos a nuestra cuenta y riesgo.

3º

3

TRES GRADOS

Lo que quieren todos los botsuanos

Los botsuanos tienen una gran obsesión nacional. No es el baile: su apagada capital, Gaborone, no es conocida por sus fiestas salvajes ni su vida nocturna. Tampoco el deporte: los botsuanos no destacan ni en fútbol ni en atletismo, y los ciudadanos más patriotas suelen lamentar que el himno de su país no se haya oído jamás en ninguna ceremonia de entrega de medallas de ninguna competición deportiva de importancia. Sin embargo, esta obsesión nacional viene de antiguo: una vez fue un elemento clave de la religión precristiana. Aún se manifiesta en las conversaciones diarias en todo el país, y en el hábito que mucha gente tiene de contemplar con anhelos el horizonte en los días más calurosos de enero y febrero. Es una obsesión que ha teñido la bandera de color azul y ha dado a la moneda nacional su nombre. Es la lluvia.

Al contrario que los ingleses (aunque esto podría cambiar), a los botsuanos les encanta la lluvia. El saludo setsuana *pula* literalmente desea que llueva, de la misma manera en que el hebreo *shalom* desea la paz. En su cálida, polvorienta y mayormente llana tierra, los botsuanos viven para el día en que se reúnen las nubes atronadoras, los cielos se abren, y gruesos goterones salpican la tierra tostada por el sol. Cuando Botsuana (antes Bechuanalandia) se independizó del Reino Unido en 1966, su primer presidente, el venerado sir Seretse Khama, alzó su puño al aire y gritó: «¡Que se haga la lluvia!». Es difícil encontrar una declaración más certera de la voluntad nacional de un pueblo.

Aunque se trata de un caso de relativo éxito en África, Botsuana es un país que vive al límite de la supervivencia. Menos de un 1% de su superficie es considerada oficialmente cultivable, y el desierto del Kalahari domina el sur y el oeste del país. Más que crecer en Botsuana, el río Okavango acaba allí, muriendo lentamente bajo el caluroso sol en un delta llano de salinas y humedales ricos en vida salvaje. Aunque los diamantes son el pilar de la economía (junto con el turismo), el ganado es vital para la vida agrícola y cultural. Ser propietario de diez mil cabezas de ganado impresionaría a los botsuanos mucho más que la posesión de un bloque de apartamentos pijos en la Quinta Avenida de Nueva York.

Por desgracia para Botsuana, los pronósticos a largo plazo prevén muy pocas lluvias. Cuando el calentamiento global alcance los tres grados, la sequía ya será permanente tanto en este país como en gran parte del resto del sur de África. Incluso si las zonas tropicales y las latitudes medias más altas se ahogan por las inundaciones, los subtrópicos simplemente se asarán vivos. El culpable no es, como sería de esperar, la tierra sedienta. Es el mar. El océano Índico, al este, se está calentando rápidamente, y ha tenido mucho que ver con la sequía devastadora que ha afectado el sur de África en los últimos años. El problema es el siguiente: se forman nubes de lluvia sobre el cálido océano, y en vez de dirigirse tierra adentro para aliviar la miseria veraniega de Botsuana y sus vecinos, vierten sus chaparrones torrenciales de vuelta a la superficie oceánica. En lugar de conseguir unas muy necesarias lluvias, el sur de África recibe sus efectos secundarios: el aire de bajada que vuelve procedente de las tormentas del océano Índico y ha perdido toda su humedad en el proceso.

Este mecanismo ha sido confirmado por modelos informáticos del cambio climático actual y del que se espera para el futuro. Un equipo liderado por Martin Hoerling, de la Administración Oceánica y Atmosférica Nacional de los Estados Unidos, descubrió que África estaba literalmente partida por la mitad por el cambio climático. Se espera que la mitad norte experimente una recuperación en las precipitaciones, mientras que la mitad sur se irá haciendo progresivamente más seca. El equipo de Hoerling no utilizó un solo modelo informático para conseguir este resultado: vieron que el mismo mecanismo ocurrió repetidamente en sesenta simulaciones distintas que utilizaron diferentes modelos, lo que hace que su predicción sea muy sólida en términos científicos. Incluso en fechas tan tempranas como el 2010, el sur de África sufre una sequía persistente en las proyecciones, con una disminución de las lluvias de entre un 10% y un 20%. Un pronóstico descorazonador, en efecto.

Los cínicos podrían decir que los africanos subsaharianos están bien acostumbrados a la sequía. Pero las pruebas sugieren que el alcance de la sequía en un mundo tres grados más caluroso estará muy por encima de la capacidad de adaptación humana. Y para una gente que ya está viviendo en los límites de la subsistencia, los resultados se podrían resumir en una sola palabra: hambruna.

Dónde y cuándo exactamente se desatará este desastre es algo difícil de precisar con seguridad. Pero otro estudio sugiere que Botsuana en particular estará en el epicentro del mismo. Para empeorar las cosas, los países vecinos no estarán en condiciones de absorber un gran número de refugiados botsuanos, porque ellos también habrán sido afectados severamente. Esto tiene una sencilla explicación: con suficiente calentamiento, el desierto del Kalahari —que en la actualidad mantiene grandes superficies de sabana y matorrales— volverá a ser un auténtico desierto hiperárido, con atronadoras tormentas de arena y una vegetación en rápido declive.

Como las Grandes Llanuras americanas, gran parte de la región del Kalahari consiste en la actualidad en campos de dunas «estabilizados», mares de arena que hace mucho tiempo dejaron de moverse, y que permiten el pastoreo de manadas trashumantes y la agricultura de subsistencia. Millones de personas de la zona se alimentan a sí mismas y a sus familias mediante el cultivo de alimentos como el sorgo, el mijo, las calabazas y el maíz en pequeñas tierras trabajadas a mano. Para el ojo del neófito, las dunas durmientes no son visibles a primera vista; el paisaje simplemente parece formado por suaves colinas ondulantes, como una versión más marrón de los South Downs del sur de Inglaterra. Pero cada pequeño monte y valle es una duna linear, un solo accidente geográfico que puede medir decenas de kilómetros, una parte de un mar de dunas que —como olas en el océano— marcha sobre miles de kilómetros cuadrados de paisaje. Estas dunas de arena estabilizadas cubren vastas extensiones: el campo de dunas del norte del Kalahari se extiende por las actuales Zambia, Angola y Namibia, mientras que el campo de dunas del este del Kalahari cubre grandes áreas de Zimbabue occidental. Por su parte, el campo de dunas del sur se extiende hasta las regiones del norte de Sudáfrica. Y justo en medio, naturalmente, está Botsuana.

Hay dos motivos por los que las dunas se mantienen inactivas hoy en día. Primero, porque la lluvia —por limitada que sea— todavía alcanza para sustentar vegetación. Segundo, porque la velocidad de los vientos no es lo bastante alta como para desplazar la arena a grandes distancias, y mucho menos para mover las grandes dunas. Sin embargo, el estudio de modelos informáticos liderado por David Thomas, de la Universidad de Oxford, prevé que los grandes mares de arena del Kalahari se volverán a mover cuando el calentamiento global alcance los tres grados. De nuevo, se usaron varios modelos informáticos diferentes que fueron sometidos a un test previo en el que debían ser capaces de «predecir» el clima observado desde 1961 hasta 1990. Todos pasaron la prueba.

Aunque los modelos no coinciden perfectamente con el estudio de Hoerling, sí sugieren una sequía a gran escala, aunque en esta ocasión no es a causa del océano Índico, sino porque las temperaturas más calurosas de toda la región incrementarán la cantidad de agua que se evaporará de la superficie de la tierra y de la vegetación. Por sí solo, este cambio no sería suficiente como para reactivar los campos de dunas del Kalahari. Pero los modelos también prevén grandes aumentos en la velocidad de los vientos —hasta el doble para el 2040— que multiplicarán la fuerza erosiva a la que están sometidas las viejas dunas. La zona peor parada será el campo de dunas del sur, pero después del 2040 las zonas del norte y el este, que incluyen Botsuana, Namibia, Angola, Zimbabue y Zambia, experimentarán un incremento en la actividad de las dunas, mucho antes de que las temperaturas globales aumenten más de tres grados.

Los modelos predicen que, una vez que el calentamiento alcance este umbral, ya no quedará casi nada en el Kalahari salvo arena y viento. Con unas temperaturas abrasadoras y vientos aullantes, tormentas colosales levantarán inmensas cantidades de arena y polvo por toda la región, construyendo nuevas dunas y arrasando a su paso pueblos, ciudades e incluso capitales como Gaborone. Incluso en la tosca resolución de la cuadrícula de un modelo de ordenador, el destino de Botsuana está claro: el país entero estará cubierto por las dunas a partir del 2070.

Tal como comentaron, preocupados, Thomas y su equipo: «Se trata de limitaciones considerables, incluso catastróficas, en el uso agrícola de estos entornos». En otras palabras, gran parte de esta zona dejará de ser habitable para los humanos. La Botsuana que hoy conocemos se ahogará, no bajo el agua, sino bajo la arena.

Peligros del Plioceno

Los lectores escépticos podrían cuestionarse si es sensato depositar mucha fe en los estudios modelizados, cuando por definición solo pueden ser tan buenos como lo sean sus diseñadores humanos. Incluso cuando se ejecutan en supercomputadoras como la japonesa Earth Simulator, una máquina del tamaño de cuatro pistas de tenis, que puede procesar 35 trillones de operaciones por segundo, los modelos aún no pueden replicar con precisión todas las realidades a pequeña escala que afectan al funcionamiento de la atmósfera, a causa de su complejidad. El modelo HadCM3 del centro Hadley, por ejemplo, divide la atmósfera en una cuadrícula global de 9.673 celdas, con cajas de unos 300 kilómetros cuadrados en las latitudes medias. Esto apenas basta para abarcar las islas Británicas, mucho menos las Highlands escocesas, y ya no digamos la cordillera de las Cairngorms. Su representación de los cambios en las precipitaciones causadas por las montañas en Escocia no podrá ser, por tanto, demasiado exacta.

Una posible solución es introducir un modelo climático regional con mucha más resolución dentro del modelo global. Muchos de los artículos que se han citado hasta ahora en este libro operan según este principio. Por ejemplo, para poder comprender con exactitud los huracanes, que tienen poderosos ojos de solo unos pocos kilómetros de ancho, los modelistas necesitan imbricar un modelo regional (dotado con una cuadrícula de alta resolución, con una separación entre cuadros de solo 9 kilómetros) dentro de un modelo global.

Pero cuando se trata de trabajos de brocha gorda, como calcular las temperaturas medias globales, los modelos actuales cumplen con su función bastante bien. El cambio climático durante los últimos cien años se puede simular con una precisión casi infalible con los modelos modernos más potentes, lo que sugiere que las ecuaciones que gobiernan la respuesta atmosférica al efecto de absorción de calor provocado por los gases invernadero son bastante cercanas a la realidad. Y la evaluación de los modelos se basa en mucho más que meras conjeturas. Hacer una «retroproyección» del siglo XX es una manera de comprobar si un modelo funciona, pero también se pueden calibrar los modelos utilizando otros periodos de tiempo, como las profundidades de la edad de hielo, por ejemplo, o periodos más cálidos en el pasado más remoto. Después de todo, para ser creíble como pronosticador del futuro, un modelo debe ser capaz de simular el pasado con precisión.

De todos modos, muchos escépticos basan sus objeciones en la sospecha de que los científicos, ansiosos por conseguir la siguiente subvención del cambio climático, manipulan previamente los modelos para encontrar las «respuestas correctas»: como reza el dicho popular, «recoges lo que siembras». Pero los modelos climáticos se asientan sobre unos sólidos cimientos: no están basados en los juicios subjetivos de sus constructores, sino en leyes fundamentales de la física. Nadie, sea cual sea su orientación política, puede cambiar estas leyes observables de la física, que lo gobiernan todo, desde la convección atmosférica hasta la reflectividad del hielo marino. Después de todo, los modelos no son mágicos. Lo único que hacen es resolver ecuaciones físicas. Todos los procesos de HadCM3, por ejemplo, podrían teóricamente calcularse a mano, pero entonces harían falta siglos de trabajo humano para completar una «secuencia» del modelo. Lo que los ordenadores hacen es acelerar el proceso, de la misma forma en que las calculadoras manuales agilizan las lecciones de matemáticas en el colegio.

Sin embargo, nadie dice que los modelos sean perfectos. Todos acostumbran a dar respuestas ligeramente diferentes a la misma pregunta, un reflejo de la variedad de sus diseños. El motivo es que algunas de las leyes físicas que los apuntalan no se comprenden con precisión. Por ejemplo, hay un gran desconocimiento sobre la manera en que las nubes interactúan con la atmósfera, lo que hace que algunos parámetros de las nubes sean simples conjeturas. Tampoco se sabe exactamente hasta qué punto son capaces de enfriar las cosas los aerosoles de sulfato, pequeñas partículas de polución a las que se achaca la «calima global». Pero los modelos son una herramienta útil, y nos proporcionan un valioso entendimiento de las probables condiciones futuras del planeta, algo a lo que la humanidad no había tenido acceso hasta ahora. A diferencia de los oráculos consultados por los antiguos, los modelos ofrecen una manera de adivinar el futuro basada no en las milagrosas visiones de alguna sibila escondida, sino en datos físicos observables.

Aparte de las modelizaciones, hay otra opción que nos permite levantar la vista hacia el futuro: mirar hacia atrás, hacia el pasado. Muchos de los casos de estudio que hemos explorado en este libro estaban basados en investigación paleoclimática, puesto que los periodos cálidos de la historia de la Tierra pueden servir como análogos prácticos de lo que puede sobrevenir este siglo. Los capítulos previos han echado un vistazo a los inicios del Holoceno, hace menos de 10.000 años, y al último periodo interglaciar, hace unos 130.000 años. Para encontrar un análogo del mundo tres grados más caluroso, nos tenemos que remontar a mucho, mucho antes, a una edad anterior al ciclo de eras glaciares e interglaciares en el que la Tierra se encuentra. Tenemos que retroceder tres millones de años, a un periodo llamado Plioceno.

La época del Plioceno es de un interés particular porque se parecía en muchos aspectos al mundo en el que vivimos ahora. La geografía global era más o menos la misma que hoy en día. Grandes cadenas montañosas como los Andes y el Himalaya ya existían en su altura actual, y el istmo de Panamá se había cerrado recientemente, separando el centro del Atlántico y el Pacífico y creando patrones de circulación oceánica que han persistido hasta ahora. Incluso las islas Británicas estaban separadas del continente por el canal de la Mancha, igual que lo están hoy.

Sin embargo, no había humanos viviendo en Gran Bretaña. Nuestros antecesores primates todavía se encontraban exclusivamente en África; de hecho, «Lucy», el famoso fósil de homínido encontrado en Etiopía, es del Plioceno. Precisamente, ella y otros ancestros humanos podrían haber desarrollado el bipedalismo (caminar sobre dos piernas en lugar de sobre cuatro) en los extensos bosques del este de África promovidos por el cálido clima del Plioceno.

Este calor significaba que, si no geográficamente, sí era un mundo climatológicamente muy diferente del actual. Una pista de hasta qué punto era diferente fue descubierta en 1995 en las glacialmente frías Montañas Transantárticas por la geóloga Jane Francis, una de las únicas cuatro mujeres en ser galardonadas con la Medalla Polar. En colaboración con un colega australiano, Robert Hill, Francis pudo examinar de cerca una afloración de sedimentos que sabía eran del Plioceno, y se sorprendió al descubrir madera y hojas fosilizadas provenientes de hayas preservadas en las rocas.

Estas hojas fosilizadas no venían de bosques altos y frondosos como los de Inglaterra: los patrones de crecimiento de la madera mostraban que procedían de arbustos raquíticos que habían crecido postrados sobre el suelo, presumiblemente a causa del duro clima y los fuertes vientos. Pese a esto, la Antártida de hoy en día no cobija ninguna planta fuera de la punta norte de la península Antártica, y mucho menos en la zona cercana al frígido centro del continente. El yacimiento paleontológico, justo sobre el glaciar Beardmore, en la sierra Dominion de las montañas Transantárticas, está a tan solo 500 kilómetros del polo sur y hoy en día disfruta de un clima con una agradable temperatura media de -39 °C.

La otra punta del mundo, el Ártico, deparaba un descubrimiento igual de sorprendente. Esta vez fue en el norte de Groenlandia —la tierra firme más cercana al Polo Norte— donde el geólogo danés Ole Bennike encontró restos de antigua madera del Plioceno. Bennike identificó algunas de las piezas como originarias de pinos y otras coníferas, en una zona que está centenares de kilómetros al norte del límite del bosque. En efecto, la región es tan fría que gran parte es completamente yerma, con solo algunas pequeñas áreas de tundra baja que se aferran a puntos protegidos, regados durante la corta temporada de verano por la nieve que se deshace. Durante el Plioceno, claramente, tanto la Antártida como el Ártico eran mucho más calurosos de lo que lo son hoy.

Los restos de insectos y plantas del Plioceno recuperados en un depósito de turba de la isla de Ellesmere, en el extremo norte de Canadá, nos muestran hasta qué punto era cálido el Ártico. La turba proviene de un estanque de castores, y la diversidad de restos de plantas y escarabajos que contiene nos descubren un clima con inviernos 15 °C más calurosos que hoy en día. Una variedad fascinante de mamíferos fue lo bastante desafortunada como para acabar en el estanque, entre los que se incluye: un oso, una musaraña, un glotón e incluso un caballo pequeño —todos ellos, ancestros extinguidos de la fauna actual. El clima suave y la rica ecología sugieren un bosque cubierto de hierba, helechos y hayas, a más de 2.000 kilómetros del límite actual para la vegetación boscosa. En efecto, los glaciares continentales brillaban por su ausencia en todo el hemisferio norte, lo que contribuyó a que el nivel del mar fuera 25 metros más alto que hoy en día.

Durante muchos años se ha propagado una discusión en los círculos académicos sobre los motivos por los que los polos del Plioceno eran tan calientes en comparación con los actuales. Un bando mantenía que una circulación oceánica particularmente intensa estaba moviendo mucha más agua caliente desde los trópicos hasta las regiones polares —quizás a causa del cierre de la brecha entre el norte y el sur de América— lo que hacía que el calor oceánico del planeta estuviera distribuido de forma mucho más equilibrada. El bando contrario sostenía que los niveles más elevados de dióxido de carbono en la atmósfera habían calentado todo el planeta más o menos por igual.

La discusión no se resolvió hasta el 2005, cuando un exhaustivo estudio de modelo realizado con un superordenador utilizó análisis químicos de sedimentos del lecho marino para generar una sofisticada reconstrucción de las temperaturas del mar durante el Plioceno. Para que ganaran los partidarios de la circulación oceánica, el modelo tenía que mostrar trópicos más fríos y polos más cálidos. No lo hizo. En su lugar, tanto los trópicos como los polos se habían calentado, un descubrimiento congruente con la teoría del dióxido de carbono como causa. Tal y como dijo el líder del proyecto, el doctor Alan Haywood, de la Investigación Antártica Británica: «El patrón de temperatura del mar que encontramos apunta directamente al CO_2 en lugar de a las corrientes oceánicas». Y Haywood llegó a la conclusión obvia: «Nuestros descubrimientos son críticos para entender como el clima podría responder a la emisión de gases de efecto invernadero en el futuro».

La simulación del Plioceno contiene algunas claras señales de advertencia para el presente. Según el modelo del doctor Haywood, tanto el océano Ártico como los mares de alrededor de la Antártida quedaron libres de hielo estacional. El hielo invernal también se redujo ampliamente. Puesto que el hielo en los polos actúa como un gigantesco espejo que refleja la luz del Sol, su desaparición colabora con el dióxido de carbono en el calentamiento del planeta. En efecto, el Plioceno fue probablemente la última ocasión en los últimos 3 millones de años en que el Polo Norte perdió totalmente la capa de hielo. Los patrones de circulación oceánica también cambiaron. La circulación Atlántica (que discutimos en el capítulo 1) probablemente también disminuyó su intensidad.

Pero ¿cómo de altos fueron los niveles de CO_2, y cómo de caluroso fue globalmente? Una posible respuesta a la primera pregunta proviene, nuevamente, de fósiles como las hojas de haya que encontró Jane Francis en el gélido interior de la Antártida. Todas las hojas de las plantas tienen pequeños agujeros, llamados estomas, que permiten que entre el dióxido de carbono y escape el oxígeno durante la fotosíntesis. Experimentos en invernaderos enriquecidos con CO_2 han demostrado que el número de estomas por hoja cambia según la cantidad de dióxido de carbono presente en la atmósfera. Muchas hojas fosilizadas están tan bien conservadas que sus estomas pueden ser contados, y los estudios de la densidad de estomas en el Plioceno llegaron a una muy preocupante conclusión: la concentración atmosférica de CO_2 iba de las 360 a las 400 partes por millón (ppm). (Esta medida de ppm significa, sencillamente, que por cada millón de litros de aire hay unos 360 litros de dióxido de carbono. Expresado en porcentaje, la atmósfera del Plioceno tenía, por tanto, un 0,036% de CO_2.)

Si estás mínimamente versado sobre el problema del cambio climático, la concentración de CO_2 del Plioceno te sonará: la concentración actual es de 382 ppm, y sube a un ritmo de 2 ppm anuales. En un artículo para *Geology Today*, el doctor Haywood explica: «La concentración de CO_2 en la atmósfera del Plioceno parece haber sido casi idéntica a la concentración atmosférica de hoy en día, que es un resultado de la emisión de gases de efecto invernadero a la atmósfera». Las temperaturas de toda la época también han sido reconstruidas utilizando datos de inferencia extraídos a partir de fósiles marinos y terrestres que datan de la época. ¿Así pues, era mucho más alta la temperatura global? Lo has adivinado: un poco menos de tres grados.

Esto nos lleva a una conclusión obvia: si una concentración de CO_2 igual a los niveles actuales provocó durante el Pleistoceno un calentamiento global de 3 °C, ¿provocará el mismo efecto en el presente? Quizás, pero le llevará un periodo de tiempo de más de un siglo. Hacen falta miles de años para que las temperaturas más cálidas penetren en las profundidades más oscuras de los océanos, por ejemplo; y mientras los mares se estén calentando, la atmósfera no podrá alcanzar un equilibrio, puesto que el calor todavía se estará transfiriendo hacia abajo. Este es un ejemplo de la «inercia termal» del planeta: las temperaturas siempre van a la zaga a los cambios que las «fuerzan», ya sea la radiación solar o los gases de efecto invernadero, a causa de los largos tiempos de respuesta del sistema de la Tierra. Funciona igual que el agua que necesita varios minutos para hervir en la olla desde el momento en que se enciende el fogón.

El calentamiento global de este siglo es el resultado de la acumulación de gases de efecto invernadero emitidos desde el principio de la Revolución Industrial. (Parece increíble pensar que el carbón que se quemó en los primeros trenes a vapor como el Stephenson's Rocket aún sigue calentando el planeta hoy en día.) Incluso si estabilizamos la concentración de CO_2 atmosférico inmediatamente, a la Tierra le llevará varios siglos alcanzar de nuevo el equilibrio termal en un nuevo estado más caliente. Esperar que los niveles pliocénicos de CO_2 de hoy equivalgan a las temperaturas del Plioceno mañana sería como esperar que una tetera hirviese al instante.

En el lado positivo de las cosas, esto nos indica que si apagamos la «tetera» del CO_2 rápidamente, es probable que evitemos llegar a los tres grados durante un siglo más, como mínimo. Por otro lado, si las emisiones siguen aumentando como lo están haciendo, las temperaturas globales podrían dispararse por encima de los tres grados para el 2050. Es nuestra elección, y el reloj sigue corriendo.

El retorno del niño Jesús

Un bombardeo de tormentas aporrea el Atlántico norte. El desbordamiento del río Yangtsé invade Shanghái y ahoga a 100.000 personas en las provincias arroceras de Henan, Hubei y Ánhui. Una gran sequía afecta al Amazonas. Las cosechas fallan en Australia mientras la hambruna barre el norte de África y la India.

El año no es el 2050, y el culpable no es el calentamiento global. Es el año 1912, y el culpable es El Niño. Lo que los científicos llaman por su nombre completo, El Niño Southern Oscillation (ENSO), El Niño es la fase cálida de una corriente oceánica oscilante del Pacífico capaz de provocar el caos en el clima mundial. Su nombre proviene de la forma castellana de referirse al niño Jesús y se aplicó por primera vez a la corriente cálida por pescadores peruanos que notaron que tendía a llegar alrededor de Navidad y diezmaba sus zonas pesqueras de aguas frías, normalmente muy productivas. La aparición de El Niño y la destrucción que puede llegar a causar no son nada nuevo: se cree que las sequías relacionadas con el ENSO fueron las culpables del colapso de la civilización Moche en el desierto costero peruano. En 1912, incluso podría haber contribuido al hundimiento del *Titanic*: tormentas inusuales relacionadas con El Niño trasladaron icebergs mucho más al sur de lo habitual, hacia las rutas de transporte internacional, justo en el momento en que el capitán Smith del *Titanic* dio su desafortunada orden de avanzar a toda máquina.

Puesto que El Niño, en la práctica, invierte los patrones climáticos del Pacífico —causando inundaciones en el desierto de Atacama de Chile y sequías en Indonesia y Australia—, tiene efectos secundarios (llamados teleconexiones) a lo largo y ancho del planeta. En la parte positiva, el noreste de los Estados Unidos tiende a vivir inviernos suaves, y el aumento de la cizalladura sobre el Atlántico tropical atenúa la temporada de huracanes en el Caribe. La otra cara de la moneda son las sequías en zonas forestales desde el Amazonas hasta Papúa Nueva Guinea que desatan incendios devastadores, mientras que la falta de precipitaciones también provoca pérdida de cosechas y hambrunas en el sur de África. En el siglo XIX. El Niño contribuyó a la sequía que mató a millones de personas en la India británica. Efectivamente, un registro histórico de precipitaciones a lo largo de 130 años muestra que los fallos en los monzones que causan severas sequías en la India siempre han ido acompañados por fenómenos de El Niño.

Dilucidar los posibles vínculos entre el calentamiento global y El Niño ha sido un desafío desde hace tiempo para los científicos climáticos. Los últimos veinte años han visto episodios de El Niño más fuertes y más frecuentes, de entre los que destaca el de 1997-1998, el más potente registrado.

Pruebas recientes procedentes tanto de estudios de modelo como de investigaciones sobre el clima del pasado en la Tierra sugieren que El Niño podría no solo hacerse más fuerte, sino volverse permanente, un desastre para poblaciones humanas y ecosistemas de todo el planeta. En la actualidad, las inundaciones y sequías transitorios traen terribles adversidades para la gente afectada, pero tarde o temprano siempre vuelve la normalidad. Este podría no ser el caso en nuestro futuro del calentamiento global.

Sin embargo, la comunidad científica está lejos de estar de acuerdo sobre el tema de El Niño. Algunos estudios sí muestran un cambio hacia una situación permanente de El Niño en el futuro, con temperaturas más cálidas en el Pacífico oriental y nubes cargadas de lluvia que se acercarían a la costa peruana. Un estudio reciente, por otra parte, llega exactamente a la conclusión contraria, predice fenómenos de El Niño más débiles en un mundo más caliente. Otro trabajo sugiere que habrá pocos cambios, o concluye que los complejos modelos informáticos creados por los científicos para replicar el clima mundial aún no son lo bastante buenos reproduciendo los detalles específicos del ciclo ENSO como para confiar en sus predicciones. Al menos en el mundo de la modelización, el jurado aún está deliberando.

Pero, nuevamente, el pasado nos provee de evidencias útiles que nos pueden ayudar a predecir el futuro. Los estudios dicen que los fenómenos de El Niño eran más débiles e incluso desaparecían por completo durante los periodos más fríos, como la época más profunda de la última glaciación. Aún es más, hay fuertes indicios de que durante el periodo cálido del Plioceno que acabamos de discutir —cuando las temperaturas eran casi 3 °C más calurosas de media— El Niño era, en efecto, una situación permanente.

Los motivos son relativamente simples: un planeta más cálido traía consigo una superficie oceánica más caliente, lo que reducía la corriente ascendente fría que emerge hoy en día junto a la costa oeste de América del Sur. Con menos contraste de temperatura entre el este y el oeste del Pacífico, los vientos alisios procedentes del este se debilitaron o desaparecieron, lo que disminuyó la cantidad de agua que se transportaba hacia el oeste y mantuvo parada la corriente fría. En el proceso, los estratos, las nubes bajas que tan familiares son para todos los peruanos de la costa (en Lima la niebla baja permanente se llama *neblina*) se habrían reducido considerablemente, por lo que se reflejaría menos luz solar hacia el espacio al disminuir la blancura del planeta. El resultado serían temperaturas más elevadas, por lo que El Niño se afianzaría permanentemente. En lugar de ser una inversión de las corrientes oceánicas, se convertiría en algo normal. Hoy en día los vientos alisios ya han empezado a aflojar a causa de la influencia humana, lo que indica que el proceso ya podría estar comenzando de nuevo.

Hay un hombre que cree que los «super-Niños» son una grave amenaza: James Hansen, el científico climático de la NASA cuyas advertencias recientes sobre el colapso de la capa de hielo examinamos en el capítulo anterior. Aunque Hansen y sus colegas no afirman que los fenómenos de El Niño vayan a convertirse necesariamente en permanentes, sí han presentado una sólida base teórica que serviría para explicar unas manifestaciones mucho más fuertes y dañinas. El calentamiento global galopante ya está calentando el oeste del Pacífico, donde —si las condiciones son las adecuadas— nacen los episodios de El Niño. Este efecto contrasta con las aguas de surgencia del Pacífico oriental, frías después de pasar décadas en las profundidades, lejos del contacto con el calor de la atmósfera. Es esta diferencia de temperatura la que, según Hansen, podría alimentar el fuego de los «super-Niños» que causarían el caos climático por todo el planeta.

Es de esperar que los inviernos en Europa sean más secos en este escenario. Pese a que la temporada de huracanes del Atlántico se vería moderada por el aumento de los vientos de cizallamiento que impedirían el desarrollo de tormentas, enormes inundaciones y aludes de barro podrían barrer zonas de California de clima normalmente seco. Millones de vidas estarían en peligro en el subcontinente indio a causa del fallo del monzón. En América del Sur, una de las zonas más húmedas del mundo —la gran selva de la cuenca del Amazonas, al este de los Andes—, se convertiría rápidamente en una de las más secas. En el proceso, tal como veremos en la siguiente sección, el largo retorno de El Niño Jesús podría prender la chispa de una de las deflagraciones más destructivas que el mundo haya contemplado jamás.

La muerte del Amazonas

Tengo en mi archivo una fotocopia manoseada y bastante ajada de un artículo que se publicó en *Nature* en noviembre del 2000. Tiene grapada en el dorso una página de garabatos escritos en el momento que expresan mi alarmada incredulidad ante sus contenidos. Este documento, quizás más que cualquier otro que haya leído, me convencieron de que hacía falta escribir este libro no por lo que decía, sino por la manera en que fue recibido. A pesar de que contenía uno de los pronósticos más alarmantes jamás publicados en la literatura científica, prácticamente no obtuvo respuesta entre los medios o los círculos políticos. Debería haber habido pánico en las calles, gente gritando desde los tejados, ultimátums al parlamento y cobertura informativa 24 horas. No hubo nada de esto. El artículo, titulado modestamente «Aceleración del cambio climático a causa de las retroalimentaciones en un modelo climático asociado» y escrito por un equipo del Centro Hadley británico, no obtuvo ninguna repercusión.

Volví a acordarme del artículo durante la sequía de la Amazonia del 2005, la peor en décadas, un periodo en que se llegó a transportar agua por vía aérea hasta pueblos que normalmente están al lado de ríos enormes. Un repaso a los titulares de los periódicos producía la sensación de que las predicciones del artículo del centro Hadley se estuvieran cumpliendo con medio siglo de adelanto. Estallaron incendios en zonas que no habían ardido jamás. Partes enteras de ríos sinuosos se habían secado, convertidas en barro cocido. ¿Ya había alcanzado el Amazonas el punto de inflexión? Afortunadamente, esta vez la gran selva se recuperó del mal trago. La sequía pasó antes de fin de año, y las lluvias volvieron, insuflando gota a gota nueva vida a los resecos árboles a través de los afluentes del gran río. Se apagaron los fuegos, y el ecosistema más diverso y precioso del mundo se salvó, por ahora.

El artículo del centro Hadley en *Nature* debería haber hecho sonar las sirenas de alarma de todo el mundo. Primero, porque mostraba que el calentamiento global podía ganar impulso si se producía una retroalimentación que hasta el momento no se había previsto; un círculo vicioso en el que el calentamiento generaría más gases de efecto invernadero, lo que causaría a su vez un mayor calentamiento y, en consecuencia, la liberación de más gases, en una espiral imparable. Esta «retroalimentación del ciclo del carbono» a la que se refería el título del artículo tiene el potencial de convertir a los humanos en meros espectadores de un escenario de calentamiento global fuera de control. Segundo, el artículo del Hadley revelaba que la principal caldera de esta retroalimentación positiva no serían las capitales industriales del mundo, sino el remoto corazón de América del Sur, empezando por la destrucción casi completa de la selva amazónica.

Los autores del artículo, liderados por el modelista climático Peter Cox, llegaron a tan terrorífica conclusión después de dar un paso que, visto con perspectiva, parecía lógico, en un esfuerzo por hacer más realista su modelo global. Mientras que los modelos previos habían tratado las temperaturas en aumento como un simple proceso lineal, el equipo de Cox llegó a la conclusión de que los ecosistemas terrestres y oceánicos no permanecerían estáticos durante el rápido calentamiento global: *ellos mismos* se verían afectados por el clima cambiante. En el caso de los océanos, los mares más calientes tienen menos capacidad de absorción de w, lo que permite una mayor cantidad del gas en la atmósfera, intensificando el calentamiento global. Las cosas pintarían aún peor en tierra firme. Grandes cantidades de carbono están almacenadas en el suelo del planeta: los restos en descomposición de vegetación muerta. Según las estimaciones generalmente aceptadas, las reservas de carbono en el suelo ascienden a 1.600 gigatoneladas, más del doble del contenido en carbono de toda la atmósfera. Si la tierra se calienta, las bacterias aceleran su labor de descomposición de este carbono almacenado, liberándolo a la atmósfera en forma de dióxido de carbono. Mientras que la mayoría de modelos climáticos tratan la superficie terrestre como algo inerte, el equipo de Cox incluyó por primera vez estas «retroalimentaciones positivas» de las emisiones de carbono procedentes de suelos y vegetación más calientes, y alcanzó unos resultados extraordinarios.

Según el nuevo modelo actualizado, una subida de tres grados en las temperaturas globales —algo que podría ocurrir en una fecha tan temprana como el 2050— tiene un efecto de inversión sobre el ciclo del carbono. En vez de absorber CO_2, la vegetación y el propio suelo comienzan a emitirlo en grandes cantidades, puesto que las bacterias son capaces de descomponer la materia orgánica más deprisa en un medio más caliente, y el crecimiento de las plantas se ralentiza. Se enviaría tanto carbono a la atmósfera, que para el 2100 la concentración atmosférica habría aumentado en 250 partes por millón (ppm), lo que añadiría 1,5 °C al calentamiento global. En otras palabras, el equipo del centro Hadley descubrió que las retroalimentaciones positivas del ciclo del carbono podrían enviar el planeta a una espiral desenfrenada de calentamiento global para mediados de siglo, mucho antes de lo que nadie había previsto. En el modelo del Hadley, el calentamiento global habría aumentado de 4 °C a 5,5 °C para el 2100, peligrosamente cerca del peor escenario posible contemplado por el IPCC. Dc ahí la conmoción y el desaliento que expresaban las notas que garabatee cuando leí el artículo por primera vez en el año 2000.

Puede que los políticos ni se inmutaran, pero sí hubo otros científicos que prestaron atención. Siguiendo la estela del centro Hadley, los modelistas climáticos americanos del Centro Nacional de Investigación Atmosférica, en Colorado, añadieron el ciclo del carbono entre los componentes de su modelo y también vieron un descenso en la cantidad de carbono depositado en los suelos de un mundo más caliente. Un equipo francés repitió el experimento del centro Hadley, de nuevo con un modelo diferente, y obtuvieron el mismo resultado. Otro equipo, en este caso repartido entre Italia y Estados Unidos, se encontró con un salto de 90 ppm en el CO_2 atmosférico y una subida de 0,6 °C en el calentamiento global cuando añadieron a su modelo las retroalimentaciones del ciclo del carbono. Estos resultados pueden diferir en su magnitud, pero la dirección que señalan es la misma en todos los casos.

Incluso si todos estos modelos se equivocaran, hay otro peligro significativo que se esconde bajo los bosques tropicales de Indonesia, Malasia y el Amazonas: turba. Durante miles de años, la vegetación muerta se ha ido acumulando bajo el bosque vivo, llegando a formar capas de turba de decenas de metros de grosor. Pero estas capas de turba solo se mantienen estables porque están anegadas: en Indonesia, la turba quemada contribuyó a la mayoría de las 2.000 toneladas de carbono adicional que inundaron la atmósfera durante la devastadora temporada de incendios de 1997-1998. Gran parte continuó ardiendo bajo tierra durante meses y siguió liberando carbono incluso después de que los incendios de la superficie fueran sofocados por la vuelta de las lluvias. Se trata de otro efecto potencialmente devastador de las retroalimentaciones del ciclo de carbono: si los patrones de las lluvias cambian en un futuro más cálido, dejando todas estas acumulaciones de turba secas como la yesca a través de decenas de millones de hectáreas del sudeste asiático y el Amazonas, enormes cantidades de carbono extra entrarían en la atmósfera, lo que contribuiría a empeorar todavía más el calentamiento global. Se ha intentado examinar estas retroalimentaciones potenciales en modelos informáticos y los resultados son inconclusos pero preocupantes: un estudio del 2007 encontró que 7 de cada 11 modelos investigados predecían un descenso de las lluvias en la temporada seca sobre los campos de turba de Indonesia, mientras que 6 de 11 predecían una reducción similar sobre el Amazonas.

Este último resultado ilustra la incertidumbre que rodea las predicciones de futuros cambios en las precipitaciones: mientras que el modelo del centro Hadley muestra una tremenda tendencia hacia la sequía en el Amazonas, algunos modelos muestran menos cambios, e incluso algunos prevén un aumento de las lluvias. Dilucidar cual de ellos está en lo cierto no podría ser más importante, puesto que este ecosistema colosal es el hogar de la mitad de la biodiversidad de todo el planeta, y es el responsable de una décima parte de la productividad primaria total (los resultados de la fotosíntesis de las plantas) de toda la biosfera del planeta, en un área de solo 7 millones de kilómetros cuadrados. Alimentado por el deshielo de los Andes y por las lluvias torrenciales de temporada (de más de 2,5 metros cúbicos anuales en algunas regiones), el río Amazonas contiene el 20% de toda el agua que se descarga en los océanos del mundo, diez veces el caudal del Misisipi. La energía liberada por esta gigantesca cantidad de precipitaciones juega un papel principal en la circulación del clima de todo el mundo. Tal como explica el escritor científico Peter Bunyard: «El funcionamiento de la cuenca del Amazonas como motor de energía hidrológica es un componente crítico del clima contemporáneo».

Pero la selva amazónica ya está bajo asedio, independientemente del calentamiento global. Más de medio millón de kilómetros cuadrados —una superficie del tamaño de Francia— ha sido deforestada, y cada año se tala más y más para hacer sitio para la ganadería y las plantaciones de soja. La población humana que invade el bosque se ha multiplicado por diez durante los últimos cincuenta años, y cada nueva carretera que el gobierno brasileño abre sobre zonas vírgenes es seguida rápidamente por una estela de deforestación que se ramifica a su alrededor. La agricultura basada en la tala y la quema también representa una seria amenaza, ya que medio millón de campesinos hambrientos convergen en la gran zona selvática de Brasil en busca de una vida mejor para ellos y para sus familias. La explotación forestal ilegal es rampante: cuando Greenpeace anunció que el 80% de la tala era ilegal, el gobierno brasileño —en vez de negarlo furiosamente— simplemente tiró la toalla y lo reconoció.

Incluso si toda esta destrucción se detuviera mañana mismo, el modelo del centro Hadley sugiere que la selva amazónica seguiría estando condenada, a menos que el calentamiento global se estancara en los dos grados. Si el mundo traspasa este crucial punto de inflexión, el modelo simula un tsunami de destrucción que comenzaría en el noreste del Amazonas y avanzaría incesante hacia el sur y el oeste por todo el continente. En el modelo, las lluvias se reducían hasta casi desaparecer en algunas zonas para el 2100. Las temperaturas se dispararían hasta cotas propias del Sáhara, alcanzando una *media* de 38 °C. Una vez se completara el colapso, el interior de la cuenca amazónica quedaría convertida, esencialmente, en desierto, desprovisto de vegetación significativa. Solo una pequeña cantidad de praderas y sabanas persistiría en los bordes exteriores.

Cada temporada de incendios nos ofrece un anticipo de como se desarrollaría este colapso en la realidad. Los árboles del Amazonas están acostumbrados a la humedad constante y no ofrecen ninguna resistencia al fuego. Son muy distintos de los árboles de otros ecosistemas, que no solo están adaptados al fuego ocasional, sino que necesitan de los incendios para mantener la salud del bosque. En contraste, los árboles amazónicos, sin ninguna experiencia evolutiva sobre los incendios, siguen muriendo durante largo tiempo después de que las llamas hayan pasado. La regeneración es lenta, lo que permite que el sol penetre el follaje y seque aún más el suelo del bosque. Las especies de pájaros y animales sufren catastróficas disminuciones en su población. Y las lluvias aún se ven más reducidas a causa de las nubes de humo que se instalan durante meses sobre el bosque afectado.

Cuando la conflagración final tenga lugar, alcanzará una escala superior a cualquier cosa que se haya visto hasta entonces. La comparación más cercana podrían ser los incendios de Indonesia en 1998, que envolvieron varios países en un espeso manto de sofocante humo negro durante varios meses. En Brasil, Venezuela, Colombia, el este de Perú y Bolivia, la vida será cada vez más difícil a medida que el aire se convierta en una mezcla irrespirable de humo y gases abrasadores. El sol será ensombrecido por la cobertura plomiza que flotará en el cielo, y una suave llovizna de ligeras cenizas caerá del cielo.

Desde el espacio, los satélites podrán contemplar gigantescos muros de llamas marchando sobre los últimos espacios de bosque virgen. Miles de indígenas —los Yanomami, los Asháninka y otras tribus que han habitado en esta selva desde la prehistoria— serán expulsados de su hogar. Sin su forma de subsistencia ni su cultura, incapaces de comprender la súbita desaparición de todo lo que alguna vez conocieron, suspirarán por su mundo perdido. La Tierra entera habrá desaparecido para esta gente, pues todo lo que quedará de la poderosa Amazonia una vez pase la tormenta de fuego serán montones blancos, grises y negros de ceniza, rodeados de madera quemada.

Nace un nuevo paisaje irreconocible. En las partes más profundas de la cuenca, donde antes solo se oían los aullidos de los monos y el crujir de las hojas, se ha levantado un viento quejumbroso. El polvo se amontona contra los tocones requemados. Más cerca del suelo, se oye un suave susurro. Las dunas de arena se están levantando. El desierto ha llegado.

El miércoles de ceniza australiano

El desierto llegó a Australia hace mucho tiempo, igual que el fuego. Australia es el continente más seco, y en verano, los incendios de los matorrales llegan hasta el límite de ciudades como Sidney, Perth y Adelaide. Los incendios de Australia no son nada nuevo; algunas especies de eucaliptos hasta necesitan quemarse para que se abran las vainas que contienen sus semillas. Los aborígenes australianos utilizaban el fuego como técnica para manejar sus terrenos de caza —una técnica llamada «ganadería de teas» (*firestick farming*, en inglés)— mucho antes de que llegasen los invasores blancos.

Pero esta larga historia conjunta no hace que los incendios de los matorrales sean menos peligrosos para la gente: las brasas que caen pueden empezar nuevas hogueras a muchos kilómetros del foco del incendio, atrapando a los bomberos entre dos murallas de fuego convergentes. Los más temidos son los incendios que saltan de copa en copa de los árboles más deprisa de lo que pueden correr las personas y que además pueden absorber todo el oxígeno del aire, asfixiando a cualquiera que quede atrapado debajo. El miércoles de Ceniza del 16 de febrero de 1983, doce voluntarios del servicio contra incendios fueron atrapados a las afueras de Melbourne por un incendio de este tipo que recorrió 500 metros en quince segundos. No hubo supervivientes. En enero de 1994, Sidney estaba casi rodeada por 800 incendios distintos que hicieron llover cenizas sobre el distrito central de negocios y taparon el sol con sus vastas nubes de humo marrón.

En el mundo de los tres grados de calentamiento, una parte mucho mayor de Australia arderá. El riesgo de incendios y su intensidad dependen de la convergencia de dos factores clave: la sequía y el calor. Las proyecciones de cambio climático muestran que la mayor parte de Australia se irá calentando y secando durante el siglo que viene, lo que empeorará gravemente el riesgo de incendios. Según un importante estudio publicado por el Centro de Investigación Atmosférica CSIRO, los días de temperaturas altas por encima de 35 °C podrían aumentar entre un 100 y un 600% (de 2 a 7 veces) en Nuevo Gales del Sur para el 2070. Días verdaderamente abrasadores, en los que el mercurio sube por encima de los 40 °C, podrían multiplicarse por seis en las ciudades de matorrales del interior.

Pese a que los modelos son menos claros en cuanto a los cambios en las precipitaciones, la frecuencia de las sequías podría triplicarse, según el estudio de CSIRO. Las lluvias medias de todo el estado podrían desplomarse en un 25%. Y se espera que los vientos extremos —capaces de convertir pequeños fuegos en mortíferos infiernos en cuestión de minutos— sean más frecuentes en verano, cuando los incendios hacen más daño.

Otros estados también sufrirán. La mitad norte de Victoria podría perder hasta un 40% de sus lluvias para el 2070, según otro estudio del CSIRO. El suroeste de Australia también vería una tendencia al declive en las precipitaciones. No es sorprendente que la salud se resienta en condiciones tan extremas: entre 8.000 y 15.000 ancianos morirán cada año por causas relacionadas con el calor en las capitales de estado australianas, según la Fundación para la Conservación Australiana. También podrían penetrar nuevas enfermedades: para el 2070 la zona de transmisión potencial por picadura de mosquito de la fiebre dengue podría haberse ampliado hacia el sur hasta Sidney.

Aparte del fuego, la gran preocupación de Australia será el agua. Pese a la sequedad relativa del país comparada con otros continentes, el australiano medio se las apaña para gastar unos asombrosos 350 litros de agua al día entre beber, tirar de la cadena, fregar y regar las plantas. Tal despilfarro no podrá mantenerse cuando caigan las precipitaciones y se sequen los ríos. Zonas del norte como Darwin y Queensland —que ya están bien regadas por el monzón australiano— pueden esperar un aumento de las lluvias a causa de la intensificación del monzón debido al calentamiento global. Pero la mayor parte del resto del país —excepto, quizás, Tasmania, en una latitud mediana— entrarán en una situación de escasez crónica de agua y colapso agrícola, un proceso que bien podría estar empezando en la actualidad, cuando el país se tambalea, presa de una sequía que dura ya cinco años. Un estudio sobre la producción potencial futura de trigo en el sur de Australia mostró que tan solo las granjas que están más al sur y cerca de la costa seguirán siendo viables en el clima del futuro.

Se espera que la cuenca del Murray-Darling, que se extiende a través de cinco estados y suministra agua a grandes ciudades como Canberra, Melbourne y Adelaida, pierda entre un cuarto y la mitad de su caudal para cuando las temperaturas globales se acerquen a los tres grados de aumento. Perth, que ya ha visto como se reducían las lluvias de la zona en los últimos años, es todavía más vulnerable. A medida que los sistemas tormentosos que traen la lluvia se van desplazando gradualmente en dirección sur, sobre el océano —un resultado predecible de la contracción hacia los polos de los cinturones climáticos regulares del mundo—, son reemplazados por zonas persistentes de altas presiones y clima seco que ocupan su lugar sobre la tierra. El resultado es de esperar: una gran caída en las lluvias anuales que destruye la productividad agrícola futura de una región donde se cultiva la mitad del trigo de Australia.

Esta combinación de fuego, calor y sequía hará que la vida en Australia se haga cada vez más insostenible con el calentamiento del mundo. La agricultura y la producción de alimentos caerán en un declive irreversible. El agua salada penetrará en los debilitados sistemas fluviales y envenenará las reservas subterráneas. Las temperaturas más altas conllevan una mayor evaporación, lo que contribuirá todavía más a secar la vegetación y la tierra y traerá grandes pérdidas a los menguantes embalses que almacenan agua tras las presas.

Como mínimo, estos cambios provocarán grandes alteraciones en la vida diaria del australiano medio, importantes pérdidas económicas y un estricto racionamiento del agua. En el peor de los casos, podrían conducir a grandes movimientos de población desde las áreas con demasiada poca agua, hacia Tasmania y la región tropical del norte donde las lluvias seguirán siendo regulares. En gran parte del interior, la vida podría ser simplemente imposible a causa de las nuevas cotas de temperaturas sofocantes que se alcanzarían. Y si los grifos realmente llegan a secarse, quizás la gente tenga algunas cosas bastante desagradables que decir sobre la negativa del gobierno Howard de 1996 a 2007 a consentir recortes en las emisiones de gases de efecto invernadero. Pero para entonces, por supuesto, ya será demasiado tarde.

Parece apropiado que Canberra, la capital de Australia, pudiera probar el nuevo régimen de incendios el 18 de enero del 2003. Australia llevaba varios meses sufriendo unas lluvias anormalmente escasas y temperaturas abrasadoras. El mercurio había llegado a los 37 °C en el aeropuerto de Canberra el 18 de enero, a la vez que un viento fuerte y seco soplaba desde el oeste, creando unas condiciones de peligro extremo de incendios. Nadie sabe como se encendió la primera chispa, pero cuando el incendio comenzó, su crecimiento fue tan explosivo que los meteorólogos compararon el humo del infierno que se desató con la erupción del monte Pinatubo.

Durante su punto álgido, aquella tormenta de fuego liberó, en solo diez minutos de quema, más energía que la bomba atómica de Hiroshima. Enormes nubes de tormenta causadas por el fuego —llamadas pirocumulonimbos— se alzaron sobre las llamas a causa de la intensa convección y calor. No cayó lluvia alguna, pero un granizo negro aporreó el suelo 30 kilómetros hacia el oeste. Un tornado de fuerza F2 tocó tierra justo al este del borde de la ciudad. El humo del incendio fue levantado con tal fuerza explosiva que penetró en la estratosfera y empezó a circular por el globo, bloqueando parte de los rayos solares en una especie de «invierno nuclear» a pequeña escala. Para cuando se restauró la calma, cuatro personas habían muerto y quinientos edificios habían sido reducidos a cenizas.

Puesto que los políticos se habían negado a considerar el futuro, el futuro había hecho una visita a los políticos en su propio hogar.

Houston, tenemos un problema (de huracanes)

Houston, Texas: 5 de agosto de 2045, 9 p.m. A medida que se desvanece la luz de la tarde, un oleaje aceitoso ha empezado a levantarse en el Golfo de México. Unas pocas nubes algodonosas atrapan los rayos del sol, pero el cielo parece casi demasiado tranquilo. Solo un velo de cirros que van engordando a gran altitud anuncian lo que está por venir.

En tierra, sin embargo, se ha desatado un auténtico infierno. Los tenderos están apuntalando frenéticamente sus tiendas con tablones. El precio del contrachapado se ha cuadruplicado, mientras que las últimas tiendas que aún permanecen abiertas han agotado las existencias de comida en conserva y agua embotellada. Un millón de pantallas de televisión lanzan secuencias por satélite animadas del superhuracán Odessa arremolinándose sobre el cálido Golfo, mientras voces oficiales alertan con urgencia de las temperaturas marinas más altas jamás vistas, de vientos de 290 km/h, y de la necesidad de evacuar *ya* toda el área metropolitana. La gente se apelotona en buses lanzadera. Los que quedan atrás requisan cualquier vehículo que encuentran, y se unen a la creciente masa humana que se mueve desesperadamente hacia el interior —muchos van a pie, como un ejército que avanza por la autopista del noroeste. Irónicamente, algunos son refugiados de Nueva Orleans, de cuando la ciudad finalmente tiró la toalla en su lucha contra el mar y las tormentas y fue abandonada una década antes.

Río abajo, en Galveston, la ola ya está levantándose sobre el rompeolas y entrando en las calles de primera línea de la costa. Casi nadie queda allí para verlo: la memoria popular todavía guarda recuerdo del huracán Galveston de 1900 —durante más de un siglo fue el peor desastre natural de la historia de los Estados Unidos— y nadie quiere quedarse en una isla protegida por una pequeña barrera a esperar si la historia se repite de nuevo.

El primero de los frentes de lluvia de Odessa avanza bajo una cubierta de oscuridad, vertiendo un chaparrón torrencial por la costa de Texas, desde Corpus Christi, en el sur, hasta la frontera con Luisiana. Esta tormenta es enorme, y Houston está justo en el centro de su trayectoria prevista. Hacia el alba se levanta el viento, y la gris luz matinal revela una escena muy diferente de la que dejó el sol al ponerse la noche anterior. Los vientos aullantes rugen en la bahía de Galveston, arrancando torrentes de agua de la marejada ciclónica creciente que avanza hacia el interior con la velocidad de un tsunami. De pronto, la lluvia, el mar y el viento son prácticamente indistinguibles, combinados en una masa de agua y violencia.

Y la tormenta sigue creciendo. La marejada se está moviendo río arriba y sus primeras aguas ya empapan los edificios del borde este de la propia Houston. Con la lluvia cegadora golpeando todo el condado de Harris durante horas, el Buffalo Bayou, el río de Houston largamente domado, vuelve al estado salvaje. Lo primero en inundarse son los aparcamientos y centros comerciales subterráneos. Los desagües empiezan a escupir agua. Las tapas de alcantarilla saltan sin avisar, liberando fuentes de espuma de cinco metros de altura. Vehículos abandonados flotan por el río que crece rápidamente, junto a los escombros que el viento ha levantado y que ahora son arrastrados por las calles inundadas.

El superhuracán Odessa sigue siendo un monstruo de categoría 6 mientras su ojo atraviesa la costa. Todo Galveston está bajo el agua otra vez, batido por olas inmensas de decenas de metros de altura. Mientras los vientos de la pared del ojo de la tormenta golpean Houston, las brillantes torres del distrito central de negocios empiezan a bambolearse de forma ominosa. Ráfagas de agua y espuma ululan por los cañones de hormigón, y en las alturas, las ventanas de cristal explotan por la fuerza de las rachas de viento. El distrito comercial de Houston, sede de la industria petrolera americana, es arrasado. Auténticas ventiscas de documentos pertenecientes a algunas de las corporaciones más poderosas del planeta se elevan por el vértice central del huracán y se esparcen hasta la troposfera. Los vientos aullantes son tan potentes que arrancan las hojas e incluso la corteza de los árboles de un parque infantil cercano. El sonido es como el de un tren de mercancías que corriera a toda máquina por el cielo. Los edificios de madera se resquebrajan y se derrumban. Solo sobreviven el hormigón y el acero.

En las pantallas de televisión de todo el mundo, la gente contempla la destrucción con un miedo creciente. Desde la bahía de Bengala a las

Filipinas, de Taiwán a Australia, los meteorólogos de todas las áreas de formación de huracanes están en alerta máxima. Saben que el huracán Odessa es solo el principio. La era de los superhuracanes ha llegado.

Tal como muestra el escenario que acabo de describir, para cuando el mundo se acerque a los tres grados más de temperatura, cualquier resto de duda que quedase sobre la conexión entre el calentamiento global y la potencia de los huracanes habrá cedido ante la brutal realidad de una atmósfera con más energía a su disposición. La temperatura de los mares, más calientes, favorecerá el nacimiento de tormentas tropicales, y los huracanes tomaran tierra devastando las zonas costeras vulnerables de todo el trópico. Nueva Orleans fue la primera, pero muchas otras ciudades la seguirán, desde Houston a Shangái. Y habrá dos científicos en particular que figurarán en la historia por su intento de prevenirnos con antelación.

Tom Knutson y Bob Tuleya, dos humildes modelistas climáticos con base en los Estados Unidos, escribieron un artículo en una edición del 2004 del *Journal of Climate* que avisaba sobre el incremento de la intensidad de los huracanes en un mundo bajo el efecto invernadero. Knutson y Tuleya consiguieron que los ordenadores simularan huracanes, con su características formas de dónut y su ojo en calma, para poder investigar lo que ocurriría con estas mortíferas tormentas en un mundo más caliente.

Después de simular sus huracanes informáticos ni más ni menos que 1.300 veces en un clima con el doble de CO_2, trazaron una conclusión preocupante: a medida que se intensifica el cambio climático, también lo hacen las tormentas tropicales, con las velocidades máximas del viento aumentando en un 6% y las precipitaciones en un 18%. Estas cifras pueden parecer pequeñas, pero en el mundo real comportarán más tormentas de categoría 5, muy destructivas, golpeando las costas de todo el mundo. En nuestro clima actual, la categoría 5 es la más alta para los huracanes. Pero en un futuro más cálido, en el que, potencialmente, todas las tormentas subirán medio punto o más en su categoría, las peores serán más mortíferas que cualquiera que hayamos experimentado hasta ahora.

El alba de un nuevo Ártico

Un huracán totalmente desarrollado demuestra con su simetría casi perfecta que la atmósfera es un fluido en movimiento, lleno de olas, espirales y remolinos como los de un río que se mueva constantemente sobre la superficie de la Tierra. Los remolinos son sistemas de bajas presiones —como las tormentas tropicales, por ejemplo— mientras que las zonas calmas son de altas, allí donde el aire de bajada provoca vientos suaves y días secos. Como el agua en un río, toda la atmósfera está interconectada, no solo consigo misma, también con los océanos y la biosfera. Los huracanes, por ejemplo, mezclan las capas superiores de los océanos tropicales con sus fuertes vientos, contribuyendo a mover las gigantescas corrientes que eventualmente llevaran sus aguas calientes a los polos.

Así pues, los cambios en los polos tendrán efectos secundarios en otras zonas muy alejadas. Un resultado probable es que la reducción del hielo marino del Ártico exacerbe la sequía del oeste de América del Norte. La capa de hielo que atrapaba el calor oceánico bajo su superficie durante el invierno irá desapareciendo, y grandes áreas de océano abierto se verán expuestas a los vientos, lo que alterará los patrones usuales del clima invernal de Norteamérica. En un estudio de modelo, los sistemas de bajas presiones portadores de lluvias son desviados hacia el norte, hacia Canadá y el sur de Alaska, lejos de las llanuras resecas del oeste de Estados Unidos. El resultado será una brusca caída del 30% en las lluvias por toda la costa oeste de América del Norte. La escasez de agua se propagará hacia el interior, trayendo emergencias por sequía a once estados americanos, desde Nevada hasta Wyoming. Más aun, tal como discutimos en el capítulo 1, estos cambios serán tan solo parte de una tendencia generalizada a la contracción hacia los polos de los cinturones climáticos de todo el mundo a causa del aumento de las temperaturas.

En el propio Ártico, las simulaciones sugieren que el 80% del hielo marino ya se habrá perdido cuando el mundo se acerque a los tres grados de calentamiento, con solo un pequeño parche que aguantará entre el polo y la costa norte de Groenlandia. Tal como vimos en el capítulo anterior, esta caída del 80% que se prevé es, probablemente, una infravaloración grave de la realidad: lo más probable es que todo el hielo haya desaparecido. La mayoría de los modelos muestran un Ártico que se calienta mucho más lentamente de lo que está ocurriendo en el mundo real: un análisis reciente demostró que los descensos del hielo marino están 30 años por delante de las previsiones de los modelos del IPCC. Los autores, algunos de los más destacados expertos mundiales en el Ártico, concluyen razonablemente que «la sensibilidad de esta región bien podría ser mayor de lo que dicen los modelos», y que la «transición hacia un nuevo estado del Ártico» ocurrirá «a lo largo de este siglo».

En tierra, los campos de hielo y los glaciares también se estarán derritiendo rápidamente. El mundo de los tres grados más verá el agua verterse desde Groenlandia en cantidades fenomenales, convergiendo en inmensos ríos glaciares mientras el límite del hielo va retrocediendo hacia el centro de la gran isla. A medida que los glaciares se retiran, se van abriendo nuevas zonas de tierra que habían estado bajo el hielo durante cientos de miles de años. Enormes lagos se formarán, atrapados entre diques de morrena pedregosa y el hielo en retirada. Con la zona de deshielo adentrándose en tierra cada verano, aparecen nuevos lagos azules sobre el casquete de hielo. Otra retroalimentación positiva entra en escena: en este momento, la cima de Groenlandia es más fría que su bases a causa de su propia altitud (igual que la cumbre de una montaña es más fría que sus pendientes bajas), pero con el aumento de la fusión, la parte de la gigantesca capa de hielo que se mantiene fría gracias a su posición elevada es cada vez más pequeña. Cuanto mayor es la porción del hielo terrestre que entra en zonas de temperatura más cálidas, más rápido es el deshielo.

Los glaciares más pequeños, como el Vatnajökull de Islandia, desaparecerán mucho más deprisa que el pesado gigante de Groenlandia. Una visita habitual para los turistas que acuden en rebaño a los volcanes, géisers y cascadas de Islandia, el Vatnajökull es una gran cúpula que domina la vertiente suroriental del país. La mayor masa de hielo en Europa se extiende sobre varios volcanes que, en ocasiones, entran en erupción bajo la capa de hielo de 400 metros de espesor, causando las famosas *jökulhlaup*, explosiones de agua del deshielo, cada diez años aproximadamente. En total, los glaciares de Islandia contienen unos 3.500 kilómetros cúbicos de hielo, suficiente para cubrir todo el país con un manto de hielo de 40 metros de grosor.

Para el 2100, solo quedará la mitad del Vatnajökull, y para el 2200 todo el glaciar habrá desaparecido. Las aguas de escorrentía se habrán doblado a causa de la aceleración del deshielo, enviando enormes cantidades de agua fangosa por las llanuras, en dirección al mar. Las formaciones de hielo más pequeñas de Islandia, como el Hofsjökull, desaparecerán aún más deprisa. Los glaciares de montaña alpinos de Suecia y Noruega también se derretirán rápidamente, a la vez que los de Alaska y el norte de Canadá. Aunque, comparadas con las masas de hielo de Groenlandia y la Antártida, la cantidad de agua que contienen es minúscula, si todos los glaciares y capas de hielo menores se derritieran a la vez, los niveles del mar de todo el mundo se elevarían 25 centímetros.

Estos cambios también se reflejarán en otras partes del Ártico. Puede que la cara positiva sea el hecho de que las temporadas de cultivo serán más largas, lo que permitirá que se planten cosechas más al norte de lo que jamás se había hecho, lo que quizás contribuya a rellenar el hueco alimentario que habrán dejado las tierras de cultivo del sur, afectadas por la sequía. Para el 2050, por ejemplo, en Noruega se disfrutará de una época de labranza equivalente a las que actualmente tienen el sur de Inglaterra actual, los Países Bajos o el norte de Alemania. En Finlandia, la temporada de cosechas se alargará hasta en dos meses.

No es probable, sin embargo, que se abran grandes zonas de cultivo: la mayor parte del suelo del Ártico es rocoso y ácido, con una capa de tierra muy fina. Algunas zonas de cenagales que antes estaban congelados podrían secarse y ser apropiados para la labranza, pero a cambio se pagaría un alto precio en forma de grandes emisiones de carbono proveniente de la turba en descomposición. Para una región donde los ciclos predecibles de las estaciones habrán desaparecido mucho antes, podría ser que esta no fuera la única sorpresa que les espera a la vuelta de la esquina.

Misterios de los mayas

Muchos de los visitantes de las ruinas mayas de México piensan que Palenque tiene algo de especial. Sus pirámides no son tan grandes como las de Chichén Itzá, y sus templos no son tan remotos ni están coronados por una neblina tan fotogénica como los de Tikal. Puede que sea el hecho de saber que solo el 5% de la antigua ciudad ha sido excavada hasta ahora, y la excitante visión de misteriosos montículos que aún permanecen cubiertos por los árboles junto a las carreteras que se adentran en la jungla. O los jeroglíficos recientemente descifrados que hablan de las hazañas sobrenaturales de reyes sagrados y valientes guerreros. O quizás sea la exuberancia de los alrededores, donde manantiales naturales surgen a borbotones de entre las rocas y se unen al río Otolum, que los arquitectos mayas canalizaron simbólicamente bajo la plaza principal de Palenque.

Sea lo que sea, la belleza y el misterio de Palenque se combinan para hacer que el lugar parezca de otro mundo y, de alguna manera, trascendente. En mis tiempos de estudiante mochilero e inculto, me costó creer que los ancestros de los indígenas descalzos y de apariencia sencilla que recogían fruta junto a la carretera habían sido responsables de la creación de tan extraordinarios monumentos siglos atrás. Los primeros arqueólogos tuvieron el mismo problema, especialmente si se tiene en cuenta la escasa población que se encontró en la zona cuando los europeos la visitaron por primera vez. ¿Cómo pudieron erigir tales maravillas aquellos pueblerinos que vivían en chozas de barro? ¿Y por qué fueron abandonadas aquellas grandes ciudades? Muchos prefirieron atribuir Palenque y otros lugares a los Egipcios, los Polinesios e incluso a las Tribus Perdidas de Israel, una idea a la que contribuía el hecho de que las gentes de la región no mostrara grandes conocimientos o recuerdos folclóricos para explicarlo.

A medida que se fue aprendiendo más sobre los mayas, el misterio fue haciéndose incluso mayor. Claramente, esta había sido una de las sociedades más avanzadas del Nuevo Mundo. Tierras de cultivo irrigadas habían sido habitadas por millones de personas, con una densidad de población igual a la del Bangladesh moderno. En su época clásica (entre el 50 a.C. y el 900 d.C.), los mayas utilizaron ampliamente la escritura sobre piedra, e incluso fabricaron libros hechos de corteza y yeso, cuyos restos en estado de descomposición fueron encontrados en tumbas reales. Emplearon un calendario, conocido como Cuenta Larga, que comenzaba en el 3000 a.C. y describía las principales batallas y sucesiones dinásticas. Se ha llegado a sugerir que incluso comprendieron la astronomía y predijeron eclipses lunares.

Pero en tiempos de la invasión española, las ciudades clásicas mayas de Palenque y Tikal llevaban siglos abandonadas y sus altas pirámides se desmoronaban frente al avance de la jungla. Solo quedaban unos pocos granjeros en los alrededores que sobrevivían a duras penas cultivando maíz raquítico y judías en una tierra pobre. A medida que avanzaban las excavaciones, los arqueólogos fueron comprendiendo que algo dramático y terrible le había ocurrido a los mayas, algo que había precipitado la caída de toda su civilización casi de la noche a la mañana.

Resultó que aquel algo había sido la sequía. Gran parte del territorio maya se alzaba sobre piedra caliza, que retiene poca cantidad de agua en épocas de escasez de lluvias. Los mayas compensaban este efecto mediante la construcción de embalses recubiertos de yeso y de acueductos, y con la excavación de enormes pozos en las tierras bajas del norte para alcanzar el nivel freático. Pero el reloj de la sequía siempre estaba contando: las reservas de los mayas solo contenían agua para 18 meses.

Esta era una gran preocupación tanto para los reyes como para los campesinos: la sociedad maya se mantenía unida gracias a un «pegamento cultural» que se basaba en un intercambio en el que los reyes recibían lujos y adulación a cambio de la realización de sacrificios y rituales que satisficieran a los dioses e hicieran que las lluvias siguieran llegando a tiempo. En tiempos de sequía perenne, el derecho a la divinidad de los reyes se vería puesto en duda, y en cuanto se avecinaba la amenaza de la inanición, sus otrora leales súbditos podían plantearse la revuelta e incluso el regicidio.

Parece que esto fue exactamente lo que sucedió cuando les afectó la larga sequía. Los registros de los lechos lacustres de la región muestran pruebas claras de una larga sequedad justo durante la época del colapso de la civilización maya. Evidencias posteriores provenientes de sedimentos oceánicos confirman que el periodo clásico maya terminó a causa de la combinación de un periodo de sequía prolongada «enfatizado por sequías más intensas de varios años de duración» entre el 810 y el 910 d.C.

En su libro *Colapso: por qué unas sociedades perduran y otras desaparecen*, Jared Diamond identifica la caída de los Mayas como un caso clásico de exceso ecológico, en el que una sociedad sobrepasa los recursos disponibles, volviéndose vulnerable a un desastre natural como la sequía. Diamond también advierte de que el aumento de población y el desarrollo económico están otra vez poniendo bajo una gran presión los recursos de América Central. Grandes zonas del sur de México han vuelto a perder su cubierta forestal. La erosión de las laderas está destruyendo los terrenos de labranza, otra vez. Los aludes de barro consecuencia de los desbordamientos llegan a matar a miles de personas en ocasiones, cuando un gran huracán toca tierra. ¿Y qué pasará si la sequía ataca de nuevo?

La sequía, desafortunadamente, es generalizada en las previsiones para la región en el mundo tres grados más cálido. Aunque se espera que aumenten las precipitaciones en los trópicos profundos, los subtrópicos se vuelven más secos, y América Central está justo en el centro de una de estas zonas de sequía. El modelo del centro Hadley prevé un declive de la pluviosidad de 1-2 mm diarios, equivalente a la mitad de las precipitaciones anuales en algunas zonas. Y al igual que durante el colapso de los mayas, una situación que mantenga una mayor aridez media comportará unas sequías más intensas que atacarán con más regularidad. Un clima seco también empeora la deforestación, puesto que mata los árboles que aún quedan. Fue mayormente por esta razón por la que América Central fue identificada en un estudio del 2006 como uno de los «puntos calientes» del cambio climático en el mundo, una de las zonas que causan más preocupación del planeta.

Es difícil ver de qué manera podrán sobrevivir las decenas de millones que viven actualmente en América Central en unas tierras tan marginales. Una sequía moderada del año 2001 nos ofreció una muestra de lo que podría ocurrir: se estima que provocó escasez de alimentos entre 1,5 millones de personas, dejando a cientos de miles de personas dependiendo de la asistencia alimentaria durante varios meses. Este tipo de ayuda no se materializará en un mundo donde los suministros de alimentos ya no den más de sí. Así que a medida que se acelera el cambio climático, estos países vulnerables de América Central estarán entre los primeros en ver dañada su productividad agrícola y a sus poblaciones marginadas y desplazadas. Zonas enteras quedarán despobladas, y los emigrantes dejarán atrás pueblos fantasmas, poco más que ruinas polvorientas en tierras que ya no podrán darles sustento.

Estos pueblos y ciudades abandonados podrían permanecer intactos durante siglos, tal como lo hicieron las ruinas de sus ancestros mayas. Ellos también tienen una lección que enseñar al mundo futuro. Lo que no está claro que todavía sobrevivan humanos que puedan aprenderla, tal como veremos en los próximos capítulos.

El monzón de Bombai

Las cosechas del 60% de la población mundial dependen de un único fenómeno climático recurrente: el monzón de verano asiático. Millones de personas pasan hambre en los años en que el monzón no es capaz de traer sus lluvias prometidas, y millones más pierden sus hogares a causa de los desbordamientos cuando el monzón trae un aluvión mayor del que la tierra es capaz de absorber. Cantidades diarias de 40 cm3 de lluvia no son raras durante estos intensos chaparrones tropicales, y durante el chaparrón de récord del 2005 en Bombai, cayó casi un metro cúbico de agua en menos de 24 horas, lo que provocó unas inundaciones que causaron 1.000 muertes. Pero sin su riego anual, las fértiles llanuras de la India y Bangladesh —que dan sustento a algunas de las poblaciones más densas del mundo— serían áridas e inertes. La fiabilidad del monzón en un futuro más cálido es, por tanto, un tema de vida y muerte para millones de personas.

Tal como expliqué en el capítulo 1, los monzones dependen de las diferencias de temperatura entre la tierra y los océanos que la rodean. Estos contrastes entre tierra y océano se intensificarán en un mundo más caluroso, lo que significa que es poco probable que se produzca un colapso total del monzón estival indio durante el siglo que viene. En efecto, las épocas del pasado en que el monzón ha sido más débil tienden a asociarse con periodos más fríos, como la cúspide de la última edad de Hielo. Los contaminantes modernos (sobre todo el dióxido de sulfuro y las partículas liberadas por los incendios) también pueden tener un efecto refrescante, y en ausencia de calentamiento global la llamada «nube marrón asiática» podría haber perturbado seriamente el monzón, según un estudio. Los autores lanzan la hipótesis de que un «escenario de montaña rusa» podría entrar en juego, en el que la polución enfriadora primero debilita el monzón, antes de que los controles de la contaminación y el aumento de los niveles de gases de efecto invernadero lo vuelvan a traer, con más fuerza que nunca. Pero muchos otros estudios —que tan solo contemplan el impacto de los gases de efecto invernadero— han llegado a la firme conclusión de que unas lluvias del monzón más copiosas son el resultado más probable, especialmente si se tiene en cuenta que una atmósfera más calurosa tiene más capacidad de almacenamiento de vapor de agua.

Una intensificación del monzón presentaría dos problemas. Primero, un aumento de las precipitaciones medias durante el monzón comportará más episodios de lluvias fuertes, que traen asociadas inundaciones extremas, gracias a esta atmósfera más cálida y húmeda. Tal como expliqué en el capítulo 1, ya se ha identificado un aumento en la intensidad y la frecuencia de las lluvias fuertes en la India. Segundo, se espera que el monzón también se vuelva más variable, Algunos años podría desaparecer por completo en algunas zonas, solo para volver con vigor renovado la temporada siguiente. Los meteorólogos ya tienen problemas a la hora de predecir los ciclos y flujos anuales del monzón, y su trabajo se hará aún más difícil cuando el clima mundial adopte nuevos comportamientos.

Estos nuevos patrones podrían afectar a zonas que están sorprendentemente lejos del subcontinente indio. Estudios de viejos corales de la costa de Indonesia han revelado que hace 6.000 años, durante una época de fuertes monzones, Sumatra y otras islas indonesias fueron atacadas por una dura sequía, causada por los cambios en los patrones del viento de todo el océano Índico tropical. Esto sugiere que la sequía podría llegar a ser perenne de nuevo en este país densamente poblado si el monzón indio gana en intensidad, según la predicción de multitud de modelistas climáticos. Los años de sequía en Indonesia ya acostumbran a ser desastrosos, con escasez de alimentos e incendios forestales tan severos que enormes zonas del país —y de la vecina Malasia— desaparecen bajo espesas nubes de humo, en ocasiones durante varias semanas. Áreas que a veces están tan alejadas como el sur de Australia también pueden sufrir una reducción en las precipitaciones como resultado de los cambios en el monzón indio.

En la propia India, los granjeros sufrirán para conseguir que crezcan las cosechas si el inicio del monzón se vuelve menos fiable. En los años más intensos, las inundaciones serán catastróficas y llegarán a sumergir grandes áreas. Las zonas que se verán más afectadas serán las que actualmente ya reciben las lluvias más copiosas: la costa occidental de la India, la bahía de Bengala y Bangladesh y el noreste de la India. Es casi como un proverbio bíblico: a aquellos que más tienen más les será dado. Lo contrario será igualmente cierto: las lluvias se podrían reducir en zonas que actualmente reciben las menores cantidades, como el norte de la India y el sur de Pakistán.

Precisamente, nuestra siguiente parada será en Pakistán, porque a medida que las temperaturas mundiales ascienden hacia los tres grados, este país estará a punto de entrar en una crisis sin precedentes en la historia reciente de la humanidad. Como suele ser el caso, este desastre no será consecuencia directa de los efectos del aumento de las temperaturas, si no de sus consecuencias indirectas. Pakistán está destinado a perder cantidades inmensas del recurso más preciado: el agua.

Donde antes corría el Indus

Las dos montañas más altas del mundo están en fronteras internacionales. El Everest marca el límite entre Nepal y el Tíbet, mientras que el K2 divide Pakistán de la remota provincia China de Sinkiang. El K2 también forma la cúspide de la gran cordillera del Karakórum, que alberga cuatro picos de más de 8.000 metros y diez de más de 7.000. Una de las cordilleras más altas y más inaccesibles del mundo, el Karakórum contiene el área glaciar más grande del mundo fuera de los polos. Los escaladores deben ascender durante una semana por el glaciar Baltoro, por ejemplo, antes de que puedan contemplar siquiera el imponente pico piramidal del K2.

Estos glaciares representan una enorme reserva de agua dulce, y los tres ríos principales del subcontinente indio —el Indus, el Ganges y el Brahmaputra— nacen entre las nieves del Karakórum, con el Himalaya y la gran meseta del Tíbet a sus pies. Puesto que el Mekong, el Yangtsé y el río Amarillo también tienen sus fuentes en esta gigantesca área montañosa, no es una exageración afirmar que los ríos que nacen en las pendientes de estos picos glaciares están manteniendo en la actualidad a la mitad de la población mundial.

Mientras que las aguas de la región del Everest desembocan eventualmente en el Ganges, las aguas de escorrentía de la parte norte de la división continental del Himalaya se suman al Brahmaputra, que corre desde el oeste hacia el este antes de hacer un giro en forma de U a través de la cadena montañosa del este de Bhutan y dirección sur hacia Bangladesh. El Indus, mientras tanto, deriva gran parte de su caudal inicial del glaciar de Siachen, de 72 kilómetros de largo, uno de los ocho glaciares de la zona de Karakórum que supera los 50 kilómetros. Corriente abajo, el Indus pasa junto a la ciclópea cima de 8.126 metros del Nanga Parbat, en el límite occidental de los Himalayas, donde otro grupo de glaciares añade sus aguas de escorrentía. En este punto el valle del Indus ya es esencialmente árido, y las vistas de las grandes faldas de esta montaña gigante —la novena más alta del mundo— son un alivio contra la neblina cálida y brillante que recorre el suelo plano y rocoso del valle.

En total, la cuenca del Indus incluye más de 3.500 glaciares individuales, más que el Ganges y el Brahmaputra juntos. No obstante, durante su recorrido, el Indus experimenta un clima mucho más seco que los otros dos ríos, que reciben mucha más agua de las lluvias estivales del monzón en sus tramos finales. Esta combinación de aridez y una cuenca mayormente glacial hace que el Indus sea particularmente dependiente de las aguas de montaña. Y este es su talón de Aquiles: las nieves de las montañas, que una vez fueron intemporales, han empezado a derretirse. Una peculiaridad de las dinámicas atmosféricas dicta que las temperaturas del aire en esta región de gran altitud están aumentando el doble de rápido que la media, por lo que se ha detectado una acelerada retirada de los glaciares por todas las grandes cordilleras cubiertas de hielo. Incluso el poderoso Everest ha perdido masa glaciar: el glaciar Khumbu se ha retraído más de 5 kilómetros desde el punto en que Hillary y Tenzing se dispusieron a conquistar la cima en 1953.

A medida que los glaciares de su nacimiento se desvanecen durante el siglo que viene, el Indus cambiará de forma radical. En los primeros estadios de esta gran transformación, el río se verá desbordado por las aguas del deshielo adicionales que producirán los glaciares en su rápida retirada. Siendo un país en desarrollo con una agricultura y una población en expansión, el aumento de las reservas de agua dulce podría parecer una bendición para Pakistán, pero durará poco. En las décadas siguientes, una vez haya desaparecido la mayor parte del hielo, el caudal del río disminuirá hasta convertirse en poco más que un hilo de agua, y la gran planicie trenzada del río Indus llegará a vaciarse durante meses.

Un estudio financiado por el Departamento Británico para el Desarrollo Internacional que utilizó un modelo hidrológico para prever cambios en los flujos de los ríos durante el siglo que viene, confirmó las desalentadoras previsiones para el alto Indus. Si bien el caudal aumentaría inicialmente entre un 14 y un 90%, dependiendo de la velocidad del calentamiento, el modelo predice un descenso de las reservas de agua de un 90% para más adelante. En Skardu, el portal hacia el Karakórum y una importante parada para los alpinistas de gran altitud que se dirigen hacia el K2 y el Broad Peak, los caudales simulados del río Indus llegan a su nivel máximo en el 2030 pero caen a la mitad para el 2080, mientras que río arriba, en el Shyok, en Ladakh, el río podría estar seco para el 2090. Río abajo, mientras tanto, en el punto en que el Indus empieza a dejar atrás las montañas en Bisham Qila, los caudales habrán disminuido entre un 20 y un 40% en el 2080.

La desaparición de las aguas de escorrentía de las fuentes del Indus tendrá un efecto drástico sobre la corriente río abajo, en Pakistán. No caen muchas lluvias ni al este, en las llanuras del Panyab, ni al oeste, en las secas y salvajes montañas de Balochistán, que puedan aumentar el caudal glaciar. Puesto que la agricultura pakistaní depende de forma casi exclusiva del agua del Indus que se distribuye por el Panyab mediante canales de irrigación, el país entero se enfrentará a la destrucción de su principal granero cuando se agoten el río y sus tributarios.

No habrá mucha ayuda disponible en el extranjero, puesto que los países que limitan con Pakistán también experimentarán problemas a causa de la caída de los suministros de agua. En China, por ejemplo, el 23% de la población vive en las regiones occidentales, donde el agua del deshielo proporciona la principal fuente de agua durante la temporada seca. Pese a que se verá menos afectado que el Indus, hasta el 70% del caudal del Ganges, y la mitad del de otros ríos importantes, proviene del deshielo de los glaciares. De alguna forma, se trata de reservas de agua «fósil», que han permanecido almacenadas en los glaciares durante milenios en un equilibrio relativo, pero que serán liberadas en cuestión de décadas con el calentamiento global.

Los menguantes flujos estivales de los ríos podrían provocar apagones y cortes energéticos en la India, que es particularmente dependiente de la energía hidroeléctrica, durante los meses más calurosos del año. Dos de los principales afluentes del Indus —el Chenab y el Sutlej— surgen en la India y fluyen hacia Pakistán. Ambos sufrirán los efectos de la pérdida de los glaciares en sus cauces superiores. Podrían desatarse conflictos entre estas dos potencias nucleares mientras disminuyen las reservas de agua y los políticos discuten sobre qué cantidad debe permanecer almacenada detrás de diques en los embalses, río arriba.

Cualquier crisis en la producción de alimentos podría escalar hasta convertirse en una crisis para toda la economía de Pakistán. El país depende fuertemente de las exportaciones de arroz y azúcar, que se cultivan de forma extensiva en el Panyab, bien irrigado. Más al sur, en la provincia de Sind, que depende en su totalidad del Indus para alimentar sus sistemas de canales, los granjeros podrían verse superados por sus colegas del Panyab, al norte, más poderosos. Los granjeros de todo el país podrían, a su vez, verse superados por la competencia de las grandes ciudades como Lahore, Hyderabad y Karachi, cada una de las cuales alberga poblaciones de varios millones.

Mientras las reservas del Indus de la temporada seca menguan a causa de la retirada de los hielos río arriba, una cascada de impactos podría empezar a acumular la presión en la sociedad pakistaní, con grandes cantidades de personas abandonando el campo y huyendo hacia las ciudades superpobladas. Con los stocks de alimentos mundiales al límite, como discutimos anteriormente, no habrá grandes excedentes que puedan alimentar a la gente desplazada de las zonas previamente irrigadas. Podrían levantarse nuevos conflictos con la India si millones de refugiados pakistaníes cruzan la frontera en busca de sustento en zonas mejor regadas alimentadas por el Ganges, pero que ya dan sustento a densas poblaciones humanas.

La historia de la humanidad prueba que, ante la elección entre morir de hambre en su lugar de origen o trasladarse, la gente elige el traslado. A finales de siglo decenas de millones de ciudadanos pakistaníes podrían tener que hacer frente a esta elección, puesto que el río que ha mantenido a su civilización durante cientos de años se estará secando, y las tierras que alimentaba estarán cediendo ante el avance del desierto. El estado de Pakistán, equipado con armamento nuclear, podría unirse a la lista creciente de estados en quiebra, ante el colapso de la administración civil y la aparición de bandas armadas que toman por la fuerza los pocos alimentos que quedan. El gobierno de las armas reemplazará el de las leyes.

En las altas montañas, mientras tanto, el blanco cegador de las nieves habrá cedido el paso a la roca desnuda y la tierra quemada por el sol. A sus pies, los glaciares de los valles que durante milenios se habían arrastrado lentamente entre las cimas se habrán visto reducidos a escombros. Y en algún lugar entre los desechos de la meseta tibetana, lejos de cualquier población humana, un simple montón de piedras marcará el punto en que una vez nació uno de los mayores ríos de la historia.

Las últimas gotas del Colorado

Al contrario que el Indus, el Colorado ya no es un río natural. Su flujo y reflujo es controlado no por los caprichos del clima, si no por ingenieros que aprietan botones en salas de controles de una docena de grandes presas. En efecto, hasta la última gota de los 18.000 millones de metros cúbicos de agua que viajan por el río Colorado en un año medio está destinada al uso humano. El agua se reparte entre los estados estadounidenses de la cuenca alta (Wyoming, Utah, Colorado y Nuevo México), los de la cuenca baja (California, Arizona y Nevada) y México, siguiendo los dictados de un montón de acuerdos. Igual que el Indus, la mayor parte —más del 70%— de su caudal proviene de su cuenca superior, situada a gran altitud, en las montañas, y no de las áridas zonas bajas. Pero igual que los ríos californianos Sacramento y San Joaquín, la cuenca del Colorado es, más que un río vivo, un sistema de cañerías gigantesco.

Lo que es peor, las tuberías del Colorado ya se están empezando a resquebrajar por culpa del uso excesivo. A principios de milenio se sucedió una serie de años de sequía que casi sobrepasó el límite del sistema, con los niveles de agua del lago Mead —tras la estrecha presa Hoover— tan bajos que amenazaba con dejar sin suministros a tres estados y millones de personas. Aunque las presas del Colorado, que pueden almacenar hasta cuatro años de caudal del río, actúan como colchón para los cambios de nivel del río, la sequía a largo plazo sigue siendo una amenaza crítica. Una simulación detallada del comportamiento de los sistemas del Colorado en un clima futuro descubrió que a partir de la segunda la mitad del siglo XXI, el sistema fallaría entre una cuarta parte y la mitad del tiempo.

Las presas del Colorado llevan generado grandes desacuerdos desde que fueron propuestas, particularmente la presa del cañón de Glen, que sumergió unos hermosos cañones esculpidos —la famosa catedral del desierto— en una zona que desde entonces recibe el nombre de «parque natural perdido» de América. Sus detractores consideran que se pierde tanta agua a causa de la evaporación que el lago Powell, tras la presa, es esencialmente inútil, y que bien se podría haber guardado el agua en otro lugar.

Sean cuales sean los pros y los contras de este caso en concreto, está claro que hace falta algún sistema de almacenamiento del agua del río para equilibrar los cambios estacionales del caudal. Esto es particularmente necesario para los ríos del oeste de los Estados Unidos, que alcanzan su punto álgido con el deshielo de principios de verano y luego declinan a finales de verano, cuando la demanda humana es más alta. El problema del declive de las nevadas ya fue discutido en el capítulo anterior, cuando vimos que, a causa del calentamiento, los estados de la costa oeste se enfrentan a grandes cambios en las aguas de escorrentía y el abastecimiento de agua a las ciudades y la agricultura. Para cuando las temperaturas se eleven tres grados más que las actuales, la situación será cada vez más crítica. No es solo que la nieve se haya convertido en lluvia en las cuencas bajas, eliminando por completo las reservas invernales de agua, sino que la fecha media del deshielo primaveral de los picos más altos llegará un mes más pronto de lo actual, o incluso más.

Con más lluvias en invierno y un deshielo de primavera más temprano, va a hacer falta que se suelte agua de las presas para aumentar la capacidad de las reservas como medida preventiva ante las inundaciones, lo que echará a perder un valioso recurso que será mucho más escaso entrado el año. Muchos sistemas fluviales, sin embargo, carecen de presas suficientes para controlar todo este caudal, así que la mayor parte de estas «aguas tempranas» llegarán hasta el océano y se perderán. La larga sequía estival será incluso más larga, lo que pondrá en peligro los ecosistemas y la habitabilidad humana por todo el oeste de los Estados Unidos.

Toda la costa estadounidense del Pacífico es, de hecho, fatalmente dependiente del deshielo. Seattle, por ejemplo, ya sufre escasez en años de pocas nevadas. La agricultura también se verá afectada. El fértil valle de Yakima, en Washington, famoso por sus manzanas, sus cerezas y su boyante industria láctea, recibe muy pocas lluvias, y sus sistemas de riego dependen casi en exclusiva del deshielo en vías de desaparición.

Más al norte todavía, en el oeste de Canadá, donde uno se imagina que el frío del invierno protegerá las nevadas de temporada, está situación se verá repetida. Hay un río canadiense que se dispone a perder un 40% de su agua.

Las Rocosas Canadienses podrían perder prácticamente todas sus nieves en grandes zonas, y solo las cimas más altas conservarán su cubierta invernal. El agua del riego de las Rocosas es vital para los granjeros por todo Alberta, y las cosechas, como las patatas, las legumbres y el trigo de primavera, caerán rápidamente sin ella.

Todo esto no tiene en cuenta un problema adicional: la sequía. El capítulo 1 nos mostró cuántas partes de Estados Unidos son vulnerables ante el retorno de las mega sequías medievales en un mundo más cálido, y el suroeste en particular —California, Arizona, Nevada, Utah, Colorado, Nuevo México, Texas, Oklahoma y Kansas— pueden prepararse para un régimen climático permanente de mayor sequedad, algo en lo que los modelos climáticos están de acuerdo, para variar. Según un artículo de mayo del 2007 publicado en la revista *Science*, este creciente nivel de aridez será similar al de los años del Dust Bowl en los cincuenta, salvo que en este caso el cambio será permanente.

Primaveras sin nieve, veranos más calurosos y sequías más duras serán responsables de un empeoramiento en la vulnerabilidad del sudeste de los Estados Unidos frente al que quizás sea el agente más temido de todos: el fuego. Históricamente, California es propensa a los incendios forestales —ha sufrido más pérdidas financieras por su causa que ningún otro estado durante el siglo pasado. Ya hay pruebas de que el número de incendios graves aumentó súbitamente a mediados de los ochenta, a causa de los veranos más largos y del avance del deshielo, con fuegos que han llegado a arder durante semanas. En el 2003, los incendios, avivados por el viento, arrasaron con el sur de California, llegando incluso a las afueras de Los Ángeles. Los bomberos solo pudieron sentarse a observar cómo gigantescos tornados de llamas se alzaban sobre la conflagración.

Según las previsiones trazadas por el Servicio Forestal USDA y un equipo de académicos del Laboratorio Nacional Lawrence Berkeley, el número de fuegos descontrolados podría incrementarse en más de un 50% en la zona de la bahía sur de San Francisco, y dispararse hasta el 125% más al este, en las laderas de Sierra Nevada. Tan solo la costa norte, pantanosa y cubierta de niebla, escapará a las llamas. California no sería la única zona afectada: la mayor parte del suroeste, la Gran Cuenca y el norte de las Rocosas se enfrentaría a entre dos y tres semanas anuales más de riesgo elevado de incendios.

Todos estos impactos señalan a un solo resultado: un oeste de los Estados Unidos muy distinto del que ahora conocemos. A medida que las montañas pierden sus nieves también perderán su agua las ciudades y sus tierras fértiles sus agricultores. La gente no tendrá más remedio que esperar a la chispa que prenda fuego a su entorno a medida que el verano seque sus praderas y sus bosques. Puede que las brigadas antincendio lleguen a tiempo pero sus camiones estarán vacíos y sus mangueras serán inútiles. No habrá nada que pueda detener las llamas.

El hundimiento de la Gran Manzana

Al otro lado del continente americano la ciudad de Nueva York se enfrentará al problema contrario. En vez de la falta de agua, la mayor amenaza para la Gran Manzana es su exceso. El área metropolitana de Nueva York, hogar de 20 millones de personas, abarca 2.400 kilómetros de costa, la mayor parte de los cuales están casi al nivel del mar y densamente urbanizados, con bloques de apartamentos, carreteras y líneas de ferrocarril. Cuatro de los cinco barrios de la ciudad están localizados en islas. Hay más de 2.000 puentes y túneles conectando estas islas con el continente, y la mayor parte de estos raíles, túneles y accesos a los aeropuertos están situados a una altura de solo 3 metros o menos. Además, la configuración de la orilla de la costa este comporta que Nueva York sea particularmente vulnerable a las marejadas ciclónicas —el ángulo recto entre Nueva Jersey y Long Island dirige el agua directamente hacia el interior del puerto de la ciudad, mientras que el límite de Long Island forma otro embudo para la marejada.

Como les gusta decir a los funcionarios de la ciudad, cuando se trata de una gran inundación, la incógnita no es si llegará, si no cuándo llegará. Si el huracán Floyd no se hubiera reducido a la categoría de tormenta tropical cuando atravesó la zona en 1999, quizás ya les habría tocado la «Gorda». Aun así, cayeron 30 centímetros de lluvia en algunas partes, lo que provocó inundaciones y prácticamente detuvo en seco el sistema de transporte metropolitano.

Pocos años antes, en diciembre de 1992, la ciudad estuvo todavía más cerca de sufrir una inundación: una fuerte tormenta en dirección noreste arrastró una enorme marejada ciclónica hacía la costa, que a la vez estaba siendo afectada por fuertes lluvias. La marejada provocó un cortocircuito en todo el sistema del metro de Nueva York que dejó a la gente atrapada en trenes y estaciones. También quedaron sumergidas bajo más de un metro de agua la carretera FDR y otras vías de Manhattan, mientras en el túnel de

Battery Park se acumulaban dos metros de agua. Las comunidades cercanas al mar fueron evacuadas en Nueva Jersey, Connecticut y Long Island. Las autoridades respiraron aliviadas cuando la tormenta empezó a alejarse: sabían que tan solo medio metro más de agua habría causado una inundación masiva y la pérdida de vidas humanas.

El nivel del mar ya ha aumentado 25 cm durante el último siglo, y se prevé que este ritmo se acelere de forma espectacular durante los próximos 100 años, puesto que al componente global de la subida

se sumará el hundimiento gradual del suelo de gran parte de la costa este de los Estados Unidos. Cuando las temperaturas sean casi tres grados más cálidas que hoy en día, el nivel del mar habrá subido entre 25 cm y un metro (gran parte de las causas de esta incertidumbre, como vimos antes, se debe al impredecible comportamiento de las capas de hielo de Groenlandia y la Antártida). Con el aumento de la probabilidad de unos huracanes más fuertes, así como de *nor'easters* más potentes, Nueva York podría sufrir la «tormenta perfecta» no una, sino cientos de veces. La inundación que hoy ocurre una vez cada 100 años podría aumentar su frecuencia a cada 20 años para el 2050, y a cada 4 para el 2080. La zona de inundaciones de 3 metros, que actualmente incluye gran parte del bajo Manhattan, Coney Island en Brooklyn, partes sustanciales de Jersey y Hoboken, así como los aeropuertos de Newar y Laguardia, podría empezar a sumergirse con una frecuencia de 5 años, lo que provocaría que zonas enteras fueran económicamente inviables. Los problemas de inundaciones serían agravados por la erosión costera, a medida que los crecientes niveles marinos se van comiendo las costas. Sin trabajos masivos de reemplazo de la arena, hacia el año 2080 las playas del norte de Nueva Jersey y Long Island podrían estar desplazándose hacia el interior a una velocidad de 3 metros al año.

Varios proyectistas ya han propuesto la posibilidad de construir barreras contra las inundaciones en tres localizaciones con la idea de proteger Nueva York de futuras marejadas: entre Staten Island y New Jersey a la altura de Arthur Kill, en los Narrows, en la boca del puerto de Nueva York, y río arriba a través del río Este, en la orilla norte de Queens. «En el futuro, una tormenta menor hará el mismo daño que ahora hace una tormenta fuerte», afirma Malcolm Bowman, experto en las marejadas y activista en favor de las barreras contra las inundaciones. «Estas tres barreras, lo bastante altas como para resistir cualquier marejada ciclónica imaginable, cerradas antes de una gran tormenta, formarían un anillo protector alrededor de la ciudad».

Construir una serie de barreras como estas costaría miles de millones de dólares, pero no construirlas podría resultar aún más costoso en términos de pérdidas de vidas y de destrucción de propiedades. Tres de las partes más vulnerables de Nueva York —el Bajo Manhattan, Coney Island y Rockaway Beach— están también densamente pobladas, y en caso de una marejada ciclónica, la gente no podría ponerse a salvo porque las rutas de evacuación quedarían por debajo de los niveles de inundación. Como pudieron comprobar, a costa de las vidas de mucha gente, los encargados de la toma de decisiones de Nueva Orleans que no hicieron nada con los diques alrededor de Nueva Orleans, cuando la gran tormenta se acerca, ya es demasiado tarde.

Se preparan tormentas en Europa

Efectivamente, se gastaron miles de millones en la construcción del dique contra riadas del Támesis que protege Londres de las inundaciones causadas por la marejada ciclónica, pero fue dinero bien invertido. La barrera se levantó 62 veces entre 1983 y el 2001, con una frecuencia cada vez mayor. Su sucesor (la fecha de caducidad del dique actual es el 2030) podría tener que alzarse hasta 200 veces cada año a finales de este siglo para poder resistir el impacto combinado de unas tormentas más fuertes y un nivel del mar más elevado.

Jason Lowe, del Centro Hadley de la Oficina Meteorológica del Reino Unido, es uno de los muchos científicos que trabajan en el problema de la predicción de los futuros riesgos de las marejadas ciclónicas. Colaboró en la escritura de un artículo en el 2001 en el que sugería que las inundaciones por toda la costa Británica podrían incrementarse en un mundo más cálido. En sus propias palabras: «En el sur del mar del Norte, para el 2080, el periodo de retorno de un evento que ahora tarda 150 años en repetirse podría ser de 7 u 8 años».

Una marejada ciclónica fue la responsable del peor desastre natural de la historia del Reino Unido, en 1953, cuando murieron más de 300 personas en las inundaciones provocadas por una tormenta huracanada en el mar del Norte que afectó 24.000 hogares de la costa este de Inglaterra en la noche del 31 de enero. Muchos supervivientes pasaron horas apiñados en sus tejados en la oscuridad heladora, rodeados por olas que lamían los pisos bajos de sus casas. Solo los más afortunados sobrevivieron a la noche; muchos más sucumbieron a los vientos cortantes y a la hipotermia, antes de que llegaran los botes servicios de rescate la mañana siguiente.

La calamidad de 1953 fue calificada entonces como un fenómeno que sucedía una vez cada 120 años. El estudio de Lowe muestra que durante la segunda mitad de este siglo, inundaciones como esta podrían afectar a la costa cada pocos años, lo que haría inhabitables aldeas, pueblos y grandes franjas de terrenos agrícolas. Las ciudades y sus valiosos bienes inmuebles pueden ser protegidos. Pero para el conjunto de la costa, la retirada tierra adentro será la única opción ante la subida de las aguas.

La frecuencia de las marejadas ciclónicas depende de la frecuencia del clima extremo que las provoca. Un estudio realizado por investigadores con base en Alemania previó que cuando las temperaturas alcancen los tres grados de subida, más ciclones extremos recorrerán Europa occidental, y aumentará la frecuencia en que tormentas de lluvia y viento afectarán al Reino Unido, España, Francia y Alemania. Un segundo estudio prevé que los ciclones intensos se harán más frecuentes por todo el mundo durante la segunda mitad del siglo, incluso si decae el número total de tormentas. Otro estudio proyecta unas tormentas más fuertes, particularmente en la Europa occidental al norte de los Alpes —especialmente en Francia, Alemania, Dinamarca y el Reino Unido— con una previsión de aumento del 25% en la fuerza de los vientos. Como resultado, habrá más temporales barriendo el mar del Norte, lo que generará unas marejadas ciclónicas más fuertes en las costas de Holanda, Alemania y Dinamarca.

Los Países Bajos, con sus costas bajas y su extenso sistema de diques y barreras, serán particularmente vulnerables a los cambios bruscos en los niveles del mar que estén más allá de lo que imaginaron los ingenieros que construyeron estas infraestructuras de protección de costas, ninguno de los cuales había oído hablar del calentamiento global. Murieron muchos más holandeses que ingleses en el desastre de 1953 —la cifra final de muertos superaba los 1.800—, y con grandes zonas situadas bajo los niveles actuales del mar, Holanda podría tener que resignarse a una contracción considerable de su área geográfica para mediados de siglo. Dado que gran parte de Holanda se hallaba sumergida previamente a los trabajos de reclamación llevados a cabo durante la Edad Media, la forma actual del país, mucho mayor, podría acabar siendo una aberración pasajera en el continuo ciclo de flujos y reflujos del mar del Norte.

Los vientos en aumento vendrán acompañados por lluvias más intensas, algo que se prevé en todo el planeta a raíz de un ciclo de evaporación y precipitación acelerado por el aumento en la energía calorífica disponible. En efecto, el proceso ya ha comenzado: una intensificación del ciclo hidrológico ha sido observada en todo el planeta. En julio del 2007 un equipo científico internacional informó en la revista *Nature* de que las regiones del hemisferio norte situadas entre el paralelo 50 norte y el polo (lo que incluye Canadá, el Reino Unido, Escandinavia, el norte de Europa y Rusia) han experimentado un aumento en las precipitaciones, un cambio relativamente equilibrado por un clima más seco en los trópicos y subtrópicos. Está previsto que esta tendencia continúe: se espera que el norte de Europa experimente un 20% más de lluvias para la década de 2070, y gran parte de las mismas en forma de tormentas fuertes cada vez más intensas. Esto significa que habrá más crecidas invernales: el norte y el oeste del Reino Unido podrían experimentar un aumento del 50% en las crecidas máximas, según un estudio.

Sequías e inundaciones podrían alternarse año tras año, tal como ocurrió durante el devastador aluvión del verano del 2002, que vino seguido por una letal ola de calor en el verano del 2003. De hecho, un estudio realizado por climatólogos italianos prevé un aumento tanto de las inundaciones graves como de las sequías graves en el oeste y el centro de Europa en un clima más cálido, lo que dejaría los centros de población y de producción agrícola a merced de inundaciones y cortes de agua en rápida sucesión. La acusada reducción de las nevadas de los Alpes conllevará en Europa unos problemas similares a los del oeste de los Estados Unidos durante los años secos, cuando los ríos alcanzan su mayor caudal temprano, en primavera, y luego decaen hasta llegar a niveles peligrosamente bajos en lo peor del verano, lo que deja las barcazas varadas y las cosechas marchitándose en los campos. El Rin, el río más largo de Europa, podría aumentar su caudal en un 30% en los meses de invierno —lo que causaría repetidos desbordamientos en Alemania y Holanda— pero su flujo disminuiría en un 50% en agosto.

Al sur de las montañas, partes de la cuenca mediterránea irán transformándose hacia unas condiciones desérticas. Por ejemplo, un equipo de investigadores franceses se sorprendió al ver que su simulación mostraba un descenso en la evaporación de verano en los suelos del Mediterráneo a pesar de las abrasadoras temperaturas de la década de 2070. Era extraño, puesto que con temperaturas más altas el agua se evapora con más facilidad, así que la evaporación estival tendría que haber aumentado. Hizo falta una investigación a fondo para que se dieran cuenta de que esto se producía porque los suelos ya estarían tan resecos que no quedaría nada de agua que pudiera evaporarse. No podría crecer nada en tales condiciones. El Sáhara habría saltado el estrecho de Gibraltar y habría comenzado su marcha hacia el norte.

La fiebre africana

Por supuesto, Europa no será la única que experimentará un clima más húmedo y más extremado en un mundo más caluroso. También se espera que en el este de África aumenten los niveles de humedad, incluso a la vez que las dunas se acumulan en Botsuana y en el sur. Las precipitaciones del este de África son complejas: la región vive dos temporadas de lluvia —una en primavera, y otra en otoño— a causa del movimiento estacional de los vientos alisios y la zona de convergencia intertropical (el cinturón de tormentas que ciñe el ecuador de la Tierra y que sigue al verano en cada hemisferio). Desde Somalia hasta Mozambique, incluyendo Kenia y Tanzania, los países podrían experimentar unas lluvias más intensas y frecuentes inundaciones. En Europa, la aparición de charcos de agua estancada que dejan las crecidas tras su paso podrían ser poco más que una molestia, pero en África se asocian a una compañera letal: la enfermedad.

La malaria y otras enfermedades como la fiebre dengue son transmitidas por vectores que prosperan con el calor y la humedad, y se espera que el cambio climático contribuya al desplazamiento de ambas enfermedades hacia altitudes y latitudes más altas a medida que aumentan las temperaturas y la tasa de precipitaciones. África es la zona de impacto de la malaria: el 85% de las infecciones y muertes por esta enfermedad ocurren aquí. A medida que los mosquitos de la malaria emigran hacia terrenos más elevados y entran en nuevas zonas gracias al calentamiento del clima, nuevas poblaciones que, en muchos casos, jamás habían experimentado la malaria, estarán bajo el riesgo de contagio. Zimbabue podría llevarse la peor parte. Gran parte de la población vive hoy en día a una altitud superior a la zona de transmisión, porque las grandes ciudades como Harare y Bulawayo están localizadas en lo alto, en la meseta central del país. Pero con la subida de temperaturas, el mosquito *Anopheles* portador de la malaria podrá volar sin impedimentos por toda esta nueva zona, lo que pondrá a millones de personas en peligro, ya que el 96% del país se convertirá en apropiado para la transmisión de la enfermedad.

De cualquier manera, el dibujo es complicado, porque el clima no es el único factor que afecta a la transmisión de la malaria. En respuesta a los escenarios apocalípticos que muestran la malaria marchando al norte hacia el interior de Europa y los Estados Unidos, muchos escépticos apuntaron correctamente al hecho de que hasta hace relativamente poco, en el siglo XIX, la malaria era común en Inglaterra, los Países Bajos y el este de los Estados Unidos. Lo que erradicó la epidemia no fue un cambio en el clima, sino un cambio en las circunstancias materiales: el crecimiento económico y la mejora de la atención sanitaria. En consecuencia, las previsiones futuras de la transmisión de la malaria dependen de manera crucial no solo de las lluvias y las temperaturas, sino también de las circunstancias económicas y demográficas. Esto explica el resultado, bastante inesperado, que obtuvo un estudio del 2004 que descubrió que cientos de millones más de personas entrarían en riesgo de contraer la malaria en un escenario futuro en el que bajaran las emisiones de gases de efecto invernadero. Esta paradoja se produjo porque, aunque en el escenario bajo en emisiones el calentamiento era menor, también acarreaba un menor crecimiento económico y un mayor aumento en la población.

Esta complejidad explica los motivos por los que las estimaciones de cambios globales en las poblaciones en riesgo de contagio de malaria varían de 150 millones *menos* que hoy en día a 400 millones más, todo según un mismo estudio. En cualquier caso, se trata de malas noticias para África. El continente africano es el único en el que aumenta el número de personas expuestas a la malaria en todos y cada uno de los escenarios, de 21 millones en el mejor de los casos, a 67 en el peor. La enfermedad, como el SIDA, alimentará un círculo vicioso en el África subsahariana, en el cual individuos sanos y vigorosos sucumbirán a la malaria con demasiada regularidad, lo que restará trabajadores productivos al mercado laboral y afectará al desarrollo agrícola. Como consecuencia, habrá países que continuarán atrapados en la pobreza, con sus sistemas sanitarios sometidos a una enorme presión. Mientras que otras partes del mundo podrían ser capaces de frenar el avance de la malaria a base de grandes esfuerzos, los hospitales de África seguirán abarrotados de pacientes sudorosos retorciéndose de dolor. Y cada vez que las lluvias descarguen de nuevo sus aguas en el suelo empapado, descenderán las nubes de mosquitos, y el ciclo comenzará de nuevo.

El paraíso perdido

Para Arthur Conan Doyle, era el Mundo Perdido. Una superficie llana en lo alto de una montaña en el corazón de la selva amazónica, congelada en el tiempo desde la época en que los dinosaurios dominaban la Tierra, llena de terroríficas maravillas que esperaban al único equipo de científicos que se atrevió a acercarse. La novela de Conan Doyle no estaba basada en un lugar de ficción, sino en un remoto rincón de Venezuela donde realmente se alzan sobre el mar de árboles, como buques verticales rodeados de niebla, unas montañas imponentes de cumbres planas, tan fabulosas como inaccesibles. Llamadas *tepuis* por la gente local, las cascadas se precipitan desde sus alturas imposibles de escalar, y sus acantilados de arenisca están salpicados de verde allí donde un puñado de plantas logran enraizarse en grietas y barrancos. Muchas no han estado holladas por los pies de los hombres.

Y Conan Doyle no andaba errado al imaginar extrañas criaturas viviendo en sus cimas: desde ranas que no saltan y feroces serpientes hierro de lanza a jaguares y ratas trepadoras, estas cimas aisladas y escarpadas son, en efecto, únicas. La vegetación de las cúspides llanas de las montañas es exuberante, y varía desde praderas ondulantes a densos matorrales de suculentas bromelias. El 60% de las plantas de algunos tepuis no se encuentra en ninguna otra parte de la Tierra. La mayoría de las montañas están clasificadas de inmaculadas por los expertos, puesto que están aisladas de impactos humanos como el fuego y la deforestación que amenazan a la biodiversidad en otros lugares.

Pero el propio aislamiento acarrea vulnerabilidad. La forma de las montañas, como la de un archipiélago repartido en islas alzadas a miles de metros sobre una amplia llanura, impide que la mayoría de especies puedan migrar de unas a otras. Sus cimas llanas significan que las plantas serán incapaces de moverse hacia arriba si el cambio climático hace que las temperaturas suban por encima de los niveles que puedan tolerar.

Por desgracia, a causa del calentamiento global, un aumento de las temperaturas por encima de los niveles de tolerancia de las plantas está prácticamente asegurado. Según un estudio realizado por dos biólogos españoles, es probable que desaparezca más de un tercio de las plantas endémicas de los tepui. Esto constituiría una pérdida de la biodiversidad de importancia mundial, y los dos científicos sugieren que hace falta una investigación de urgencia que evalúe la posibilidad de salvar tantas especies como sea posible mediante la jardinería botánica, la recogida de semillas o incluso de

ADN, con miras a reintegrarlas a la naturaleza cuando el clima haya sido estabilizado.

Sin embargo, si tenemos en cuenta que muchos tepuis no han sido escalados jamás, y mucho menos explorados e inventariados, las posibilidades de que un programa de este tipo llegue a realizarse con éxito son remotas. Lo que es más, no se puede decir que un puñado de especímenes en un laboratorio refrigerado cuenten como una especie «salvada». Pese a quien pese, la sentencia de muerte ya ha sido pronunciada para la mayoría de estas especies, puesto que las cimas de las montañas están achicharradas por las temperaturas más altas en los últimos miles de años. A medida que avanza el siglo, el clima superará todo lo que estas plantas y animales variados y únicos han experimentado en millones de años, y muchos no sobrevivirán. El mundo de Conan Doyle estará perdido de verdad, esta vez para siempre.

El destino de los tepuis ilustra el hecho de que incluso los lugares más aislados no pueden escapar de un cambio global como la subida de las temperaturas. El cambio climático dejará huella en todas partes, desde el océano más profundo a la inmensidad congelada de la capa de hielo de la Antártida. Una huella imperceptible al principio, pero que irá volviéndose gradualmente más y más perjudicial a medida que las zonas climáticas se desplazan y los sistemas naturales empiezan a desmoronarse.

Cuando el mundo se acerque a los tres grados de aumento de las temperaturas, los arrecifes de coral de las costas tropicales se blanquearán anualmente, y muchos sistemas de coral a estarán muertos, con solo sus partes externas, más frías, alargando la ilusión de semblanza a su diversidad originaria. Más de la mitad de las plantas de Europa estarán en la «lista roja» o directamente en vías de extinción, y las de las áreas montañosas serán especialmente vulnerables. En las Rocosas y las Grandes Llanuras americanas, los pájaros afrontarán bien una reducción drástica de su hábitat o un desplazamiento de 400 kilómetros hacia nuevas áreas más al norte. En el noreste de China, uno de los últimos refugios del tigre siberiano se verá amenazado, puesto que los bosques de coníferas boreales tendrán que afrontar la invasión de plantas de hoja caduca provenientes del sur.

El resultado de esta ola de destrucción es simple: los distintos climas a los que las especies se han ido adaptando durante cientos de miles de años de evolución van a desaparecer. Un fascinante —y deprimente— estudio que identificaba exactamente qué zonas iban a ser las peor paradas por los «climas en desaparición» fue publicado en abril del 2007 por un equipo liderado por John Williams, profesor adjunto en el Departamento de Geografía de la Universidad de Wisconsin. En la lista están los Andes colombianos y peruanos, América Central, las montañas del Rif africano, las tierras altas de Angola y Zambia, la provincia del Cabo de Sudáfrica, el sureste de Australia, porciones del Himalaya, de los archipiélagos de Indonesia y Filipinas, y regiones de todo el Ártico. Entre un 10 y un 50% de toda la superficie del globo verá desaparecer por completo su clima habitual. Los animales y plantas que estén adaptados a estos climas condenados no tendrán adonde ir: no habrá un lugar en toda la Tierra que pueda proveerles del hábitat climático adecuado. Lo más deprimente es la cercana coincidencia entre las áreas con climas que se prevé que desaparezcan con los puntos álgidos de la biodiversidad global. En otras palabras, los lugares que sufrirán la peor destrucción serán precisamente aquellos en los que la vida florece actualmente en su más gloriosa plenitud y abundancia.

Os lo creáis o no, estas cifras subestiman la escala del problema. Muchas especies verán como sus climas se acercan a los polos, lo que requerirá que emigren rápidamente para que puedan mantenerse en el mismo ambiente climático —en otras palabras, su clima no desaparecerá, sino que reaparecerá a cientos de kilómetros en dirección norte o sur. Pero la velocidad de este cambio será más rápida que la capacidad de dispersión de las especies. Por ejemplo, al final de la última edad de hielo, ante el calentamiento del mundo, los árboles y otras plantas fueron capaces de, como máximo, desplazarse 200 kilómetros en un siglo, y muchos lo hicieron aun más lentamente. Si se traza la distancia entre el lugar donde un clima en particular existe hoy en día y el lugar donde existirá en el futuro, la gravedad de la situación se hace evidente. Incluso si se asume una muy generosa habilidad de dispersión de 500 kilómetros, los animales y plantas que habitan entre el 40 y el 85% del planeta verán desaparecer sus climas. Es una coincidencia que esta sea la misma proporción de la superficie del globo en la que este estudio estima que aparecerán climas «noveles», es decir, sin un análogo desde hace, por lo menos, un millón de años.

Los ecologistas tienen un término para describir las especies cuyo hábitat ya ha desaparecido en su mayor parte y para aquellas cuyas poblaciones han caído hasta el punto de que están destinadas a la extinción: los «muertos vivientes». Como en un Arca de Noé al revés, habrá grupos de animales y plantas en declive, desde las ranas arborícolas a los osos polares, que se estarán preparando para una salida permanente del escenario mundial. Nos podemos hacer una idea de sus números si volvemos al estudio que Chris Thomas y sus colegas realizaron para *Nature* en el 2004, en el que se aventura que entre un tercio y la mitad de todas las especies actuales se habrán sumado al club de los «muertos vivientes» para el 2050 si el calentamiento global supera los dos grados en aquellas fechas.

Es difícil de creer que la vida —en toda su hermosura, extravagancia y resistencia de millones de años— pueda verse sometida a tan súbita y fría sentencia de muerte, que el mundo no vaya a volver a contemplar el ritual de apareamiento del ave del paraíso o escuchar la inolvidable canción de la ballena jorobada. Pero los datos están ahí, y han sido compilados por expertos que han trabajado siguiendo rigurosos criterios científicos. No olvidemos las consecuencias. La sexta extinción masiva de la vida ha comenzado, a medida que el calentamiento global se va acercando a los tres grados.

La Era de la Soledad ha comenzado.

Cultivar alimentos en el invernadero

Todas las plantas tienen un umbral de tolerancia térmica, y los grandes cultivos mundiales de alimentos no son una excepción. Los cereales son particularmente vulnerables al calor durante la floración y la siembra, y las temperaturas superiores a los 30 °C provocan una evolución gradualmente nociva. Según John Sheehy del Instituto Internacional de Investigación del Arroz, en Manila: «La producción de cereales como el arroz, el trigo y el maíz tiende a decaer en un 10% por cada grado por encima de los 30 °C». Por encima de los 40 °C, la cosecha se reduce a nada. Con tantas zonas de los trópicos que ya se acercan o han alcanzado este umbral de los 30 °C, las cosechas tropicales en el mundo de los tres grados de calentamiento caerán en un prolongado declive. En efecto, la norma mundial será un desplazamiento generalizado de la producción de cosechas desde los trópicos hacia zonas más templadas en latitudes más altas, donde aún prevalecerán climas más fríos y húmedos. Puede que quede comida en estas zonas del norte, pero la subida de temperaturas en los trópicos será un desastre para cientos de millones de personas.

Como siempre, la sequía jugará un papel esencial. La agricultura en los trópicos semiáridos de África es regada por las lluvias más que a través de sistemas de regadío, así que es altamente vulnerable a los cambios climáticos. El norte de África podría perder hasta un 20% de sus lluvias, mientras que en zonas del sur llegarán descensos de entre el 5 y el 15% justo en la mitad de la temporada de cultivo. Los estudios de simulaciones globales de la agricultura en los trópicos prevén un declive catastrófico en la producción de trigo, maíz y arroz.

Si las cosechas de las áreas tropicales sufrirán porque ya están rozando el límite de su tolerancia térmica, las de latitudes más altas podrían beneficiarse inicialmente de unas temporadas de crecimiento más largas. Sin embargo, una vez se cruce el umbral mundial de los 2,5 °C de aumento de temperaturas, incluso las regiones productoras de cereales de las templadas latitudes medias comenzarán a sufrir a causa de las abrasadoras temperaturas estivales, que harán sufrir a los cultivos por falta de agua. Tal como se afirma en un estudio del IPCC del 2007, «Se espera que todos los principales graneros del planeta requieran medidas de adaptación con 2-3 °C de calentamiento, sin tener en cuenta lo que ocurra con las precipitaciones».

En los Estados Unidos, las zonas sureñas más cercanas a los trópicos serán las peor paradas. El trigo y el maíz sufrirán las mayores pérdidas a medida que se secan las reservas de agua. Las sequías se podrían intercalar con tormentas más fuertes, lo que significa que son de esperar pérdidas de cosechas a causa de las crecidas. Los daños adicionales provocados por las inundaciones podrían llegar a los 3.000 millones de dólares en el cinturón del maíz de los Estados Unidos, según un estudio. Las plagas y las enfermedades también tienden a beneficiarse de climas más cálidos, lo que causa la necesidad de un uso más extensivo de pesticidas. Los agricultores tendrán que llevar a cabo grandes cambios en los tipos de maíz que cultivan y la cantidad de riego que utilizan, unas jugadas complicadas para unas zonas del oeste en que los acuíferos se estarán quedando secos al mismo tiempo que decae la cantidad de agua procedente del deshielo. Incluso en Canadá, el aumento en la producción de las cosechas en la región de las praderas canadienses estará limitada por la disponibilidad de agua. Donde el agua sea abundante, sin embargo, se podrán observar grandes saltos en la productividad de las cosechas. Las patatas y el trigo de invierno también se beneficiarán. Según un estudio centrado en los Estados Unidos y Canadá, «La extensión en la cual se pueden plantar cultivos importantes podría desplazarse cientos de kilómetros hacia el norte».

Sin embargo, con miles de millones de personas sufriendo el hambre y la sequía en los trópicos y subtrópicos, la situación de las reservas mundiales de alimentos será cada vez más precaria, incluso con las subidas en las zonas cercanas a los polos. El estudio del IPCC prevé que el déficit global de alimentos comience a disparar los precios del mercado cuando se cruce el umbral de los 2,5 °C. Allí donde las pérdidas sean más graves en los países en desarrollo, la hambruna generalizada se convierte en una posibilidad real.

Con el hambre estructural instalada firmemente en gran parte de las regiones subtropicales, a cientos de millones de personas solo les quedará una opción por elegir para evitar sus muertes y las de sus familias: tendrán que hacer las maletas y trasladarse. Los movimientos de población resultantes podrían empequeñecer aquellos que históricamente han tenido lugar durante guerras o fallos en las cosechas. La población humana no ha tenido nunca que abandonar un cinturón latitudinal entero a lo largo y ancho del planeta.

Es inevitable que estallen conflictos con todos estos numerosos refugiados climáticos entrando en zonas que ya están densamente pobladas. Por ejemplo, millones de personas podrían verse forzadas a abandonar sus tierras en unos países de América Central devastados por la sequía y emprender la marcha en dirección norte, hacia México y los Estados Unidos. Decenas de millones más huirán hacia el norte desde África hacia Europa, donde es poco probable que les espere una cálida bienvenida; nuevos partidos fascistas podrían arrancar victorias electorales con la promesa de mantener a raya las hambrientas hordas africanas. Impávidos, muchos de estos nuevos refugiados climáticos harán el viaje a pie, cargando con lo que puedan, con los niños y los mayores siguiéndoles. Muchos morirán en el camino. Desraízados, sin un estado y sin esperanzas, esta será la primera generación de un nuevo tipo de gentes: nómadas climáticos, moviéndose constantemente en búsqueda de comida, con sus variadas culturas desterradas al olvido, y los lazos ancestrales que los unían a sus antiguas tierras cortados para siempre.

Pero estas gentes podrían no contentarse con ser víctimas pasivas, puesto que probablemente sean conscientes de que el mundo que habrán heredado no será creación suya. El resentimiento que sienten los musulmanes hacia los occidentales palidecerá en comparación. Con la aceleración del colapso social, nuevas filosofías políticas podrían aparecer, unas filosofías que busquen que la culpa caiga sobre aquellos que se la han buscado, los países ricos que encendieron la hoguera que ahora comienza a consumir el mundo.

4º

4

CUATRO GRADOS

Muerte en el Nilo

Decir que Alejandría tiene una historia larga es quedarse corto. Esta ciudad egipcia nombrada en honor a su fundador, el guerrero griego Alejandro Magno, creció rápidamente hasta convertirse en una de las urbes más grandes e influyentes del mundo, solo superada por Roma en poder y gloria arquitectónica. Su edificio más famoso fue el legendario Faro de Alejandría, construido en el siglo III a.C. y tradicionalmente considerado una de las siete maravillas del mundo antiguo, junto a la Gran Pirámide de Guiza y los Jardines Colgantes de Babilonia... Construido con piedra caliza blanca como la nieve y coronado con espejos solares para la iluminación diurna y una brillante caldera para la nocturna, el Faro de Alejandría era el edificio más alto del mundo en su época, visible para los marineros a cincuenta kilómetros de distancia.

Sobre la torre se alzaba una estatua de Poseidón, señor de los mares, un dios que cabalgaba por los océanos a bordo de un carro hecho con una concha gigante y tirado por caballos marinos. Los alejandrinos adoraban a Poseidón por un comprensible interés propio: su poder para causar tormentas y naufragios podía enviar a cientos de hombres a una tumba de agua en cuestión de segundos. El mar era el mayor poder de la tierra.

Queda poco de aquella época hoy en día —y Poseidón sabe por qué. Al contrario que Roma, que fue capaz de preservar gran parte de su antigüedad incluso con una próspera ciudad moderna creciendo sobre sus ruinas, solo quedan de la antigua Alejandría algunos baños romanos, unas pocas catacumbas y un solo pilar de granito. Casi todo lo demás fue reclamado por el mar a medida que el delta del Nilo, en el que estaba construida la antigua ciudad, se hundía lentamente. Algunos de sus tesoros más valiosos han sido recuperados del lecho marino costero, después de pasarse siglos sumergidos en manos del poder acuático de Poseidón.

Las olas aún están ganando terreno, puesto que el calentamiento global se añade a los estragos causados por el hundimiento de la tierra. Las autoridades de la ciudad se ven obligadas a transportar en camiones enormes cantidades de arena desde el desierto interior cercano a El Cairo para evitar que las playas sean llevadas por el mar, y se han construido gigantescas fortificaciones de espigones para evitar que las aguas crecientes entren en la ciudad.

Hay mucho en juego. La moderna Alejandría es hoy una boyante metrópolis de 4 millones de habitantes, y su puerto doble es el más importante del país y da soporte al 40% de la industria de Egipto. El turismo de verano añade un millón de habitantes más, lo que convierte a esta ciudad en la segunda mayor de Egipto después de El Cairo.

Pero en un mundo con cuatro grados más, con un nivel del mar que será superior al actual en medio metro o más, la larga vida de Alejandría podría estar acercándose a su fin. Incluso en el clima de hoy en día, una sustancial parte de la ciudad está situada por debajo del nivel del mar, y en la segunda mitad de este siglo habrá comenzado una inundación terminal. Un estudio conducido por científicos en la universidad de la ciudad sugirió que para el 2050 una subida del nivel del mar de 50 centímetros desplazaría a un millón y medio de personas y causaría unas pérdidas de 35.000 millones de dólares. En efecto, a medida que el mar empieza a reclamar zonas cada vez mayores del delta del Nilo, aún más millones de personas se verán desahuciados de sus hogares en otras ciudades como Rosetta y Puerto Saíd. Las playas, los humedales y las zonas agrícolas quedarán sumergidas, lo que devastará una zona que constituye el corazón económico de Egipto. Una parte del mundo que siempre ha atraído a los conquistadores, desde Alejandro hasta Napoleón, se enfrentará a su último e invencible enemigo.

Por supuesto, Egipto no será el único que sufra los efectos de un fenómeno global como la subida del nivel del mar. Más al este, Bangladesh podría perder un tercio de su territorio, lo que echará a decenas de millones de personas del fértil delta del Meghna. En Boston, Estados Unidos, las marejadas ciclónicas provocarán inundaciones como consecuencia de la subida del nivel del mar que podrían inundar incluso el distrito central de negocios para el 2075, causando pérdidas estimadas de 94.000 millones de dólares. Siguiendo la costa, en Nueva Jersey, un aumento de 60 centímetros en el nivel del mar inundaría 170 kilómetros cuadrados de tierra, mientras que una subida del doble dejaría bajo el agua a más de un 3% del estado, incluyendo algunas de las áreas de costa más densamente pobladas.

Las ciudades de los deltas y las situadas a baja altitud, desde Bombay a Shangái, estarán tan amenazadas como Alejandría y Boston. Nueva York, Londres y Venecia solo se salvarán si se inyectan enormes cantidades de dinero en nuevas defensas contra las inundaciones más altas que nunca, tal como vimos anteriormente. Como la Nueva Orleans actual, las ciudades costeras del futuro podrían irse convirtiendo gradualmente en islas fortificadas situadas en su mayoría por debajo del nivel del mar, asediadas por todas partes por las aguas en continuo avance. Esta estrategia protegería billones de dólares en inmuebles, pero también tendría sus peligros: tal como experimentó fatídicamente Nueva Orleans, una tormenta grave puede someter a una ciudad vulnerable en cuestión de horas, amenazando miles de vidas. Una vez se ha expulsado el agua, reconstruir una ciudad es una opción, siempre que las aseguradoras quieran y puedan pagar los costes necesarios. Pero ¿quién pagará por reconstruir una ciudad dos veces? ¿O tres veces? A muy largo plazo, la única solución será que cientos de millones de habitantes de las costas se retiren tierra adentro; los cambios continuos en los límites geográficos forzaran a redibujar constantemente los mapas de la civilización.

Las sociedades estarán sometidas a una presión inmensa. Las ciudades del interior se enfrentarán a una constante oleada de refugiados procedentes de las zonas costeras, con miles —quizás millones— de personas llegando a la vez cuando golpeen las grandes tormentas. (De nuevo, debo aclarar que no se trata de conjeturas: mientras escribo, cientos de miles de personas siguen viviendo desplazadas por el huracán Katrina, por Texas y otros estados sureños, dos años después del desastre). Los fondos para mantener a los desplazados serán cada vez más escasos a medida que caiga en cascada sobre el sistema financiero el golpe económico de las pérdidas directas, la inestabilidad social, la disminución de la confianza del público y los desembolsos de las aseguradoras. Dado que el aumento del nivel del mar es un proceso irreversible que precisará de milenios para estabilizarse incluso si se controlan las emisiones de gases de efecto invernadero, las ciudades de refugiados podrían a su vez verse amenazadas y sumergidas en las décadas y siglos por venir. En las ciudades de hoy, a muchos de los mejores y más valiosos edificios podrían quedarles apenas unas décadas antes de que las aguas en alza comiencen a acercarse de nuevo.

Las naciones isleñas sufren la mayor amenaza: si los atolones de coral desaparecerán por completo, las islas montañosas como Fiji y las Barbados sufrirán la reducción de sus costas y los refugiados tendrán que esforzarse por sobrevivir en colinas peladas y altos acantilados. En muchas islas las tierras más fértiles suelen estar solo un poco por encima del nivel del mar, así que las reservas de agua y alimentos se verán afectadas por la penetración del agua salada que envenenará los acuíferos y matará las cosechas.

Hay grandes incertidumbres: si el casquete polar de la Antártida permanece estable, mucho podrá ser salvado en una retirada lenta y ordenada. Si, por el otro lado, las grandes capas de hielo continúan respondiendo rápidamente al cambio climático —algo que ya están haciendo— el futuro nos depara muchos metros de veloz subida del nivel del mar. Tal como expliqué en el anterior capítulo, a juzgar por las evidencias paleoclimáticas del Plioceno, subidas eventuales de 25 metros provenientes de Groenlandia y la Antártida son casi inevitables una vez las temperaturas globales superen los dos grados de aumento. Incluso si se alarga durante siglos, este proceso pondrá a prueba la capacidad de adaptación de la humanidad. Las zonas costeras estarán en constante flujo, con sus habitantes humanos siempre inseguros y amenazados por las olas que se acercarán un poco más cada año.

Los grandes esfuerzos que los antiguos habitantes de Alejandría invertían en aplacar a Poseidón, la poderosa deidad que podía convocar a las tormentas y hundir barcos con un solo movimiento de su tridente, estaban muy justificados. Los residentes de las costas de hoy en día han perdido el respeto por el mar, y esperan que los gobiernos y las autoridades sean capaces de proteger edificios que están construidos demasiado cerca de la costa. La mayoría de nosotros asumimos que el océano puede ser domado y controlado, igual que las grandes presas han domesticado otrora grandes ríos como el Yangtsé y el Colorado. Pero Poseidón está furioso a causa de las arrogantes afrentas de simples mortales como nosotros. Lo hemos despertado de un sueño de miles de años, y esta vez su ira no conocerá límites. Los modernos alejandrinos podrían ser de los primeros en huir ante el avance imparable de su océano. Este conquistador podrá ser combatido, resistido e incluso temporalmente detenido, pero nunca podrá ser derrotado.

El corazón de la Antártida

Al otro lado del mundo, extendida de punta a punta del Polo Sur, se encuentra la mayor armería de Poseidón: la Antártida. Hasta ahora, las grandes capas de hielo de la Antártida han respondido con lentitud a las interferencias humanas en el clima global, aisladas como están del resto del mundo por el efecto enfriador de fuertes vientos y corrientes. Pero ahora, parafraseando al ex director de la Investigación Antártica Británica Chris Rapley, el gigante durmiente se está despertando. El glaciar continental de la Antártida Occidental tiene un gran punto débil, un talón de Aquiles que fue descubierto en 1978 por glaciólogos clarividentes. Al contrario que el glaciar de Groenlandia, que está firmemente anclado en una masa continental, gran parte de la base del glaciar continental de la Antártida Occidental tiene sus cimientos en el mar, y esto lo hace vulnerable al derrumbamiento.

Las primeras señales del cambio están por todas partes. Los glaciares monumentales que drenan el hielo del centro del continente han empezado a acelerarse y retirarse, y la gran capa de hielo está perdiendo entre 90 y 150 kilómetros cúbicos de hielo cada año. Este adelgazamiento también se ha propagado muy hacia el interior, y hasta a 300 kilómetros de la costa la capa de hielo ha adelgazado un metro o más. Los científicos han sustraído esta pérdida de hielo del total de las nevadas anuales en la Antártida Occidental y han descubierto que los glaciares están añadiendo 0,14 milímetros anuales a los niveles globales del mar; una pequeña arma con un gran potencial de crecimiento para el arsenal de Poseidón.

Mientras los océanos cálidos erosionan los bordes de la Antártida Occidental, la estabilidad de todo el casquete está siendo cuestionada. El agua corre cuesta abajo, y el hielo flota sobre el agua. Dado que gran parte del centro de la gran masa de hielo está a una profundidad aún mayor por debajo del nivel del mar que sus bordes, el agua marina que penetre podría en teoría levantar gran parte de la capa de hielo por encima de sus cimientos en el lecho marino, lo que añadiría 5 metros al nivel global del mar en solo unas pocas décadas. El proceso sería rápido no solo a causa de estas dinámicas de la física, sino porque el agua es un conductor del calor muy eficiente: el agua caliente derrite el hielo mucho más rápido que el aire caliente, y el océano Antártico, que se está calentando, es una daga apuntada directamente al corazón de la Antártida.

A la Antártida Occidental aún le quedan algunas últimas líneas de defensa. Dos gigantescas barreras de hielo —la de Ross y la de Ronne, ambas del tamaño de Texas— se alzan como dos fortalezas armadas contra cualquier invasión de agua salada bajo el casquete principal. Ambas, aunque flotantes, tienen murallas de puro hielo de entre 200 y 400 metros de grosor en sus límites norte, donde se encuentran con el oleaje del océano abierto. Ambas están fuera de peligro por el momento porque se encuentran fuera de la zona de deshielo de la superficie: sus temperaturas se mantienen muy por debajo de la congelación durante todo el año.

O eso pensaba todo el mundo, hasta hace poco. En mayo del 2007 científicos de la NASA informaron de que el satélite QuikSCAT de la agencia había encontrado pruebas claras de la primera fusión generalizada jamás detectada en la Antártida. En enero del 2005, en la cúspide del verano austral, una zona de hielo y nieve del tamaño de California se empezó a derretir. El deshielo no estaba concentrado solo en la costa: había penetrado 900 kilómetros tierra adentro, subido 2.000 metros por las montañas de la Antártida, e incluso se había acercado a 500 kilómetros del mismo Polo Sur. Las temperaturas alcanzaron los 5 °C, y se mantuvieron por encima de la congelación durante una semana. Este súbito deshielo antártico podría ser algo único, puesto que hasta marzo del 2007 no se había detectado más derretimiento. Pero según Son Nghiem, un científico involucrado en el estudio, «Es vital que continuemos monitorizando esta región para determinar si está comenzando una tendencia a largo plazo».

Una gran proporción de este deshielo se produjo en el borde norte de la barrera de hielo de Ronne, lo que sugiere que una de las líneas de defensa más importantes de la Antártida Occidental podría comenzar a resquebrajarse pronto. Han aparecido pruebas de su eventual destino más al norte en el continente, a lo largo de la península Antártida que sobresale como una espina de montañas cubiertas de hielo que apunta hacia la Patagonia, en la punta meridional de América del Sur. Los glaciólogos llevan tiempo argumentando que una pérdida de las placas flotantes de hielo de la costa podría resultar en flujos más rápidos en los glaciares tierra adentro, de la misma manera que al descorchar una botella se permite que el champán fluya libremente. Tres importantes barreras de hielo a ambos lados de la península se han desintegrado: la Wordie, la Larsen A y la Larsen B, esta última desmoronándose de manera espectacular en cuestión de días en marzo del 2002. En cada caso, los glaciares que actúan como afluentes de las barreras de hielo han acelerado su flujo de hielo hacia el mar, tal como se predecía.

Un calentamiento global de cuatro grados podría ser más que suficiente para dejar que la línea de fusión abordara las barreras de Ross y Ronne, lo que dañaría fatalmente su integridad a medida que palancas de agua del deshielo abriesen agujeros en el hielo. Si cualquiera de los dos se parte como lo hicieron la barrera Larsen y Worden más al norte, entonces nada se interpondrá en el camino de la destrucción de toda la capa de hielo de la Antártida Occidental y la rápida inundación de los litorales de todo el mundo.

Pero la muerte de la Antártida Occidental podría ser tan solo la primera batalla de una guerra mucho más larga. Su vecino, mucho mayor, el casquete de hielo de la Antártida Oriental, tiene un grosor de 4 kilómetros en algunas partes, y contiene suficiente agua como para elevar los niveles de agua mundiales más de 50 metros. Esto, junto al colapso de Groenlandia, nos dejaría a mí y a mi casa en Oxford, localizada en el contorno de la línea de 65 metros, en primera línea de costa. El Reino Unido se partiría en un archipiélago de islas en las cumbres de las montañas, y las costas continentales serían prácticamente irreconocibles para nosotros.

La Antártida Oriental tiene unas líneas de defensa aun más formidables que la Occidental: una línea de altas montañas, la cordillera Transantártica. Por supuesto, el agua del mar nunca podrá atravesar esta cordillera, por muy caliente que llegue a estar. Pero el casquete de la Antártida Oriental podría ser vulnerable por su puerta trasera, allí donde está igualmente anclada por debajo del nivel del mar. Muchos científicos ni siquiera lo saben, pero estos lechos submarinos poco conocidos se extienden hasta el mismo centro del casquete. No estoy sugiriendo que el derrumbamiento vaya a suceder instantáneamente, de hecho, harían falta siglos, y probablemente milenios, en fundir todo el hielo de la Antártida. Pero la desestabilización de los dos casquetes principales de la Antártida podría producir subidas en el nivel del mar de aproximadamente un metro cada veinte años, muy por encima de la capacidad de adaptación de la humanidad.

¿Ocurrirá alguna vez? De nuevo, las pruebas geológicas podrían ser clave. Cuando la Tierra era cuatro grados más caliente, no había hielo en ninguno de los dos polos. Un calentamiento global de esta magnitud dejaría eventualmente el planeta sin nada de hielo por primera vez en casi 40 millones de años.

Capitalismo con características chinas

El cambio climático no es el único gran cambio ecológico al que se enfrenta la humanidad, aunque sin duda es el más serio y urgente. Al calentamiento global se añaden otras amenazas —incluyendo el crecimiento demográfico, la pérdida de suelos, el agotamiento de los acuíferos fósiles, y la destrucción generalizada de ecosistemas—, cada uno de los cuales con el potencial de escalar hasta convertirse en una gran crisis de supervivencia para toda la civilización moderna. No hay un lugar donde esto sea más visible que en China, que se está industrializando a una velocidad de vértigo, transformándose de una nación mayormente campesina a un peso pesado económico en menos de dos décadas. Los líderes y la población del país se han estado dirigiendo hacia una versión china del hipercapitalismo desde que el presidente Mao expiró su último aliento y los reformistas económicos liderados por Deng Xiaoping ascendieron al poder y no tardaron en declarar que «enriquecerse es glorioso».

Puede que sea glorioso para los nuevos millonarios que recorren las brillantes calles de Shanghái y Pekín, presumiendo de su recién adquirida prosperidad exhibiendo un consumismo conspicuo al estilo de las celebridades. Puede que sea glorioso, también, para las decenas de millones de chinos corrientes que ya no viven en la pobreza extrema, y que por primera vez poseen una riqueza sustancial. Pero para el capital ecológico de China, el crecimiento económico ha sido totalmente desastroso. Una quinta parte de la biodiversidad nativa del país está amenazada. Tres cuartas partes de sus lagos están contaminados por los vertidos agrícolas e industriales, mientras que el río Amarillo está agotado y es virtualmente tóxico a lo largo de gran parte de su cuenca baja. Casi todas las aguas costeras de China están contaminadas por aguas residuales, pesticidas y vertidos de petróleo, lo que causa una media de 90 mareas rojas venenosas por año. Aproximadamente 15.000 kilómetros cuadrados de praderas son degradados anualmente a causa del pastoreo extensivo y la sequía. Cae lluvia ácida sobre la cuarta parte de sus ciudades. Tres de cada cuatro residentes urbanos respiran un aire que está por debajo de los estándares sanitarios mínimos. En la maratón de Hong Kong del 2006, por ejemplo, varios corredores fueron hospitalizados y uno murió tras completar la carrera entre una persistente nube de contaminación.

A causa de su mismo tamaño y población, China se dirige en un curso de colisión directa con el planeta. El uso de petróleo del país se ha duplicado en los últimos diez años, y si los chinos utilizan petróleo en el 2030 al mismo ritmo que los americanos, China necesitará 100 millones de barriles de petróleo cada día. Sin embargo, la producción mundial de hoy en día es de unos 80 millones de barriles diarios, y es poco probable que aumente mucho más antes de que se alcance el «pico del petróleo». Simplemente no hay bastante petróleo en el subsuelo para elevar el consumo chino hasta los niveles occidentales: ya se está alcanzando el tope global de recursos.

Ocurre algo similar con los alimentos: a medida que la dieta china se vuelve más rica en productos cárnicos y lácteos, hacen falta más cereales. Si para el 2030 los consumidores chinos se vuelven tan voraces como los americanos, utilizarán el equivalente a dos tercios de las cosechas mundiales de hoy en día. Si la propiedad de coches llegase entre los chinos al nivel actual americano de tres coches por cada cuatro personas, la flota automovilística china sería de 1.000 millones en el 2030, una cifra sustancialmente superior a la flota mundial actual de 800 millones.

En casi todos los sectores de utilización de recursos, está claro que la ascensión de China a los niveles de consumo occidentales pedirá más de lo que la Tierra puede suministrar. En efecto, si cada chino quisiera vivir como un americano, se multiplicaría por dos el impacto medioambiental humano sobre el planeta, un impacto que ya ha superado con creces los límites de la sostenibilidad. Incluso si nos olvidásemos del cambio climático, el sueño chino de hacerse ricos deprisa podría convertirse rápidamente en una pesadilla global.

Pero no podemos olvidarnos del cambio climático, y sus impactos sobre China serán graves, lo que empeorará aún más el golpe que sufrirán el país y nuestro planeta cuando alcancen sus topes ecológicos. Un estudio conjunto de los gobiernos chino y británico sugiere que en el último tercio del siglo XXI, si las temperaturas globales son más de tres grados más altas que en la actualidad, la producción agrícola de China se derrumbará. Las cosechas de cultivos vitales como el arroz, el trigo y el maíz caerán por debajo del 40%; quizás más si se agotan los suministros de agua para el regadío. China se enfrentará a la poco envidiable tarea de alimentar a 1.500 millones de personas —300 millones más que en la actualidad— que además serán mucho más ricas, con tan solo dos tercios de las reservas actuales.

Por supuesto, los mercados mundiales podrían en teoría suplir la carencia, pero los centros de producción agrícola estarán sufriendo un declive generalizado, con zonas enteras que quedarán eliminadas, una por una, incapaces de continuar la producción. Entre ellas se incluyen partes sustanciales del oeste de América del Norte, la costa del Pacífico de América del Sur, el sur de África y la parte occidental del subcontinente indio, todo a causa de la caída en el caudal de los ríos y la expansión de los desiertos que detallamos en el capítulo anterior.

Además, la totalidad del continente australiano —excepto quizás el extremo norte y Tasmania— será incapaz de sostener una producción agrícola significativa en un mundo cuatro grados más caluroso a causa de las olas de calor y la caída de las lluvias. En la India, se prevé que aumenten las precipitaciones en muchas zonas gracias a la intensificación del monzón de verano, pero con las temperaturas en tierra alzándose 5 °C por encima de los niveles actuales, simplemente hará demasiado calor para que la mayoría de las cosechas sobrevivan. Lo que es más, una evaporación más rápida en un clima más caluroso podría significar unos suelos más resecos en muchas partes. En las zonas occidentales del subcontinente, sobre todo en Rajastán, Panyab y la vecina Pakistán, zonas que ya son áridas lo serán aún más, empeorando aun más la falta de agua ocasionada por la desaparición de los glaciares de las cadenas montañosas del Himalaya y el Karakórum. Todas estas regiones irán perdiendo población en una de las mayores migraciones humanas jamás vistas, con cientos de millones de personas moviéndose en busca de comida y agua.

Un análisis global realizado para el informe del IPCC del 2007 identifica varios «puntos calientes para la sequía futura»: el suroeste de América del Norte, América Central, el Mediterráneo, Sudáfrica y Australia. Durante los meses de invierno, el sudeste asiático es un punto caliente para la sequía, mientras que la Amazonia, Siberia y parte de África occidental sufren más durante el verano. Incluso algunas zonas que recibirán más precipitaciones anuales, como las latitudes medias altas, lo harán durante el invierno, fuera de la estación apropiada para el cultivo, cuando las cosechas no podrán beneficiarse del aumento de la humedad. El estudio lo resume con una ominosa frase: «sequía agrícola mundial».

Es plausible que las nuevas zonas de producción de regiones subpolares de Canadá y Rusia puedan cubrir parte de la escasez, aunque una tundra que se descongela con unas temperaturas más cálidas no es lo mismo que unas lluvias mayores sobre un suelo decente. También es posible que nuevos desarrollos tecnológicos, como unas cepas de cultivos más resistentes a la sequía, puedan ayudar a mantener a raya el desastre durante un tiempo, al igual que lo podría hacer el efecto fertilizante de unos niveles de CO_2

más elevados en el aire. Pero todo esto podrá suplir la pérdida de la mayoría de las áreas agrícolas clave del planeta, y es difícil no llegar a la conclusión de que la inanición en masa será un peligro permanente para gran parte de la especie humana en un mundo cuatro grados más caliente; puede que mucho antes, tal como dijimos anteriormente. Cuando los grandes graneros resten polvorientos y abandonados, el aumento de la demanda seguirá a una oferta que disminuirá rápidamente.

Es imposible predecir como se desarrollará esta crisis alimentaria en las distintas zonas. La historia, sin embargo, está plagada de las ruinas de sociedades que se derrumbaron al saturar demasiado sus entornos y poner en peligro sus reservas de alimentos. El caso de los mayas es uno de los más conocidos, pero también en China las civilizaciones tempranas se alzaron y cayeron en respuesta a fluctuaciones en las lluvias y la sequía. Es probable que la antigua civilización Harappa del valle del río Indus también fuera extinguida por una sequía particularmente grave hace 4.200 años.

La desaparición de varios reinos de Oriente Medio que en sus tiempos debieron de creerse tan inexpugnables como nosotros también podría haber sido precipitada por causas similares. Uno no puede sino recordar el poema de Shelley «Ozymandias», parafraseando la inscripción de la estatua de Ramsés el Grande en la que desdeña a los transeúntes con sus palabras esculpidas en la piedra: «Considerad mis Obras; rabiad ¡oh Poderosos!». El poema acaba diciendo:

> Nada queda a su lado. Más allá de las ruinas
> de este enorme naufragio, desnudas e infinitas,
> solitarias y llanas se extienden las arenas.

Las arenas de Europa

El colapso de todas las civilizaciones mencionadas tuvo lugar como resultado de cambios comparativamente menores en el clima que empequeñecen al lado de los cambios masivos que podemos esperar encontrarnos en el siglo que nos espera. Si solo unas pocas décimas de grado destruyeron a los mayas y a los harappa, imaginad lo que le hará una subida diez veces mayor a nuestro frágil e interconectado mundo de hoy en día. La situación actual es peor, en cierta manera, porque esta vez nuestra crisis ecológica es realmente global: cuando los mayas deforestaron su territorio y agotaron sus reservas de alimentos, los andrajosos supervivientes de las guerras y el caos resultante al menos tenían a donde huir. La migración es el método tradicional que los humanos utilizan para adaptarse a las crisis, pero esta vez no habrá donde esconderse. La caída de la civilización, como la explosión de una bomba de neutrones, se expandirá por todo el globo.

Lo que es peor, esta calamidad está tomando un planeta cuyos mecanismos naturales de defensa ya se han visto dañados gravemente por la actividad humana. En su estado natural, los ecosistemas desempeñan un papel vital en la regulación del clima y de este modo la Tierra se mantiene habitable para la vida. El plancton, por ejemplo, libera gases que favorecen la formación de nubes, mientras que los árboles de la selva amazónica generan sus propias tormentas mediante el reciclaje de agua a través de vastas distancias. A largo plazo, la vida de los océanos ayuda a mantener el dióxido de carbono atmosférico en niveles tolerables mediante el almacenamiento de carbono en sedimentos oceánicos, que a su vez forman rocas carbónicas como la tiza y la piedra caliza. En tierra, la vegetación acelera el proceso de erosión química del suelo, lo que también almacena el carbono. Pero la extensión de estos ecosistemas naturales ha sido reducida de manera drástica. La mayoría del suelo fértil del planeta ha sido despojado de árboles y hierbas e incautado para el uso agrícola destinado a alimentar a los humanos. Gigantescos barcos factoría han saqueado todo lo que los océanos contienen, desde el bacalao hasta el krill. En total, los humanos se han apropiado del 40% de toda la productividad fotosintética del planeta, dejando al resto de la naturaleza lo justo para ir tirando en zonas que todavía son demasiado calurosas, demasiado frías, demasiado altas o demasiado profundas para resultarnos útiles.

En su libro *La venganza de Gaia*, James Lovelock habla del «revés doble»: igual que los ingenieros de Chernóbil que desaconsejadamente subieron la temperatura después de desconectar los sistemas de seguridad de su reactor, hemos desconectado los sistemas de termorregulación de la Tierra a base de cortar los bosques y contaminar los océanos justo cuando serían más necesarios. El experimento que la humanidad está conduciendo con el clima —encender la calefacción con miles de millones de toneladas de gases de efecto invernadero, mientras al mismo tiempo destruye la mayor parte de los ecosistemas que ayudan a regular el clima— tendrá el mismo efecto previsible sobre la Tierra que el que los técnicos soviéticos tuvieron en el núcleo del reactor de Chernóbil cuando intentaron el mismo experimento, según Lovelock. Conducirá al colapso.

Para cuando las temperaturas globales se acerquen a los cuatro grados de subida, este proceso de colapso estará en marcha. El casquete de Groenlandia se estará encogiendo año tras año hacia el centro de la masa continental, vertiendo al mar creciente enormes cantidades de agua en el proceso. Cambios severos, tal como describimos a principios de este capítulo, estarán teniendo lugar en la Antártida. La circulación atlántica —si sobrevive a sus intermitencias actuales— finalmente se ralentizará y detendrá. (Pero llegará demasiado tarde como para enfriar Europa por debajo del estado actual; como mucho moderará parte del calentamiento extremo en zonas como el Reino Unido). El clima del mundo se volverá cada vez más caótico, con unas tormentas más violentas de una ferocidad inimaginable que afectarán a zonas cada vez más amplias. Los largos meses del verano serán todavía más largos, y las temperaturas achicharradoras reducirán los bosques a cenizas y las ciudades a morgues hirvientes.

Nuevos desiertos podrían estar extendiéndose por el sur de Europa. El poema de Shelley, que hoy en día evoca los paisajes desérticos de Oriente Medio, podría convocar imágenes de Italia, España, Turquía o Grecia en un mundo con cuatro grados más. Los estudios científicos exhiben una unanimidad casi completa al proyectar climas más secos con temperaturas mucho más calurosas para la franja mediterránea de Europa. Un reciente ejercicio de simulación, conducido por científicos con base en Suecia y Finlandia, proyecta una caída de las precipitaciones por toda la zona; podrían desaparecer hasta un 70% de las lluvias de verano. Un segundo estudio predice que las olas de calor podrían ser hasta 65 días más largas por todas las zonas turísticas del Mediterráneo: España, Portugal, el sur de Francia, Italia, Grecia y Turquía, con algunos de sus efectos extendiéndose incluso hasta Rusia y Ucrania. Otro, publicado en junio del 2007, prevé un aumento de entre el 200% y el 500% en el número de días peligrosamente calurosos, en el que las zonas más afectadas serían Francia y España. Es preocupante que el epicentro de este aumento del calor sea exactamente la zona más afectada por la ola de calor del 2003, que mató a 15.000 personas en Francia. Aún peor, las olas de calor que se han previsto en el futuro serán mucho más calurosas que los extremos de la del 2003. En esencia, las zonas climáticas de calor subtropical que ahora se sitúan en el norte de África se habrán desplazado en dirección norte, hacia el corazón de Europa.

Incluso en los climas más templados más allá de los Alpes, el mercurio alcanzará nuevas cotas. En Suiza, con olas de calor que achicharran montañas y valles que una vez fueron famosos por su verdor exuberante, el verano extremo del 2003 parecerá frío en comparación. En julio y agosto las temperaturas podrían alcanzar los 48 °C, algo que recuerda más a Bagdad que a Basel. Los incendios forestales barrerán las pendientes de los Alpes, y los suministros de agua caerán precipitadamente a medida que se consumen los glaciares de montaña que todavía aguantan en los picos más altos. Incluso en Inglaterra, donde se estableció un nuevo récord de 38 °C el 11 de agosto del 2003, las olas de calor estivales podrían llevar las temperaturas de Londres y los condados de sus alrededores a unos abrasadores 45 °C, el tipo de clima que hoy se experimenta en Marrakech, en Marruecos. Las sequías veraniegas pondrán el sureste densamente poblado de Inglaterra en la lista global de zonas bajo estrés hídrico, y los granjeros tendrán que competir con las ciudades por las menguantes reservas de ríos y pantanos.

El crudo frío de Rusia podría convertirse en un lejano recuerdo cuando las temperaturas de diciembre a febrero aumenten una media de 7 °C, lo que dejará sin nieve la mayor parte de inviernos incluso en la anteriormente helada Europa del Este. Se espera que las nevadas caigan en picado, un 80% o más por todo el continente, y solo la parte interior de Escandinavia, muy al norte, recibirá nieves invernales regulares. El nuevo régimen libre de nieve exacerbará los desbordamientos en invierno, puesto que más precipitaciones vendrán en forma de nieve e irán directamente a los ríos. Sin el lento deshielo de la nieve que va liberando agua hasta finales de la primavera, los veranos serán más secos, llevando las temperaturas del continente a una subida de hasta 9 °C por encima de las actuales. Esta cifra de nueve grados solo será la *media*, en años extremos, las olas de calor serán de una gravedad inimaginable. Se prevé que el mar Caspio, que recibe de Rusia gran parte de su escorrentía, disminuya su nivel en casi 10 metros, mucho más bajo de lo que ha estado en casi veinticinco siglos. Con todos estos cambios drásticos en el clima, es poco sorprendente que el noreste de Europa y el Mediterráneo hayan sido identificados como los dos puntos calientes más prominentes del futuro cambio climático.

El verano, y no el invierno, será la estación más odiada por los europeos en un mundo cuatro grados más cálido. Como en cualquier ciudad del sur de los Estados Unidos, el aire acondicionado será obligatorio para cualquiera que pretenda mantenerse fresco. Esto a su vez pondrá todavía más presión sobre los sistemas energéticos, que puede que tengan que emitir más gases de efecto invernadero si las centrales eléctricas alimentadas por carbón y gas tienen que redoblar su producción, las fuentes de energía hidroeléctrica disminuyen y las renovables no consiguen recoger el testigo. Aún podría llegar más contaminación, procedente de las plantas de desalinización de agua del mar en países en desertificación como Portugal y España, a menos que sean alimentadas exclusivamente por energía solar. Pero el control de las emisiones futuras de gases de efecto invernadero podría estar a la cola de las cosas por hacer en la agenda de los políticos, que estarán desesperados por conseguir agua potable que mantenga habitables sus ciudades y evite el derrumbamiento de la agricultura.

La ola de calor que ocupó todo el verano del 2003 y la mortalidad en masa que se le asocia, nos da una idea de cómo podría ser una Europa más cálida, pero es difícil imaginar cómo aguantará la sociedad a largo plazo si todos los veranos son tan calurosos como aquel o más. En vez del lugar densamente poblado que es hoy, el Mediterráneo podría ver cómo grandes zonas son abandonadas, con sus residentes dirigiéndose en manada hacia el norte, hacia refugios abarrotados en el Báltico, Escandinavia y las islas Británicas. Que el continente resista o no dependerá de la fuerza de sus instituciones y de la determinación de sus gentes a sobrevivir a la emergencia. Pero con las zonas habitables cada vez más repletas, los conflictos y el caos podrían llegar, tarde o temprano, a la templada y civilizada Europa.

Mal de altura

Sobre la línea de los árboles, solo unos pocos matorrales raquíticos rompen la monotonía. Hay matas de hierba apiñadas en las yermas pendientes inferiores, pero por encima de ellas nada interrumpe el paisaje lunar de rocas y sedimentos. Las cabras se desplazan entre las pocas trazas de verde, royendo cualquier cosa que puedan encontrar: musgo, corteza o espinos; no desperdician nada. Cresta tras cresta se dibujan en la distancia, colores marrones, grises y rojos se mezclan en el horizonte. Solo unas tenues manchas de nieve se agarran a las cimas más altas, mientras en los circos y altos valles de debajo, curvas rugosidades de escombros de las morenas marcan la extensión pasada de glaciares olvidados hace mucho. Hay cañones que surcan los valles más bajos allí donde las crecidas arrancaron detritos de las laderas, dejando enormes losas aisladas entre amplios abanicos de aluviones. Pero los cañones están secos, salvo por el charco fangoso ocasional que aún queda de la última tormenta. Y por todos lados asoman las rocas vacías, entre el brillante calor neblinoso. Las laderas de las montañas están desnudas.

Esta escena resultará familiar para cualquiera que haya recorrido el Alto Atlas marroquí, una cadena montañosa de 4.000 metros de altura que divide la llanura costera del Mediterráneo de la yerma extensión del Sáhara. Puede que también se convierta en una imagen familiar para aquellos que hagan senderismo por los Alpes a finales del siglo XXI, cuando lo que hoy es un clima norteafricano se instale firmemente en Europa. Con cuatro grados de calentamiento, la nieve será una rareza en las elevaciones alpinas inferiores a los mil metros, en lugares que hoy en día se pasan entre 50 y 100 días de invierno cubiertos de nieve. A 2.000 metros, habrá dos meses libres de nieve cada temporada, y la cantidad total de nieve se reducirá a la mitad. Incluso a 3.000 metros —una altura en la que las nieves suelen ser perennes con el clima actual— se espera que un tercio se derrita en los inviernos posteriores al 2070. Lo que es peor, los glaciares desaparecerán de la mayoría de picos, incluso de los más altos, lo que dejará los Alpes sin nada de hielo por primera vez en millones de años. Solo quedarán pequeños parches remanentes de los glaciares en las cimas de las montañas más altas, las de más de 4.000 metros como el Monte Rosa y el Mont Blanc.

Las olas de calor podrían aparecer hasta en los meses de invierno, lo que causaría subidas de temperatura superiores a los 20 °C entre diciembre y febrero y haría que la nieve se derritiera hasta en las cumbres más altas. No es que nadie vaya a sufrir un golpe de calor a 20 °C, pero los efectos que estos calores invernales tendrán en el paisaje y la sociedad podrían ser dramáticos. Los aumentos rápidos de temperatura pueden desestabilizar las capas superiores de nieve, lo que aumentaría el riesgo de avalanchas: millones de toneladas de sofocante nieve húmeda podrían caer sobre los pueblos de los valles. El deshielo repentino enviará torrentes de agua fangosa colina abajo que provocarán mortíferas riadas y cuyos imparables flujos de lodo se llevarán por delante edificios y puentes. Las plantas empezarán su crecimiento primaveral, engañadas por las temperaturas, pero sus capullos y hojas tiernas morirán cuando vuelva el frío durante los días y semanas siguientes.

Dado su papel crucial como «torres de agua de Europa», las consecuencias de los cambios en la cobertura de nieve y la desaparición de los glaciares de los Alpes se propagarán por todo el continente a causa de sus efectos sobre ríos tan importantes como el Rin y el Danubio, que tienen sus fuentes en estas montañas. En la propia Suiza, el 60% de la electricidad actual proviene de centrales generadoras hidroeléctricas, una fuente de energía que podría fallar durante los meses de verano si los arroyos y ríos se secan. Igual que con las Rocosas americanas y canadienses, el problema tiene mucho que ver con la ocasión: incluso si la cantidad de precipitaciones anuales se mantiene similar a la de ahora (y no hay garantías de que eso vaya a pasar), si durante el invierno una proporción mayor de la misma cae en forma de agua en vez de nieve, los caudales más importantes llegarán en una época más temprana del año, lo que reducirá las cantidades disponibles para el uso humano durante el verano.

Sin nieve ni lluvia, la vegetación se marchitará, y a medida que empeore la sequía, el paisaje verde pasará a tomar los colores marrones y tostados de la tierra. Como en el Alto Atlas de hoy en día, no se encontrarán glaciares en los Alpes del futuro, y el verde no romperá la monotonía de las rocas en las pendientes superiores. Las propias montañas no serán ni más altas ni más bajas que hoy en día, pero su carácter habrá cambiado por completo. Los residentes de las montañas —plantas, animales y humanos— tendrán que cambiar también si quieren sobrevivir. Y lo más importante, las torres de agua del continente estarán secas justo cuando Europa sufra bajo el sofoco del verano.

Albión recibe una paliza

El frío relativo del Reino Unido convertirá sus abarrotadas islas en uno de los bienes inmuebles más deseables del planeta cuando la población del sur de Europa comience a emigrar hacia el norte, escapando del calor sahariano. A pesar de que la sequía se convertirá en un problema en el sur y en el este, parece que el norte y el oeste continuarán recibiendo agua de manera fiable gracias a los sistemas climáticos del Atlántico. Son buenas noticias, si no fuera por la naturaleza cada vez más feroz de las tormentas atlánticas. Las rutas de los ciclones se acercarán hacia los polos, igual que los cinturones de sequía subtropical se alejarán del ecuador, y el Reino Unido quedará justo en el centro de la acción, puesto que las tormentas ya no se desplazarán por el seco Mediterráneo, sino por el norte de Europa. Escocia —que ya recibe los vientos más fuertes y las lluvias más copiosas de las islas Británicas— se verá particularmente afectada. Gracias a las bajadas de presión más pronunciadas y a los vientos más potentes, las depresiones golpearán con mucha más fuerza que las tempestades más violentas del clima actual.

Este panorama significa que las marejadas ciclónicas provocarán inundaciones mayores en las zonas expuestas a los vendavales provenientes del oeste, que aumentará la erosión de las costas y que los daños a infraestructuras causados por los vientos serán mayores. Los costes de esta destrucción aumentarán un 37% por encima de los niveles actuales tanto en el Reino Unido como en Alemania, y las repetidas pérdidas de decenas de miles de millones de euros llevarán a la bancarrota a las aseguradoras. Sin embargo, resulta sorprendente saber que si bien se espera que las tormentas sean más fuertes, se prevé que se reduzcan en número. Al menos esto le dará a los servicios de emergencias la oportunidad de trasladar a los heridos y llevar a cabo reparaciones de urgencia en tejados, líneas eléctricas y diques antes de que llegue el siguiente ciclón.

No hace falta decir que estas tormentas también traerán lluvias más abundantes. A más aguaceros, más inundaciones, pero en este caso, la parte peor parada del Reino Unido no será Escocia, sino las zonas densamente pobladas del sur y el este de Inglaterra. Aunque parte de esta agua será vital para rellenar los embalses, que estarán bajo mínimos a causa de los calurosos veranos, una parte demasiado grande de la misma llegará en forma de violentos chaparrones que harán que el agua corra por la tierra y las calles, en lugar de ir humedeciendo lentamente los suelos y recargando las reservas subterráneas en el proceso. Las comunidades sufrirán para adaptarse a esta sucesión de sequías estivales y chubascos de invierno que harán que los ríos se desborden y causen inundaciones en pueblos y ciudades. Incluso en el clima actual, en el Reino Unido hay 4 millones de personas y 2 millones de propiedades bajo riesgo de inundaciones; se cree que estos riesgos se cuadruplicarán con cuatro grados de calentamiento global, lo que dejará los costes de los daños por inundaciones en 30.000 millones de libras anuales.

Como las llanuras aluviales se inundan con mayor regularidad, es probable que haya una retirada general de las zonas con alto riesgo de inundación, lo contrario de la tendencia actual en que las zonas residenciales se suelen construir sin tener en cuenta este tipo de peligros. Como resultado, millones de personas perderán la inversión de sus vidas: casas que serán imposibles de asegurar y, por tanto, imposibles de vender. Un nuevo concepto aparecería en la jerga del negocio inmobiliario: la «plaga de inundaciones». Según la Oficina de Ciencia y Tecnología del gobierno británico, el corredor de Lancashire/Humber será una de las regiones más afectadas, al igual que el valle del Támesis, Devon este y los pueblos de los alrededores del estuario de Severn, que ya es proclive a las inundaciones, como Monmouth y Bristol.

Según las previsiones, muchas de estas zonas coinciden con aquellas que más sufrirán por la erosión costera acelerada por la combinación del aumento del nivel del mar y el clima tormentoso. Toda la costa de Inglaterra, desde la isla de Wight en el sur hasta Middlesbrough en el noreste, está clasificada como zona de «mucho riesgo» o de «riesgo extremo» en este clima futuro, igual que lo está toda la costa de la bahía de Cardigan en Gales.

Todo el mundo se dará cuenta de otro de los cambios que sufrirá el clima invernal, aunque sus efectos directos no son tan claros. Las nevadas —algo que generaciones de niños esperan con ansias cada invierno— desaparecerán casi completamente del calendario británico. En las tierras bajas del sur y el este de Inglaterra, la nieve será virtualmente desconocida en el mundo cuatro grados más caluroso. Incluso en las montañas de Escocia, la cubierta de nieve se reducirá hasta casi la mitad. Aún puede que nieve ocasionalmente en los inviernos ingleses, pero las nevadas serán un fenómeno curioso, como el granizo del tamaño de canicas o los rayos globulares. Si los niños quieren volver a hacer muñecos de nieve, tendrán que irse de excursión hasta la cima del Ben Nevis en pleno enero.

Un mensaje enterrado en Texas

Hay una cueva inusual escondida en el ondulante paisaje calizo del rancho de T.D. y Billie Hall, al sur del centro de Texas. La entrada está llena de rocas, y un almez (*celtis australis*) solitario monta guardia, como si quisiera alejar a los intrusos. El terreno de los alrededores es tan árido que en algunas partes aparecen parches de roca desnuda, y solo un puñado de robles rompe la monotonía de la sabana. A unos pocos kilómetros al sur, el río Guadalupe se bifurca y atraviesa la meseta pedregosa en dirección al golfo de México. Hay algo de ganado disperso aquí y allá, pero la ganadería no sale rentable porque el fino suelo no puede dar sustento a los grandes rebaños que pastan en las praderas del norte.

Jennifer Cooke, una estudiante de doctorado de la Universidad de Texas se pasó muchas semanas dentro de la cueva Hall realizando detalladas excavaciones forenses, hasta que topó con un descubrimiento sorprendente. Enterrado en los sedimentos del fondo de la cueva había dientes y huesos, pero no los de un cowboy asesinado hace muchos años, sino de tuzas y otros mamíferos excavadores que habían buscado comida bajo el suelo de la cueva hacía más de 20.000 años. El descubrimiento era inesperado porque ninguno de estos animales viven en las proximidades actualmente: los suelos son simplemente demasiado delgados. Lo que Cooke había empezado a descubrir era una historia de pérdida de suelo a gran escala provocada por el clima, mucho antes de que los humanos ocuparan el paisaje, que había transformado el otrora fértil altiplano en el erial árido y pedregoso que es ahora.

El causante de la erosión nos resulta familiar: la lluvia. Los suelos que se habían ido creando durante los milenios anteriores simplemente habían sido arrastrados por tormentas atronadoras intercaladas con fuertes sequías. Aparentemente, el calentamiento posterior a la edad de hielo había generado unas tempestades más intensas que golpearon el terreno reseco y arrastraron sedimentos desde la superficie de la tierra hasta los ríos. En la misma cueva, Cooke también encontró gruesas capas de tierra antigua que habían sido depositadas allí por los chubascos. Su tesis doctoral, convenientemente acortada, se convirtió en un artículo de la revista *Geology* en el que avisaba de que el cambio climático futuro, con «veranos más áridos y lluvias más frecuentes e intensas», podría generar de nuevo el tipo de fenómenos que hace miles de años acabaron con la fertilidad de una parte enorme de Texas.

Puede que todo esto suene muy pesimista para quien esté familiarizado con los estudios de previsión del clima basados en simulaciones por ordenador. Un artículo reciente, centrado en los Estados Unidos y publicado en *Geophysical Research Letters* a finales del 2005, afirma que es posible un aumento de las lluvias convectivas, con una mayor intensidad de las precipitaciones de todo el país. (La lluvia convectiva tiende a venir en pequeñas ráfagas violentas como tormentas, al contrario de las lluvias suaves que se asocian al paso de depresiones frontales). «Los fenómenos de precipitaciones intensas deberían hacerse más frecuentes», avisan los autores. La lluvia, además, «podría volverse más episódica y descargaría mayores cantidades diarias», pero los periodos de sequía entre una lluvia y la siguiente serían más largos.

Toda la superficie terrestre del planeta se ve afectada por estos cambios de las precipitaciones en un mundo con cuatro grados más. En el centro y el norte de Europa aumentan significativamente las lluvias intensas, sobre todo durante el invierno en Escandinavia. Estos aumentos vendrán acompañados por descensos en el sur del continente, lo que causará sequía y desertificación, como vimos anteriormente. Los ciclones de invierno serán más intensos y destructivos en ambos hemisferios, aunque su frecuencia disminuye. No se esperan grandes cambios en los huracanes tropicales, pero su intensidad —como vimos en el capítulo anterior— aumentará en gran medida. Un estudio de simulación de la región oriental de Australia descubrió que el número de tormentas fuertes se incrementaba en más de un 50% y que aparecían ciclones más intensos que golpeaban más al sur, llegando incluso a poner la ciudad de Sidney a tiro (aunque la lluvia se agradecería). En Corea, aumentarán las lluvias en una cuarta parte, pero una subida de las temperaturas de 6 °C también causará más evaporación, por lo que la tierra estará más seca que antes.

En efecto, la propia subida de las temperaturas comienza a dominar a todo lo demás en un mundo con 4 °C de calentamiento. Olas de calor de ferocidad inimaginable abrasarán la superficie de la Tierra, un clima más caliente de lo que jamás hayan experimentado los humanos durante toda su historia evolutiva. Como vimos antes, en este punto, las temperaturas de Europa nos recordarán más al Oriente medio que a nuestros habituales climas templados. El Sáhara habrá cruzado el estrecho de Gibraltar y estará haciendo camino hacia el norte, en dirección al corazón de España y Portugal. Incluso allí donde queden terrenos cultivables, los chaparrones acelerarán la erosión, convirtiendo los campos fértiles en tierras baldías como las llanuras de Texas. Con el desplome de las reservas de alimentos, el control de la humanidad sobre su futuro será cada vez más frágil.

Ruleta siberiana

En capítulos previos, contemplamos un Ártico que se estaba desmontando literalmente. Con las temperaturas globales cerca de los tres grados de aumento, el hielo marino estival había quedado reducido a un parche en el polo y al extremo norte de Groenlandia. Ahora, con temperaturas por encima de los tres grados y acercándose a los cuatro, incluso las simulaciones más conservadoras predicen la desaparición completa del hielo marino; por primera vez en al menos tres millones de años, en el Polo Norte no se verá nada más que un océano abierto en verano. Incluso durante las largas noches del invierno polar, gran parte del hielo no llega a reconstruirse. Las temperaturas se disparan en la región hasta llegar a ser 14 °C más calurosas que antes durante los meses de invierno.

En los continentes que rodean al océano Ártico se están produciendo cambios drásticos de carácter similar. El borde sur del permafrost se desplaza cientos de kilómetros hacia el norte. Su superficie disminuye, de los más de 10 millones de kilómetros cuadrados actuales a un mero millón de kilómetros cuadrados a finales de siglo. Con la aceleración del proceso, grandes zonas de Siberia, Alaska, Canadá e incluso el sur de Groenlandia caen dentro de la zona de deshielo, en la que los suelos inestables comienzan a ceder y derrumbarse bajo carreteras, casas y otras infraestructuras. En el lejano este de Rusia, pueblos como Yakutsk, Norilsk y Vorkutá descubren que están construidos sobre arenas movedizas. Las vías del ferrocarril Transiberiano sufren hundimientos en extensos tramos de su ruta, e incluso la planta nuclear de Bilibino se ve amenazada por los corrimientos. La erosión, fortalecida por las tormentas y la subida del nivel del mar, destruye pueblos y asentamientos por toda la costa del océano Ártico.

Los ecosistemas del Ártico se encuentran en avanzado estado de desintegración. Los bosques son destruidos por incendios y plagas de insectos muy al norte del círculo polar ártico. Animales como los topillos y los lemmings —que se alimentan en sus túneles bajo la nieve del invierno— están en horas bajas. Incluso donde aún queda nieve que cubra sus zonas de alimentación, el deshielo ocasional o la lluvia que cae sobre la nieve pueden formar una fina capa de hielo que reduce las capacidades aislantes de la cobertura de nieve, lo que acaba matando de frío a estos pequeños animales. Dado que los lemmings son presa de zorros árticos, búhos nivales, comadrejas, págalos y armiños, todos estos predadores se ven, a su vez, afectados por falta de alimentos.

El paisaje también está cambiando alrededor de los animales que luchan por sobrevivir. Los lagos se vacían y los ríos ven sus cursos alterados: un 30% más de agua dulce llega al océano Ártico, a causa del aumento de las lluvias y del deshielo del suelo. Con la retirada del hielo y la nieve, los árboles comienzan a crecer en la tundra musgosa. Nuevos cenagales aparecen en tierras que una vez estuvieron tan congeladas que eran duras como el cemento.

Una nueva amenaza emana de estos suelos árticos en deshielo, una de las retroalimentaciones positivas más peligrosas, que hará que los efectos del cambio climático en el Ártico resuenen por todo el resto del planeta con una fuerza y una capacidad destructiva redobladas. Esta amenaza, al igual que la retroalimentación positiva de los suelos, es consecuencia de que el calentamiento global acelera la emisión de gases de efecto invernadero procedentes del suelo, lo que a su vez también acelera el calentamiento, en una espiral sin salida.

Se calcula que hay unos 500.000 millones de toneladas de carbono atrapadas en los suelos permanentemente congelados del Ártico. Una vez que empiece el deshielo, gran parte de este carbono empezará a escapar. En los lagos y ciénagas que sean drenados, las bacterias del suelo comenzarán inmediatamente su trabajo de descomposición, lo que liberará el carbono en forma de CO_2. Allí donde los suelos queden demasiado húmedos como para permitir la oxidación, entrarán a escena las bacterias anaeróbicas, que producirán grandes cantidades de metano, un gas aún más peligroso que el CO_2 a causa de sus potentes efectos a corto plazo sobre el clima. En otras zonas el carbono podrá disolverse directamente en el agua y será liberado en forma de dióxido de carbono desde ríos, lagos y el océano Ártico. Según Phil Camill, un ecologista con base en Estados Unidos que estudia el ritmo de deshielo del permafrost canadiense: «Hemos desenchufado la nevera del lejano norte. Todo lo que allí estaba preservado va a empezar a pudrirse».

Esta descomposición ya ha comenzado en el clima actual, aunque a una escala menor, puesto que la degradación del permafrost ya avanza a través del Ártico. Los geógrafos californianos Karen Frey y Larry Smith pasaron tres años, entre 1999 y 2001, viajando a pie por remotas zonas del oeste de Siberia recogiendo un centenar de muestras de «carbono orgánico disuelto» en arroyos y ríos. Un patrón claro surgió de los análisis de las muestras de agua en el laboratorio: Frey y Smith descubrieron que los cursos de agua que llevaban el agua de turberas que se estaban derritiendo contenían mucho más carbono que los ríos que pasaban por zonas de permafrost que aún permaneciera congelado. Cuando dieron un paso más y utilizaron estos datos para predecir futuros escenarios de calentamiento en mapas de la distribución actual del permafrost en Siberia, descubrieron que un deshielo importante podría producir un impactante aumento del 700% de la emisión de carbono.

Al mismo tiempo, a cientos de kilómetros de distancia, en la región de Abisko de la Suecia subártica, un equipo de científicos intentaba medir cuánto metano estaba siendo expulsado por los cenagales en proceso de deshielo. Se calculó que las emisiones de un lodazal recién descongelado eran entre un 20% y un 60% más altas que en los años setenta. Más recientemente, en Siberia, se ha demostrado que la frecuencia de las burbujas de metano en los lagos en deshielo es ya cinco veces superior de lo que se esperaba. La conclusión es inevitable: cuanta más tierra congelada se degrade y se convierta en lodazales estancados, más metano se liberará. Y dado que la degradación del permafrost ya está disparándose por el Ártico incluso mientras escribo estas líneas, el proceso ya habrá comenzado con mucha anterioridad para cuando las temperaturas sean 4 °C más altas que ahora.

Pese a las aleccionadoras conclusiones de estos y otros estudios, que informan de que el deshielo del Ártico será una retroacción positiva con un efecto muy severo sobre el calentamiento global, la extensión de esta retroacción aún no ha sido cuantificada, y por tanto no se la incluye en las previsiones actuales de cambio climático. Pero las implicaciones son claras: este peligroso proceso podría tener unos efectos aún más significativos a nivel global que los cambios en el ciclo del carbono discutidos en el capítulo anterior. Como explica el especialista en el Ártico de Alaska Lawson Brigham, el deshielo del permafrost es «el auténtico comodín del ciclo del carbono».

Así que, ¿cuál será la aportación del derretimiento del Ártico al calentamiento global? ¿Medio grado? ¿Uno? ¿Más? Todavía no hay una respuesta concreta. «La gente aún no se ha aclarado al respecto» admite Walter Oechel, un experto en los ecosistemas árticos de la Universidad de California. «Pero sí sabemos que las cantidades potenciales son enormes y muy, muy alarmantes». No todo el mundo está de acuerdo con la idea de que esta bomba de relojería del permafrost vaya a explotar en los próximos años: un estudio del 2007 argumenta que el ritmo de deshielo que se prevé para el siglo que viene es exagerado. Sin embargo, dado que las cantidades de carbono en cuestión son tan enormes —quizá de hasta 900.000 millones de toneladas en total— incluso los cambios más pequeños podrían tener un impacto colosal. Tal como dice Phil Camill, si en un mundo más cálido se descompusiera tan solo un 1% de esta reserva potencial de carbono cada año, «sería como si duplicásemos nuestro ritmo de emisiones».

Esta es la deprimente conclusión del mundo cuatro grados más caluroso: al igual que se prevé que con tres grados de calentamiento se desmorone el Amazonas y aparezcan las retroacciones del ciclo del carbono, con cuatro grados probablemente tampoco será posible estabilizar las temperaturas globales a causa del carbono emitido por el permafrost del Ártico. En este escenario, si se alcanzan los tres grados, se llegará inexorablemente a los cuatro, lo que a su vez llevará inexorablemente a los cinco. Y como veremos en el próximo capítulo, con cinco grados de calentamiento entra en juego una fuente de metano aún más grande. En esta ocasión la amenaza no proviene de la tierra, sino de los océanos. Una vez más, la humanidad será incapaz de intervenir a medida que el calentamiento climático descontrolado continúa llevando al mundo hacia un estado de invernadero extremo cada vez más apocalíptico.

5º

5

CINCO GRADOS

Un nuevo mundo

Un nuevo planeta nacerá con cinco grados de calentamiento global, y será imposible reconocer en él a la Tierra que hoy conocemos. Las capas de hielo que queden en los dos polos serán eliminadas, eventualmente. Las selvas ya habrán desaparecido engullidas por las llamas. La subida del nivel del mar habrá inundado las ciudades costeras y estará empezando a penetrar tierra adentro hacia el interior de los continentes. La doble crisis de sequía e inundaciones encauzará las poblaciones humanas hacia zonas habitables. Las temperaturas de las zonas interiores serán diez grados o más superiores a las actuales.

Las grandes cantidades de calor presente en la atmósfera hacen que aumenten tanto la evaporación como las precipitaciones. En los trópicos, la zona de convergencia de los vientos alisios genera chaparrones tremendos que, combinados al fortalecimiento del monzón del sur de Asia, hacen que el caudal inferior de los ríos Ganges y Brahmaputra aumente en casi un 50%. En las latitudes superiores, los ríos de Siberia, Canadá y Alaska también aumentan sus caudales radicalmente a causa de las fuertes lluvias. El resurgir del monzón del Asia oriental significa que el río Yangtsé recibe casi un tercio más de agua y el río Amarillo, casi un 20%. El Reino Unido experimenta graves inundaciones casi todos los inviernos.

Este incremento de las lluvias en las regiones húmedas viene acompañado por un aumento de la aridez en las zonas que ya sufren de escasez de agua. Parafraseando las conclusiones de un equipo científico de modelistas liderado por el veterano meteorólogo japonés Syukuo Manabe que exploró un mundo simulado con cinco grados de calentamiento: «Es probable que la reducción de la humedad terrestre en las regiones semiáridas induzca la expansión de los grandes desiertos del mundo, como el desierto norteamericano, el Sáhara y el Kalahari africanos, el desierto de la Patagonia de América del Sur y el desierto australiano». Añade además que «la reducción de la humedad del suelo en el noreste de China podría facilitar la expansión hacia el este del desierto de Gobi».

Aunque la resolución de este modelo es demasiado baja como para extraer una visión precisa de los cambios previstos en países individuales, sí parece sugerir que nacerá una zona desértica completamente nueva en el noreste de Brasil (el Amazonas desaparecido), además de prever una terrible sequía en la mitad sur de los Estados Unidos (similar al *Dust Bowl*). De hecho, dos cinturones de sequía ceñirán el planeta entero: el cinturón de sequía del hemisferio norte incluirá toda América Central, toda la parte sur de Europa, el oeste del Sahel y Etiopía, el sur de la India, Indo-China, Corea, Japón y el oeste del Pacífico.

En el hemisferio sur, un cinturón de sequía equivalente cubre la porción meridional de Chile y Argentina, África oriental y Madagascar, casi toda Australia y las islas del Pacífico. De nuevo, aparece una retroalimentación: la evaporación más elevada reduce la humedad del suelo en las regiones semiáridas, lo que reduce aún más las precipitaciones y convierte las zonas en auténticos desiertos. En las regiones más afectadas se perderá el 40% del agua disponible.

Sumados al agotamiento de los acuíferos fósiles y la desaparición de las aguas de deshielo de la nieve y los glaciares de las cadenas montañosas, estos cinturones cubren zonas cada vez más amplias del planeta que dejarán de ser apropiadas para la población humana a gran escala. Si en el clima actual las regiones inhabitables incluyen lugares como el centro de los desiertos del Sáhara y el Gobi, en el futuro estas zonas se expandirán radicalmente. Grandes ciudades actuales como El Cairo y Lima quedarán en mitad de desiertos y solo podrán sostenerse mediante suministros de agua procedentes del exterior, sea desde ríos o desde reservas bajo tierra. Sin embargo, los acuíferos subterráneos ya están siendo explotados de forma no sostenible, y como hemos visto, se espera que disminuya aún más la escorrentía en zonas semiáridas. La simulación de cinco grados de calentamiento prevé un descenso del 20% en el caudal del Nilo, mientras que el río Rímac de Lima, como vimos anteriormente, acabará secándose a causa de la desaparición de los glaciares. El modelo no es lo bastante detallado como para mostrar cambios a pequeña escala en Perú y los Estados

Unidos, pero según otro estudio, casi el 90% del manto níveo de las montañas de California desaparecerá, lo que reducirá a la mitad el caudal de los ríos en el sur del estado, donde se sitúan las ciudades de Los Ángeles y San Diego.

El papel de los acuíferos subterráneos se merece una investigación más a fondo, porque son cruciales para el mantenimiento de las ciudades y la agricultura en las regiones secas. Sin embargo, como se mencionó anteriormente, se trata de un recurso mayormente no renovable o directamente sobreexplotado: muchos de ellos contienen agua que cayó en forma de lluvia hace miles o incluso millones de años. Yemen, por ejemplo, depende casi en exclusiva de un acuífero fósil que está en proceso de desaparición. En los últimos años, Arabia Saudí está tan desesperada que pozos profundos basados en tecnologías de perforación petrolífera se están aplicando a la tarea de encontrar agua. En la India, China y Estados Unidos, los niveles freáticos están cayendo rápidamente incluso en el clima actual a causa de la presión que ejercen la población y la agricultura intensiva, muy superior a la velocidad de recuperación de los acuíferos, que depende de las precipitaciones. Tanto la agricultura como, por extensión, la población, se volverán insostenibles si estas fuentes de agua se secan justo al mismo tiempo que los nuevos cinturones de desierto se alejan de los trópicos.

Una solución podría ser llevar a cabo transferencias masivas de población desde las regiones secas hacia nuevas zonas habitables en el lejano norte, particularmente Canadá y Siberia. Como se mencionó anteriormente, todos los ríos principales de Rusia y Canadá verán incrementados sus caudales, gracias al aumento de las precipitaciones, y además estas zonas serán las que experimenten las mayores subidas de temperaturas, lo que alargará considerablemente las temporadas de cosecha y reducirá el dominio del invierno incluso en lugares tan legendariamente fríos como Siberia. ¿Podrían crearse nuevos centros de producción agrícola? Aunque parece más factible cultivar alimentos a distancia que transferir ciudades e incluso naciones enteras a estas nuevas zonas, su potencial como refugios es evidente.

Sin embargo, antes de que os animéis a adquirir una propiedad en Snezhnogorosk o Nizhnevartovsk, debéis saber que la simulación de Manabe también prevé que el interior de los continentes se vuelva más árido, lo que impedirá que los suelos sean del todo apropiados para el cultivo. Las zonas que aún reciben nieve durante el invierno podrán atenuar el cambio estacional gracias al deshielo, pero harán falta grandes presas y otras grandes obras de ingeniería para contener las lluvias invernales, que serán vitales para el regadío de las nuevas cosechas.

También podría ser que en los climas continentales, que sufren cambios extremos de temperatura durante el año, se vuelva imposible arar nuevas cosechas durante el verano. (Después de todo, en la Siberia actual ya hace el calor suficiente como para experimentar olas de calor e incendios forestales). De hecho, hay un estudio simulado centrado en la producción mundial de alimento que encontró que incluso el norte de Canadá y la antigua Unión Soviética exhibía un declive de la productividad agrícola en un mundo cinco grados más cálido. Una solución podría consistir en concentrar las poblaciones y las nuevas colonias agrícolas en las costas árticas de Rusia y en las islas canadienses, donde la influencia moderadora del mar debería mantener las temperaturas estivales a niveles tolerables.

Nada de esto es asumible, por supuesto, si estos países del norte se niegan a recibir a todos los refugiados —James Lovelock incluso ha llegado a sugerir un escenario en el que China invade Siberia y Estados Unidos invade Canadá con el objeto de apropiarse de los últimos territorios habitables. Por supuesto, cualquier conflicto armado, especialmente uno que comporte el uso generalizado de bombas nucleares, tendrá como consecuencia un aumento ulterior de la superficie planetaria considerada inhabitable para los humanos.

Tal como se explicó en capítulos previos, los suelos congelados recientemente tienden a ser delgados, rocosos y pobres y a contener un bajo índice de nutrientes o materia orgánica. Sin embargo, cuando se les compara con África y Asia —que perdían un tercio de sus suministros de alimentos en el estudio mencionado anteriormente— las latitudes altas se escaparían con unas bajas relativamente pequeñas. Pero las olas de calor en la región de bosques boreales de Canadá también atraerán incendios: un estudio sobre el riesgo de fuego en un clima con el triple de CO_2 prevé que la superficie quemada se duplique, con 3,8 millones de hectáreas reducidas a humo y cenizas cada año.

Con toda probabilidad, la expansión de la agricultura y el aumento de los incendios destruirán grandes zonas de bosques boreales por todas las regiones subárticas de Canadá, Alaska, Escandinavia y Rusia, con lo que se añadirá aún más carbono a la atmósfera y se acelerará aún más la pérdida mundial de la biodiversidad. Pero sospecho que la supervivencia del tigre siberiano será una preocupación menor en un mundo en que la propia supervivencia humana será cada vez más precaria. El tigre —y la taiga— tendrán que marcharse.

Explosión del pasado

En una fría mañana de verano de 1975, los cazadores de fósiles Mary Dawson y Robert West mantenían sus ojos fijos en el suelo mientras caminaban lentamente por el paisaje ártico de la isla canadiense de Ellesmere. Al este se alzaba la sólida mole blanca de uno de los muchos glaciares de Ellesmere. Al oeste se extendía un fiordo jaspeado de hielo cuyas escarpadas laderas se adentraban en el oscuro azul del océano Ártico. Dawson y West pretendían descubrir pruebas que les permitieran dirimir una disputa entre paleontólogos sobre si había habido alguna vez un puente terrestre entre las latitudes altas de Europa, Asia y América del Norte, a través del cual los mamíferos primitivos hubieran podido emigrar. En su lugar descubrieron algo muy sorprendente sobre el clima, un accidente del destino que cambió radicalmente la forma en que los científicos de hoy en día entienden el pasado distante.

Cerca del principio del fiordo, Dawson y West hallaron fragmentos de hueso entre afloramientos de roca desnuda. Para su sorpresa, más tarde descubrieron que pertenecían a un alligator, un reptil que hoy en día solo habita en climas cálidos situados a miles de kilómetros hacia el sur. Había otros huesos que también pertenecían a animales subtropicales: se encontraron tres especies de tortugas de agua caliente, junto a un galápago y varios mamíferos primitivos. Los fósiles databan del Eoceno temprano, una era geológica que comenzó hace 55 millones de años. El descubrimiento de estos fósiles planteaba preguntas acuciantes: ¿qué hacían estos animales amantes del calor a cientos de kilómetros al norte del círculo polar ártico? ¿Habían vivido allí de verdad, o sus huesos habían sido arrastrados por algún fenómeno extraño? Los geólogos ya estaban al corriente de que la masa continental de Canadá estaba en aquella época muy cerca de donde se encuentra ahora, así que el movimiento de las placas tectónicas no podía explicar la discrepancia. Y lo que era más importante, ¿Si estos animales habían vivido en el Ártico de verdad, como se habían mantenido las temperaturas por encima del punto de congelación durante los varios meses de oscuridad absoluta del invierno polar? Nadie lo sabía

Algunos investigadores especularon sobre la posibilidad de que la inclinación de la Tierra en relación con el sol era menor durante el Eoceno, lo que habría calentado los polos y reducido las diferencias estacionales. Pero no se encontraron pruebas que apuntalaran esta afirmación, y los obvios anillos de crecimiento estacional procedentes de inesperados árboles fosilizados mostraban claramente que, en efecto, había habido grandes diferencias entre estaciones. El misterio se hacía más profundo.

Más allá del Ártico, otros investigadores estaban recopilando pruebas de enigmas similares del principio del Eoceno y del final de la época que lo precedió, el Paleoceno. Los paleontólogos que martilleaban y excavaban su camino a través de centenares de metros de sedimentos en la cuenca del Bighorn, en Wyoming, descubrieron docenas de nuevas especies de mamíferos que de pronto habían aparecido simultáneamente en América del Norte. Esto incluía varios tipos diferentes de *Plesiadapis*, un tipo de primate de cola peluda parecido al lémur; varios roedores, el *Esthonyx* de dientes en forma cincel; y el terrorífico *Coryphodon*, un monstruo de dientes de sable que parecía un cruce entre un rinoceronte y un oso. Todos estos animales, que en muchos casos fueron los ancestros de los mamíferos actuales, habían aparecido repentinamente durante la transición del Paleoceno al Eoceno. Solo había una explicación posible para su llegada repentina a América del Norte: habían emigrado desde Asia a través del legendario istmo del Ártico. Dado que el hielo y las temperaturas gélidas habrían impedido cualquier migración en la actualidad, era de suponer que en el pasado el Ártico habría sido mucho más cálido.

En mar abierto también estaba ocurriendo algo extraño a finales del Paleoceno. Fuese lo que fuese, había complicado mucho la vida a los organismos que entonces habitaban en el lecho marino. Pese a que los fondos marinos normales suelen bullir a causa de la actividad de gusanos, almejas y diminutas criaturas unicelulares llamadas foraminíferos, dos geólogos californianos que examinaban un registro de sedimentos oceánicos del mar de Weddell, en la Antártida, en 1991, se sorprendieron al encontrar muy pocas perturbaciones en 10 centímetros de la sustancia lodosa que estaban estudiando, 10 centímetros que procedían precisamente del mismo periodo de transición entre el Paleoceno y el Eoceno que los cocodrilos fósiles de Canadá. Los dos científicos, James Kennett y Lowell Stott, se dieron cuenta en seguida de que su sección de barro intacto mostraba que casi todo aquello que normalmente viviría dentro o sobre el suelo marino había desaparecido súbitamente. Kennet y Stott se habían topado con una extinción masiva en las profundidades del océano, quizás la mayor de un periodo de decenas de millones de años. Estaban casi seguros de que esta extinción se había originado por causas climáticas: un calentamiento precipitado de estas aguas antárticas había privado de oxígeno a estos organismos moradores de las profundidades. El océano profundo se había vuelto anóxico, venenoso para las formas de vida que respiran oxígeno. Por tanto, no solo había aumentado la temperatura de la atmósfera polar, sino que también había pruebas de que los mares —incluso en las profundidades del océano Antártico— también se habían calentado con rapidez.

Pero este descubrimiento tan solo planteaba nuevas preguntas. Ninguno de estos estudios había ofrecido ninguna pista sobre qué podía haber provocado el súbito calentamiento del clima del Paleoceno. Al contrario de lo que había ocurrido anteriormente, entre el periodo Cretáceo y el Terciario —cuando los dinosaurios fueron aniquilados por un meteorito—, no había pruebas de un impacto catastrófico extraterrestre a finales del Paleoceno. Y sin embargo, en términos geológicos el episodio había sido casi instantáneo. ¿Por qué había cambiado el clima de un día para otro?

En este momento entra en juego Gerald Dickens, un paleoceanógrafo que entonces trabajaba en la Universidad de Michigan. El trabajo de Dickens se centraba en una sustancia llamada hidrato de metano, una combinación similar al hielo compuesta por metano y agua que se forma en el frío intenso y la presión de las profundidades del mar. Por aquel entonces, Dickens no estaba intentando explicar el pasado: estaba intentando ayudar a las compañías petrolíferas a descubrir si los hidratos de metano —que potencialmente podían llegar a doblar las reservas de energía mundiales— podían ser extraídos para producir gas natural. En ocasiones llegaba a ser una aventura excitante: durante una expedición, su tubo de perforación explotó espectacularmente a causa de la presión del metano de su interior, que mandó el barro volando cincuenta metros en el aire. Por suerte no hubo ningún herido.

Como explicaría Dickens más tarde, lo más importante del hidrato de metano es que tan solo es estable cuando se mantiene muy frío o bajo una presión elevada. Por eso había explotado su tubo de perforación: a medida que el metano de su interior emergía de la superficie oceánica, calentándose y perdiendo presión, había ido pasando de hielo a gas en una reacción explosiva en cadena. El metano, además, es un importante gas de efecto invernadero, molécula a molécula veinte veces más potente que el dióxido de carbono. Con sus conocimientos sobre las preguntas sin respuesta del clima pasado, Dickens aventuró que anteriormente quizás se habían producido emisiones de hidrato de metano a escala planetaria. Esto habría enviado a la atmósfera grandes cantidades de gases de efecto invernadero, lo que habría calentado aún más los océanos de todo el mundo que, a su vez habrían soltado aún más hidrato de metano, en una explosiva reacción encadenada. ¿Podía esto explicar el calentamiento súbito de hace 55 millones de años? Dickens pensaba que sí. Era, sugirió, como si los océanos hubieran eructado una gigantesca cantidad de metano que había puesto las temperaturas globales por las nubes.

Pero todavía carecía de pruebas concluyentes, hasta que en 1999 otra paleoceanógrafa, Miriam Katz, encontró lo que todo el mundo andaba buscando. A 512 metros de profundidad, esta vez frente a la costa de Florida, Katz había descubierto en los sedimentos evidencias de un corrimiento de tierras submarino, junto a rastros de isótopos de metano y a la ya familiar extinción masiva de organismos del lecho oceánico. La muestra de Katz indicaba que avalanchas masivas habían caído de las placas continentales, lo que había liberado de forma explosiva enormes cantidades de hidratos de metano. Se trataba de una posible arma homicida: pruebas directas de una explosión de gas de hace 55 millones de años que podía haber contribuido a enviar a la Tierra hacia un efecto invernadero extremo.

Los hidratos de metano podrían no haber actuado solos: una investigación publicada en la revista *Science* en abril del 2007 apuntaba con el dedo a un culpable muy diferente. Este particular agente del cambio había dejado pistas repartidas por todo el Atlántico norte. Te lo puedes encontrar en las islas Feroe, debajo del mar cerca de Rockall, en el este de Groenlandia e incluso en Irlanda del Norte —rocas basálticas que cuentan la historia de una monumental sucesión de erupciones volcánicas. No eran explosiones como las del monte Santa Helena o el Krakatoa, sino flujos continuados de lava basáltica que iban formando capas que en el este de Groenlandia llegaron hasta unos increíbles 5 kilómetros de grosor y cubrieron un total de 1,3 millones de kilómetros cuadrados del lecho oceánico de la América del Norte actual. Este magma no solo se introdujo por todas partes: se abrió paso hasta ricos sedimentos de carbón, calentándolos y liberando vastas cantidades de metano y dióxido de carbono en el proceso. Los geólogos han fechado el momento en que manó la mayoría del magma hace alrededor de 55-56 millones de años, lo que coincide con el periodo cálido de finales del Paleoceno.

No es probable que sea una mera coincidencia el que este enorme y duradero episodio volcánico —único en el registro geológico de decenas de millones de años— tuviera lugar casi al mismo tiempo que una era de cuantioso calentamiento global, sobre todo si tenemos en cuenta que se han conectado otras erupciones volcánicas significativas con episodios similares de efecto invernadero ocurridos en periodos anteriores de la historia de la Tierra, como veremos en el próximo capítulo. Aun es más, la erupción que se prolongó durante millones de años pudo haber provocado otro efecto invernadero, al elevar los sedimentos del fondo marino y reducir la presión del agua sobre los hidratos de metano que estaban atrapados debajo. Esto también podría haber llevado a una liberación catastrófica de gases de un volumen de alrededor de 2 billones 800.000 millones de toneladas de carbono: más que suficiente para causar un cambio drástico del clima.

Sea cual sea la causa, el impacto fue tan profundo como global. Las olas de calor del verano achicharraron la vegetación del interior de España, dejando un terreno desértico que sufría intensamente la erosión producida por las tormentas del invierno. Los depósitos de escombros de la cara sur de los Pirineos atestiguan la terrible naturaleza de estos chaparrones: los geólogos informaron en el 2007 de un «megadelta» que cubría unos 2.000 kilómetros cuadrados aproximadamente, y que se había formado en solo unos pocos miles de años, cuando los niveles de CO_2 en aumento enviaron a la Tierra a un nuevo estado de invernadero. Este CO_2 se disolvió rápidamente en los océanos, aumentando la acidez de los mares. En América del Norte (en la Utah de la actualidad), ocurrió un incremento similar de las temperaturas extremas estacionales, con tormentas monzónicas que azotaban la tierra. Este nuevo monzón también trajo abundantes lluvias a las laderas de las Rocosas que propiciaron el crecimiento de vegetación tropical en una zona que ahora es fría y semiárida. Los manglares de palmeras crecieron en latitudes tan septentrionales como Inglaterra y Bélgica.

En el Ártico superior aparecieron bosques de metasecuoyas: en la isla Axel Heiberg, en Canadá, aún se pueden encontrar tocones de árboles momificados, tan bien conservados que su madera todavía arde, decenas de millones de años después de su muerte. Estos árboles prosperaron en condiciones templadas, creando su propio efecto invernadero mediante la liberación de vapor de agua para aislar la región durante los oscuros inviernos polares. Pese a la oscuridad, el clima ártico era prácticamente subtropical: muestras de sedimento extraídas del centro del océano Ártico confirman que las temperaturas del mar en zonas cercanas al Polo Norte alcanzaron los 23 ºC, más caliente que gran parte del Mediterráneo actual. Es posible que las temperaturas del aire llegaran hasta unos increíbles 25 ºC, lo que de nuevo apunta a un clima subtropical sin heladas ni nieve en ninguna época del año. Toda la zona experimentó unas lluvias mucho más copiosas a causa del desplazamiento de las tormentas hacia el norte, pero en contraste los auténticos subtrópicos y las latitudes medias fueron afectados por la sequía. Como podéis esperar, con esas temperaturas el océano Ártico polar permaneció totalmente descongelado: en efecto, no se formó allí nada de hielo en los siguientes 15 millones de años.

Era un mundo en el que el dióxido de carbono en la atmósfera alcanzó niveles peligrosamente altos, y en que las temperaturas medias se elevaron cinco grados. Era un mundo con océanos ácidos, ecosistemas que cambiaban rápidamente, polos sin hielo y extremos de humedad y sequía. En resumen, era un mundo muy parecido a aquel hacia el que nos dirigimos durante el siglo que comienza.

Hay muchos científicos que ya han reconocido esta similaridad, por lo que el evento que ahora conocemos como Máximo Termal del Paleoceno-Eoceno (PETM por sus siglas en inglés) ha atraído una atención tan generalizada por parte de la comunidad científica. No en vano casi todos los estudios académicos publicados sobre el PETM en los últimos años mencionan que puede ser entendido como una versión natural de lo que cabe esperar del calentamiento global causado por el hombre. Uno de los primeros en reconocer la importancia del PETM como «analogía natural» de las actuales emisiones de gases de efecto invernadero fue Gerald Dickens, que en fechas tan tempranas como 1999 ya escribía en la revista *Nature* que «podemos empezar a ver aspectos del futuro de la Tierra bajo una luz completamente nueva». En mayo del 2006, los científicos de la Universidad de Harvard John Higgins y Daniel Schrag ratificaron este punto de vista al afirmar: «El PETM representa uno de los mejores análogos naturales del registro geológico para el aumento actual del CO_2 atmosférico debido a la quema de combustibles fósiles».

Aunque las emisiones totales de carbono en la atmósfera de hace 55 millones fueron mayores que las que las humanos nos hemos ingeniado en producir —con niveles de CO_2 de más de 1.000 partes por millón que persistieron hasta el Eoceno temprano— el ritmo de las emisiones es más rápido ahora de lo que fue entonces. El paleoceanógrafo Jim Zachos dijo durante la reunión del 2006 de la Asociación Americana por el Avance de la Ciencia que las emisiones humanas de carbono son quizás 30 veces más rápidas incluso que el gigantesco eructo de metano que se postula ocurrió durante el PETM. Y según los ratios de los isótopos de carbono presentes en las rocas de la frontera Paleoceno-Eoceno, estamos ya a medio camino de la achicharradora ola de calor que la vida de la Tierra experimentó entonces.

El probable rol que jugaron los hidratos de metano en la generación de esta ola de calor también ofrece una preocupante lección para la humanidad. Vastas cantidades de los mismos hidratos de metano siguen atrapadas bajo las placas continentales de todo el mundo, esperando silenciosas a que llegue su oportunidad. Con el calentamiento de los océanos, existe la posibilidad de que parte de estos hidratos se desestabilice y se descargue catastróficamente en la atmósfera, una terrorífica reminiscencia del eructo de metano de hace 55 millones de años. Las temperaturas atmosféricas aumentarían aún más, lo que se añadiría a una cadena imparable de retroalimentaciones que mandaría el calentamiento global fuera de todo control. Los humanos se verían impotentes, incapaces de actuar mientras su planeta empieza a convertirse en Venus.

Pero ¿cómo de probable es este escenario apocalíptico? Por desgracia, hay pocos científicos que se hayan aventurado a ofrecer su opinión hasta ahora. Ni siquiera está clara la cantidad de hidratos de metano que todavía queda ahí fuera, ni su velocidad de reacción al calentamiento de los océanos. Algo tranquilizadora, quizás, es la sospecha de que la emisión de hidratos de carbono necesitó de unos 10.000 años para desarrollarse plenamente durante el PETM. Para un geólogo, esto es casi instantáneo, pero en la escala temporal de los humanos es mucho menos alarmante. Recordad: hacen falta siglos para que las temperaturas más altas de la superficie del océano se propaguen hasta las profundidades, lo que significa que es poco probable que los hidratos vayan a desestabilizarse y colapsarse de golpe. Sigue siendo posible que se produzca un calentamiento global desenfrenado, pero el ciclo de retroalimentaciones positivas podría tardar miles de años en completarse.

De todas formas, tal como vimos anteriormente, la velocidad a la que el carbono está siendo emitido en la atmósfera es mucho más rápida ahora que durante el PETM, lo que, en cierta manera, aumenta el riesgo. Si el calentamiento es lo bastante extremo en la superficie como para alcanzar el fondo del océano más rápidamente, podría ser que nos viniera encima una buena tunda. Un estudio de modelización realizado por dos expertos en hidrato de metano, Bruce Buffett y David Archer, indica que la cantidad de hidratos almacenados en el fondo marino podría descender un 85% en respuesta a un calentamiento de tan solo tres grados, pero no dicen cuánto podría tardar.

David Archer sugiere en otro texto que el océano Ártico es el que debe ser vigilado más de cerca: es relativamente poco profundo y el que probablemente vaya a calentarse de forma más extremada, así que los tiempos de respuesta de los hidratos de metano podrían ser mucho más rápidos. El centro Hadley del Reino Unido refuerza esta preocupación con un mapa que delimita grandes superficies del océano Ártico que podrían contener hidratos de metano ya se encontrarán en la zona de deshielo total para el 2090. Pese a que nadie sabe exactamente qué cantidad de esta sustancia yace en el fondo del océano Ártico, esperando a derretirse y explotar hacia la superficie, incluso cantidades pequeñas bastarían para dar un buen empujón al calentamiento global.

Alerta de Tsunami

Estamos acostumbrados a pensar que si levantamos nuestro pie colectivo del acelerador de carbono, las temperaturas globales empezarán a descender. Y todavía tenemos razón. Pero si empieza a ocurrir un deshielo sustancial de los hidratos de metano en la cuenca del océano Ártico, será como si el acelerador estuviera bloqueado, y no habrá nada que podamos hacer para detener el ritmo del cambio climático. De nuevo, nadie sabe con certeza donde queda este punto de inflexión, pero es razonable creer que cuanto más apretemos el acelerador del clima, más cerca nos hallaremos del borde de este abismo en particular.

Buffet y Archer acabaron su artículo concluyendo, de forma algo enigmática, con la siguiente afirmación: «No se sabe si el calentamiento global futuro será suficiente para causar el desplome de las plataformas continentales a escala global, pero las evidencias isotópicas de rápidas emisiones de carbono en el pasado son sugestivas». En otras palabras, las pruebas de desprendimientos catastróficos submarinos encontradas por Miriam Katz también ofrecen un aviso pesimista para el futuro, uno en que las emisiones a gran escala de hidratos de metano desestabilizan el suelo inclinado del océano y generan unas avalanchas gigantescas parecidas.

Como el desplazamiento de las placas tectónicas, estos corrimientos de tierras oceánicos pueden desplazar grandes cantidades de agua. Cuando esto ocurre, potentes ondas de choque se propagan hacia afuera desde la zona de las perturbaciones. El mundo entero tuvo ocasión de conocer el aspecto de estas olas el 26 de diciembre del 2004, cuando las placas tectónicas de la costa oeste de Indonesia se movieron y provocaron un terrible terremoto de magnitud 9.2. Todos sabemos el nombre de estas olas: se llaman tsunamis.

Ya en 1965, dos geólogos escoceses se encontraron con pruebas de que un tsunami como este había golpeado las islas Británicas hacía más de 8.000 años. Caminando a través de la parte oeste del valle de Forth, no muy lejos de Edimburgo, descubrieron una fina capa de arena entre la turba, más común. Claramente, la arena había sido depositada por un fenómeno de grandes dimensiones, ya que se extendía más de un kilómetro; los geólogos sugirieron que podía provenir de una gran crecida del río. Pero investigaciones posteriores en otros puntos en el este de Escocia revelaron depósitos similares, que se extendían hasta la costa Northumberland, muy al sur. Los depósitos eran más extremados en las islas Shetland, donde se descubrieron fango y piedras removidas en turberas situadas muchos metros por encima de la línea de la marea alta. Claramente, no se podía culpar a fenómenos localizados como riadas o marejadas ciclónicas. El descubrimiento de una gran avalancha submarina frente a la costa de Noruega a finales de los ochenta ofreció una prueba concluyente: un tsunami devastador había golpeado el Reino Unido.

El deslizamiento de Storegga, como se llegó a conocer más tarde la avalancha submarina, fue realmente gigantesco, capaz de desplazar 3.500 kilómetros cúbicos de sedimentos ladera abajo, desde la placa continental de Noruega hasta las profundidades del océano Ártico. El tsunami resultante inundó más de 600 kilómetros de costa de todo el mar del Norte, con olas de 3 a 6 metros sobre el nivel del mar en el este de Escocia, de 9 a 12 metros en el oeste de Noruega, más de 10 metros en las islas Feroe, y unos devastadores 20 metros en las Shetlands, comparable en repercusión al tsunami asiático del 2004 en Banda Aceh. Según la mayoría de científicos, al igual que el trágico tsunami, el deslizamiento de Storegga fue causado por un terremoto, aunque la liberación repentina de hidratos de metano también podría haber tenido que ver. Es revelador que el fondo marino esté cubierto de marcas en los puntos en que explotaron grandes cantidades de gas.

Además, mientras que los sedimentos del lecho marino de los alrededores del deslizamiento de Storegga que salieron indemnes siguen siendo ricos en metano, la parte afectada ha perdido todo rastro de hidratos de metano que hubiera podido contener.

Esto no habría bastado para cambiar el clima de su época, pero sí indica que la desestabilización del hidrato de metano y los corrimientos de tierra submarinos van de la mano. Y, desafortunadamente, si ocurre una de estas cosas, el primer aviso que recibirá la mayoría de habitantes de la costa serán las olas gigantescas que correrán hacia las playas.

Las expectativas de la humanidad

En cierto sentido, pese a los tsunamis, el mundo de principios del Eoceno parece bastante agradable. Sin los casquetes glaciales enfriándolo todo, espesos bosques crecían hasta los mismos polos. Los lugares que normalmente experimentan climas templados se convirtieron en subtropicales, y una fascinante variedad de especies se extendió por el globo.

Pero no nos dejemos engañar. El mundo en estado natural nunca podrá ser un análogo perfecto para el planeta en que vivimos en la actualidad. Ya nos hemos adentrado en una nueva edad geológica, el Antropoceno, en que la intervención humana es el factor dominante de casi todos los ecosistemas planetarios, en detrimento de todos ellos. El aumento del calor del Máximo Termal del Paleoceno-Eoceno se alargó durante 10.000 años, lo que dio tiempo a plantas y animales de emigrar y adaptarse a las nuevas circunstancias. Las evidencias geológicas de América del Norte muestran que las especies de plantas subtropicales fueron capaces de desplazar sus hábitats 1.500 kilómetros al norte durante ese periodo, desde lo que ahora es Misisipi hasta Wyoming. Aun así, tal como discutimos anteriormente, muchas especies menos adaptables perdieron la batalla y desaparecieron.

No tenemos diez mil años a nuestra disposición. Los cambios que describimos aquí podrían tener lugar en unas pocas décadas, un ritmo de calentamiento demasiado veloz que no permitirá la adaptación ni de los ecosistemas naturales ni de la civilización humana. Podría ser, como se ha dicho anteriormente, el cambio climático a gran escala más rápido que el mundo ha experimentado jamás, aun más rápido que los cambios climáticos que causaron catastróficas extinciones masivas, como explicaremos en el siguiente capítulo. Es particularmente engañosa la impresión de que el periodo de calor del PETM estuvo bien regado por intensas lluvias monzónicas que saciaban la sed de zonas que hoy en día son semiáridas. En realidad, las primeras plantas emigrantes que llegaron a Wyoming eran de hojas pequeñas y tolerantes a la sequía, lo que sugiere que quizás el PETM comenzó siendo seco además de caluroso.

Esto confirma las simulaciones que discutimos antes y que predicen la extensión de desiertos y la escasez de agua; monzones como los que caracterizaron la parte final del PETM necesitarían miles de años para desarrollarse. Durante la fase de transición, las temperaturas más altas habrían evaporado mayores cantidades de agua, lo que habría vuelto las zonas áridas aun más secas que antes. Es por esta razón por la que es poco probable que el resurgimiento del monzón chino vaya a ofrecer alivio inminente a la parte norte del país, afectada por la sequía, o que los decadentes ríos glaciales de Pakistán vayan a ser rellenados por un monzón indio más potente. También confirma de manera indirecta las predicciones de un clima más árido en la mitad septentrional de América del Sur, con la expansión de los desiertos hacia el oeste tras el colapso del ecosistema amazónico.

Antes mencionamos el concepto de «zonas de inhabitabilidad»: lugares donde la sociedad humana desarrollada a gran escala ya no podrá ser sostenida en un mundo con cinco grados más. Si observamos las evidencias geológicas de los cambios radicales que ocurrieron a principios del Eoceno, sin embargo, parece claro que esta discusión podría ser incluso demasiado optimista. En su lugar, quizás deberíamos empezar a hablar de zonas de habitabilidad: refugios.

Con unos trópicos demasiado calurosos como para sostener la mayoría de cultivos y los subtrópicos fuera de circulación a causa de la sequía perenne, la región donde la civilización humana a gran escala sigue siendo factible —el cinturón de habitabilidad— se contrae hacia los polos. (Debe recordarse que esto se aplica tanto a los mares como a la tierra: la destrucción de los arrecifes de coral y el rápido calentamiento de los océanos seguramente acabaran con la mayoría de la vida marítima en este mismo cinturón tropical y subtropical).

Es probable que comience una nueva era de localismo forzado para la humanidad, en que la globalización de marcha atrás y las personas se reafirmen en unas identidades más restringidas. En el presente, nuestra economía está interconectada a nivel global, por lo que hay un gran tráfico comercial entre zonas muy alejadas entre sí. Pero los clientes hipotéticos de alguna ciudad costera devastada del futuro ya no tendrán la misma capacidad de compra, mientras que los productores de una zona subtropical asolada por la sequía ya no tendrán nada que vender. Con toda seguridad, mucho antes de que se alcance esta situación los sensibles y volátiles mercados de capital se habrán derrumbado, habrán borrado los bonos de propiedad entre capitales foráneos y domésticos, y precipitado una depresión económica global. La Gran Depresión de los años veinte y treinta del siglo pasado nos mostró lo difícil que es para las sociedades adaptarse a tales presiones, así como la facilidad con que las filosofías políticas menos agradables ganan poder a medida que aumenta la inseguridad social.

Como sugerimos anteriormente, las civilizaciones poderosas, enfrentadas al colapso de sus tierras habitables, podrían intentar desplazar sus poblaciones hacia zonas subárticas con el objeto de escapar de la inanición generalizada y los conflictos internos. Una analogía podría ser el concepto hitleriano de *Lebensraum*, un imperio forjado con territorios de Rusia y Europa del este que pudieran mantener la población de un Tercer Reich en expansión. James Lovelock también ha sugerido que África —la cuna de nuestra especie— podría ser capaz de mantener pequeños refugios en zonas de las regiones altas más lluviosas. Los candidatos incluirían zonas como las tierras altas de Etiopía y las de Lesotho en Sudáfrica, espesuras montañosas donde la agricultura puede pervivir y los valles aislados son más fáciles de defender contra los intrusos merodeadores. No hace falta decir que la época de la ayuda alimentaria y la asistencia internacional ya habría acabado mucho antes.

En cuanto al resto del mundo, imagino que el norte de Europa, lo que incluye las islas Británicas y Escandinavia, podría convertirse en un refugio igual de codiciado y abarrotado. Parece probable que esta región permanezca dentro del cinturón de lluvias invernales, aunque el colapso de la corriente del Golfo —el comodín del norte de Europa— podría dejar un clima más seco en Gran Bretaña, con unas temperaturas que se estabilizarían o incluso bajarían durante un tiempo. En el hemisferio sur, los vientos del oeste deberían seguir enviando copiosas lluvias a la Patagonia y Tierra del Fuego en Chile, aunque podría ser que sobrevivieran colonias humanas en la península Antártica recientemente liberada del hielo, y que podrían irse desplazando lentamente hacia el sur a medida que el hielo en retirada deje al descubierto nuevas tierras. Tasmania y la isla Sur de Nueva Zelanda también permanecerán dentro del cinturón de lluvias templado, y podrían ofrecer refugio a supervivientes de las regiones más cálidas del norte, como

Australia e Indonesia, aunque por supuesto no dispondrán de suficiente espacio para acoger a todos los refugiados climáticos, que para entonces se podrán contar por cientos de millones.

En todos estos casos, se debería aconsejar a los inmigrantes que establezcan sus nuevas comunidades a una distancia prudencial de la costa. El aumento del nivel del mar ya habrá convertido muchas ciudades costeras en pueblos fantasma machacados por las olas cuyos edificios abandonados se irán transformando en arena de playa con cada nueva tormenta. La subida de las aguas continuará inundando la tierra durante los siglos siguientes, lo que expulsará la agricultura de las llanuras bajas como los deltas del Nilo, el Yangtsé y el Meghna (Ganges-Brahmaputra), así como de las tierras llanas fértiles como las de la costa oriental de Gran Bretaña.

Los habitantes de las costas también tendrán que mantenerse alertas y vigilar el mar por si surgen nuevos peligros. Lejos de la costa, los depósitos de hidrato de metano de los fondos marinos podrían cobrar vida y liberar su mortífera carga de gas en forma de burbujas explosivas. Para un observador, parecerá como si el mar estuviera hirviendo, quizás con vagas llamaradas amarillas bailando sobre la superficie agitada, allí donde el metano se esté consumiendo. Muy por debajo, un temblor en el agua y un rumor en el lecho marino anunciarán el movimiento de millones de toneladas de sedimentos en una avalancha submarina. Habrá comenzado la cuenta atrás para el desencadenamiento de un tsunami, apenas perceptible en el mar, pero que se elevará hasta alturas formidables más cerca de la costa. Sabemos cuales serán las señales de alarma: una retirada gradual del agua de las costas, una línea blanca en el horizonte, un muro de agua que avanzará hacia la costa a gran velocidad, seguida de un mortífero torrente de escombros, de barro y ramas que arrasará todo a su paso en varios kilómetros tierra adentro. La vida estará amenazada en todo lugar que no esté a decenas de metros por encima de los mares revueltos.

Supervivencia

Allá donde no haya refugios disponibles y caigan las cosechas y suministros de agua, parece lógico pensar que, desgraciadamente, el resultado más probable será la guerra civil y los conflictos raciales o comunitarios. En líneas generales, la historia nos enseña que los humanos no se quedan plantados a esperar a la muerte por inanición cuando las cosas van mal, sino que agarran las armas que tengan a su disposición y se mudan a regiones más prometedoras, entrando en guerra si hace falta con los grupos que ya habiten en la zona en disputa. Nuestra herencia tribal también nos predispone mentalmente a culpar a los extranjeros por las injusticias o la escasez percibidas, como cuando se persiguió a los judíos de Europa por, supuestamente, acumular alimentos en tiempos de hambruna. Los conflictos que antes se dirimían con lanzas y espadas ahora se librarán con pistolas, granadas o armas nucleares.

Así pues, ¿cómo debe uno planear su supervivencia? La respuesta natural de la mayoría sería, probablemente, instalarse en un lugar aislado de las montañas en que ellos y sus seres queridos puedan refugiarse hasta que pase la crisis. Esta podría bien ser una opción disponible en regiones con grandes territorios y tierras altas poco pobladas, como el oeste de los Estados Unidos. Algunos lugares como Montana ya tienen una gran tradición de supervivencia, aunque no sea, no hace falta decirlo, a causa de preocupaciones relacionadas con el calentamiento global.

En realidad, sin embargo, hay relativamente poca gente que disponga de esta opción. ¿Cuántos de nosotros seríamos capaces de cazar o atrapar bastantes presas como para alimentar a una familia? Si lo más cerca que los urbanitas estamos de ejercitar nuestras habilidades de cazadores-recolectores es cuando nos saltamos la cola del supermercado, ¿cuántos humanos modernos estarían realmente capacitados para vivir de lo que la tierra provee? Incluso si grandes números de personas consiguieran dispersarse por el campo, las poblaciones de animales salvajes disminuirían rápidamente por la presión de la predación humana. Sostener un estilo de vida de cazador-recolector precisa de diez a cien veces más territorio por persona del que necesita una comunidad agrícola organizada. Una vuelta a gran escala a la vida de supervivencia sería un desastre aun peor para la biodiversidad, ya que los humanos cazarían y comerían cualquier cosa que se moviera, de la misma manera que el comercio de carne de animales salvajes ha devastado la vida animal en el África tropical de hoy en día.

En regiones más densamente pobladas, como Europa o China, la supervivencia aislacionista simplemente no es una opción. No hay ningún lugar lo bastante remoto y defendible que a la vez ofrezca suficientes recursos para la supervivencia. Otra opción sería la acumulación de reservas: esconder alijos de alimentos y agua potable y tratar de superar el colapso. Pero defender tus reservas de invasores hambrientos nunca es fácil; a largo plazo es casi imposible. Tarde o temprano se te acabará la munición, o te cogerán desprevenido. Los saqueadores que estén lo bastante desesperados —tal como ocurrió brevemente en Nueva Orleans después del huracán— pronto pierden el miedo a las pistolas.

En una situación de conflicto serio, los invasores no se tomarán a la ligera que los residentes les nieguen alimentos: si un alijo es descubierto, el propietario y su familia —si hacemos caso a la historia— podrían ser torturados y asesinados, como venganza y como advertencia para los demás. Comparémoslo con la experiencia contemporánea de Somalia, Sudán o Burundi, donde los conflictos por las escasas tierras y alimentos están en la raíz de prolongadas guerras tribales y caídas de estados. Gran parte de la historia de la humanidad está plagada de este tipo de oscuros episodios de genocidio, violación y saqueos: nuestro interludio de relativa prosperidad podría acabar siendo una aberración afortunada, gracias en gran parte al increíble estímulo a la producción agrícola y energética que nuestra civilización ha conseguido a partir de los combustibles fósiles. Este mismo impulso de las energías fósiles, pese a que ha permitido a nuestra especie proliferar enormemente en número y construir sociedades maravillosas y complejas en poco más que un instante de la historia, a largo plazo también podría convertirse en nuestra ruina.

Una reducción drástica de la población humana es la consecuencia más probable de una subida de las temperaturas de cinco grados, lo que James Lovelock llama tristemente «la criba». Incluso con la población actual, el planeta lo tendría difícil para soportar la sociedad humana indefinidamente, como ya estamos comprobando en un sinnúmero de formas, desde la sobreexplotación pesquera a la erosión de los suelos. Pero con las previsiones de crecimiento demográfico humano imparable, la situación general será cada vez más precaria a medida que el mundo se calienta. Encuentro difícil de evitar la conclusión de que millones, y más tarde miles de millones, de personas acabarán muriendo en este escenario. En términos de la teoría de Gaya, supongo que el planeta estará tratando de restablecer el equilibrio.

Aunque parezca increíble, este no es el peor escenario posible. El próximo capítulo demostrará que la supervivencia humana, incluso como especie, podría verse amenazada por el apocalipsis definitivo: seis grados de calentamiento global.

6º

6

SEIS GRADOS

A medida que nos adentramos en un mundo seis grados más caluroso que el actual, hay pocas pistas sobre qué nos espera exactamente. Los Virgilios que me han guiado por esta versión moderna del Infierno de Dante han sido hasta ahora mayoritariamente científicos modelizadores climáticos, pero la mayoría de ellos se ha ido quedando por el camino a estas alturas: casi todas las simulaciones del clima de la generación actual se detienen antes de llegar a simular seis grados de calentamiento global para el 2100. Pero como ya hemos visto, los modelos tienden a seguir diseños conservadores, así que no se debería pasar por alto este resultado que, de hecho, sí está incluido en el escenario de previsiones del IPCC en que se basa este libro. En su lugar, tenemos que confiar en la escasa información geológica de que disponemos sobre episodios extremos de efecto invernadero del pasado lejano de la Tierra para que nos iluminen en nuestro camino hacia este Sexto Círculo del Infierno. Dante ofrece un aviso a sus lectores, y yo procederé de igual manera: si esto fuera un programa de televisión, ahora vendría la nota de advertencia previa: «algunos espectadores podrían encontrar angustiantes algunas de las escenas siguientes».

El mundo del Cretáceo

El episodio de efecto invernadero extremo más largo, el periodo Cretáceo o Cretácico, fue en su mayor parte relativamente benigno, aunque ocurrió en un planeta que era muy diferente del que hoy conocemos, geológica y ecológicamente hablando. Durante este periodo, hace entre 144 y 65 millones de años, los helechos, las cícadas y las coníferas dominaban la tierra; las plantas de floración tan solo habían empezado a evolucionar. El gran supercontinente Pangea se estaba partiendo por la mitad, dividiendo América del Sur y África como si fueran piezas de un gigantesco rompecabezas flotante. El estrecho corredor de agua que había entre ellos, el joven Atlántico, no era más ancho de lo que hoy es el Mediterráneo. Las placas tectónicas se movían unos pocos milímetros cada año, y enormes erupciones volcánicas agitaban el planeta.

En el hemisferio sur, la India estaba mucho más al sur de lo que está ahora, y aún iba a la deriva frente a la costa este de Madagascar. Los continentes principales también eran muy diferentes: el nivel del mar estaba 200 metros o más por encima del actual, y muchos interiores continentales estaban inundados por los océanos. América del Norte estaba partida en tres islas por la invasión oceánica, mientras que partes del norte de África, Europa y América del Sur también estaban desaparecidas bajo mares someros. Estas incursiones marinas dejaron plataformas distintivas de piedra caliza, que todavía pueden verse hoy en día desde el Mediterráneo a China. También dejaron tiza: en efecto, el término latino para la tiza, *creta*, es el origen de la palabra «Cretáceo». Los famosos acantilados blancos y montes calcáreos de Inglaterra datan del periodo Cretáceo.

El mundo era mucho más llano. Las montañas se forman cuando las placas colisionan entre ellas, pero los continentes del Cretáceo se estaban rompiendo, no chocando los unos con los otros. Con unos niveles del mar más elevados y continentes más pequeños, solo existía el 80% de la superficie terrestre actual, el resto era un mar azul profundo. Estas diferencias geográficas eran tan profundas como las relativas al clima, puesto que durante el Cretáceo las temperaturas medias globales eran entre 10 y 15 grados superiores a las de hoy en día, no solo durante un corto intervalo, sino durante millones de años.

Hay señales de este prolongado clima de efecto invernadero extremo por todo el mundo en rocas que fueron depositadas en la época. Troncos fosilizados, muy parecidos a las palmeras actuales, emergen ocasionalmente de los sedimentos congelados de la vertiente norte de Alaska. Dinosaurios —algunos de hasta 20 metros de largo, como el herbívoro con pico de pato *Edmontosaurus*— pastaban en estos exuberantes bosques subpolares y dejaron huesos, huellas e incluso impresiones de sus pieles en las rocas cretácicas. Las heladas eran raras o desconocidas, incluso en los bordes del océano Ártico. El noreste siberiano de Rusia disfrutaba todo el año de unas temperaturas mediterráneas, pese al periodo de dos meses de oscuridad polar. Los ancestros de los cocodrilos, acertadamente llamados *Champsosaurus* nadaban en los marjales cálidos y poco profundos del alto Ártico canadiense, acechando a los bancos de peces. En la cota oeste de Groenlandia florecían bosquecillos de los tropicales árboles del pan.

Pero este mundo no era todo sol, temperaturas agradables, dinosaurios paciendo y palmeras meciéndose suavemente. Algunas formaciones rocosas muestran depósitos agregados llamados «tempestitas», formadas por los escombros resultantes de intensas tormentas. Estos feroces huracanes, mucho más potentes que los actuales gracias a los cálidos océanos, dejaron sus marcas incluso en el lecho oceánico, donde construyeron grandes colinas que han sido ampliamente estudiadas por los geólogos. Estas colinas alcanzaron su mayor tamaño durante el Cretácico medio, cuando el dióxido de carbono y las temperaturas estaban en su punto máximo y el efecto invernadero era más potente.

Tal como indican estos depósitos de tempestita, un ciclo hidrológico más intenso trajo lluvias mucho más copiosas a algunas zonas. En el interior inundado de América del Norte, que disfrutaba de un clima tropical, las precipitaciones eran de hasta 4.000 mm por año, unos chaparrones similares a los del monzón indio que empantanaban la tierra. Las temperaturas oceánicas que alimentaban estas tormentas eran mucho más altas que las actuales: en el Atlántico tropical podrían haber alcanzado hasta 42 °C, algo más parecido a un jacuzzi que a un océano. En la zona subpolar Atlántico sur, cerca de las islas Falkland, las temperaturas de la superficie marina solían alcanzar una media de 32 °C, más calientes que en la mayoría de los trópicos de hoy en día.

Si juntamos todas las evidencias geológicas para formar una gran escena global, pronto aparecen zonas diferenciadas. Alrededor del ecuador había un grueso cinturón húmedo que habría experimentado las lluvias más intensas y las tormentas más feroces, pero que albergaba pocos arrecifes de coral y casi ningún bosque. Una zona árida mucho más amplia, que solo habitaban plantas y animales con mucha resistencia a la sequía, cubría el resto de los trópicos y subtrópicos, incluyendo toda África, América del Sur, y las partes meridionales de los Estados Unidos y Europa.

Las latitudes medias más elevadas eran cálidas y húmedas, pero estaban sujetas a incendios frecuentes e intensos: algunas especies cretácicas de helechos tenían la misma capacidad de adaptación al fuego que los eucaliptos australianos de hoy en día. La fisiología de las plantas también estaba adaptada a la sequía: árboles fosilizados del sur de Inglaterra muestran anillos de crecimiento irregulares, consecuencia de los años áridos en que las lluvias no llegaron. En las regiones polares, un clima húmedo y templado permitió el crecimiento de bosques en ambos hemisferios: Siberia tenía una vegetación exuberante, al igual que la península Antártica. No hace falta decir que era un mundo sin casquetes polares. Bosques perennes podrían haber crecido incluso en el mismo polo sur (donde habrían tenido que pasar casi la mitad del año en la oscuridad polar), aunque los tres kilómetros de hielo que lo cubren hoy en día no permiten descubrir madera fósil que pueda probarlo. En el Polo Norte, las temperaturas del océano habrían podido llegar hasta unos agradables 20 °C.

En general, se cree que los niveles de dióxido de carbono eran entre tres y seis veces los actuales, aunque las dos cifras no son comparables directamente porque el calentamiento debido al efecto invernadero del Cretáceo se habría visto contrarrestado por un sol ligeramente más tenue. Parte del CO_2 era volcánico, puesto que había una gran actividad volcánica fruto de la partición del supercontinente Pangea. Mientras que los volcanes actuales solo representan el 2% de las emisiones anuales de dióxido de carbono a la atmósfera, las erupciones del Cretáceo eran de una escala realmente gigantesca y persistían durante muchos miles de años.

Pero el sistema terráqueo siempre busca el equilibrio, al igual que los animales de sangre caliente como los humanos que alteramos inconscientemente nuestro metabolismo para mantener una temperatura corporal óptima y constante. De hecho, esta visión del planeta como un organismo autorregulable es el principio central de la teoría de Gaya de James Lovelock. Lovelock no llega a sugerir que la Tierra sea un ser consciente, pero su observación de que varios mecanismos planetarios actúan de forma casi intencionada para mantener una temperatura favorable para la vida es muy certera. La acción del ciclo de carbono a largo plazo lo ilustra particularmente bien: si los niveles de dióxido de carbono en la atmósfera suben demasiado, entonces la vida se verá amenazada por un efecto invernadero acelerado; por eso Venus es un planeta muerto. Pero si bajaran demasiado, el planeta quedaría congelado. Solo una fluctuación del carbono relativamente pequeña es deseable: por tanto, los organismos vivos tienden a liberar carbono si los niveles bajan demasiado, y a absorberlo si son demasiado elevados.

El mayor de estos «sumideros» vivientes de carbono durante el Cretáceo fueron las grandes plataformas marinas de carbonato de calcio en los subtrópicos, compuestas por capa sobre capa de conchas. Algunas de estas plataformas, que se extendían por decenas de millones de kilómetros cuadrados de fondos marinos poco profundos, acabaron aflorando más tarde en forma de pavimentos calcáreos en lugares como Mallorca y Grecia; de hecho, si observas las rocas calcáreas con atención, aún puedes observar aglomeraciones de conchas machacadas. El proceso de construcción fue lento: hacía falta un millón de años para construir 30 metros de piedra calcárea.

La vegetación, sin embargo, también fue un factor de importancia en la absorción de carbono. Grandes cúpulas de turba que habían ido desarrollándose bajo los bosques y en las ciénagas fueron comprimidas gradualmente hasta formar carbón. Los bosques fósiles de la vertiente norte de Alaska incluyen gruesas capas de carbón, y también se encuentra carbón del Cretáceo en el noreste de Rusia, el oeste de Canadá, el interior de los Estados Unidos, Alemania (gran parte del mismo es «carbón marrón» sucio o lignito), el norte de China, Australia y Nueva Zelanda. También puede haber depósitos significativos de carbón bajo el casquete de la Antártida, testimonios de un periodo más cálido en que el continente polar todavía albergaba grandes bosques.

También se atraparon grandes cantidades de carbono en los sedimentos oceánicos, los restos en descomposición del plancton que se iba depositando en el lecho del océano y formaba capas de fango orgánico muy rico. Parte de este carbono, que desde entonces se ha ido «cocinando» mediante procesos geológicos y filtrándose a través de poros en las rocas hasta formar depósitos, es una sustancia que nos resulta muy familiar a los humanos modernos: el petróleo.

Hay una lección obvia que aprender del funcionamiento de este antiguo ciclo del carbono. La vida en la Tierra ha trabajado durante millones de años para eliminar de la atmósfera unos niveles de dióxido de carbono peligrosamente altos y, por tanto, para mantener las temperaturas globales dentro de los límites tolerables. Gran parte de este carbono es el mismo que ahora los humanos nos estamos esforzándo en devolver a la atmósfera mediante la quema de carbón, petróleo y gas para la obtención de energía. (No se llaman «combustibles fósiles» por nada.) Lo que es peor, los humanos somos bastante más eficientes procesando el carbono que los mejillones, las ostras y el plancton: lo estamos liberando alrededor de un millón de veces más deprisa de lo que las formas de vida del Cretáceo fueron capaces de absorberlo eones atrás.

Las pruebas geológicas nos pueden llevar a la errónea conclusión de que el Cretáceo era un lugar bastante atractivo, si bien algo cálido y pegajoso, con sus exuberantes bosques generadores de carbón y su floreciente vida animal. Después de todo, ¿no es un indicativo de que la Tierra puede sobrevivir, de que la vida puede florecer, con unas temperaturas globales mucho más altas? ¿No debería aligerar un poco nuestras preocupaciones sobre el futuro? Quizás. Pero los ecosistemas del Cretáceo evolucionaron en el clima de invernadero a través de un periodo muy, muy largo, y muchas de las plantas y animales que hoy aparecen fosilizados estaban, claramente, muy bien adaptados al mismo. Este no es el caso de hoy en día: compartimos el planeta con especies que están adaptadas en gran medida a unas condiciones más frías. Si realmente conseguimos que la Tierra adopte de nuevo un clima de invernadero extremo como el del Cretáceo, pocos de los ecosistemas que conocemos sobrevivirán. Todo está a punto, como veremos más adelante, no para la aparición de palmeras en Alaska, sino para el peor de los resultados posibles para la Tierra: la extinción masiva.

Océanos de petróleo

Una analogía del pasado más adecuada que el efecto invernadero continuado del Cretáceo podrían ser algunos de los eventos de calentamiento global más rápidos que ha sufrido el planeta a lo largo de las edades. El Máximo Termal del Paleoceno-Eoceno que discutimos en el capítulo anterior fue uno de estos casos. En el Cretáceo también hubo puntas de temperatura similares, que se relacionan también a cambios dramáticos en el clima global y los seres vivos. Estas puntas de calentamiento son, en parte, responsables de la abundancia de petróleo crudo en los sedimentos de la Tierra: irónicamente, un periodo de calentamiento sentó las bases para otro.

Los signos de estos picos de calentamiento son las franjas de esquisto negro entre las rocas calcáreas del Cretáceo, que son los restos de fangos apestosos depositados por una lluvia de plancton y otros organismos marinos sobre el lecho marino. Bajo condiciones normales, este carbono orgánico habría sido consumido por las criaturas del fondo del mar. Pero durante las puntas de temperatura, ocurrió algo malo en los océanos: los niveles de oxígeno decrecieron, volviéndolos anóxicos de forma gradual (faltos de oxígeno). Sin las criaturas del fondo, los mares habrían parecido charcos estancados, con tan solo una delgada capa de formas de vida en las partes superiores, más oxigenadas. Nadie está seguro de lo que causó estos llamados «eventos anóxicos oceánicos» o de como progresaron exactamente, pero su correlación con los picos de calentamiento parece clara.

Una teoría sugiere que la liberación catastrófica de hidratos de metano calentó el clima de forma tan drástica que los océanos dejaron de circular correctamente. En la atmósfera, el calentamiento provoca la convección porque se produce de abajo hacia arriba: el aire caliente se expande, se hace más ligero y se eleva, y el aire circula como resultado. En el océano, el calentamiento va de arriba abajo; así que la capa de agua cálida, más ligera, se mantiene como una tapadera para las aguas más frías de debajo y corta el suministro de oxígeno, pudiendo llegar a causar extinciones masivas. Durante los años en que se manifiesta el fenómeno de El Niño, este tipo de estratificación rápida de los océanos tiene lugar con la llegada de la corriente cálida frente a las costas de Perú, diezmando la población de peces y las colonias de aves marinas que normalmente abundan en la corriente fría de Humboldt.

La estratificación de los océanos también explica por qué las aguas tropicales son tan puras y cristalinas: contienen tan pocos nutrientes que casi nada sobrevive en ellas, lo que las convierte en desiertos marinos. En contraste, los océanos fríos de aguas mezcladas cercanos a los polos dan cobijo a grandes floraciones de plancton que hacen que los mares parezcan turbios y verdosos, pero que producen ricas pesquerías. Durante los antiguos «eventos anóxicos oceánicos» esta estratificación no se limitaba a una zona en particular, sino que asoló los océanos en una escala global, lo que provocó extinciones masivas de la vida marina.

Una hipótesis diferente plantea que estos episodios de efecto invernadero extremo vieron un ciclo hidrológico más rápido, con intensas tormentas que arrastraban nutrientes de la superficie de la tierra, lo que causó la floración de algas por todo el mundo. Una versión moderna de esto podrían ser las «mareas rojas» que bañan la costa de China cada año, o la «zona muerta» anóxica del golfo de México causada por la contaminación agrícola arrastrada por la corriente del Misisipi. Unos vientos más fuertes también podrían haber arrastrado polvo rico en nutrientes hacia los mares, de la misma manera que las tormentas de arena del Sáhara fertilizan el Atlántico en la actualidad, especialmente si se considera que los desiertos habrían sido mucho mayores durante el Cretáceo.

Se ha planteado una teoría particularmente catastrófica para explicar la mayor punta de calentamiento y el mayor evento anóxico oceánico conocido, ocurrido hace 183 millones de años, en el Jurásico. Durante este episodio, las concentraciones de dióxido de carbono en la atmósfera se dispararon en 1.000 ppm, lo que elevó las temperaturas globales unos seis grados, en una preocupante analogía del peor escenario previsto por el IPCC. Los impactos fueron profundos y dieron como resultado la peor extinción masiva marina del Jurásico y el Cretáceo (un periodo de 140 millones de años de duración). Los geólogos todavía discuten las posibles causas del fenómeno: una teoría plantea que magma volcánico caliente se introdujo en antiguas vetas de carbón extendidas por miles de kilómetros del sur de África. En un episodio similar al que podría haberse desarrollado a finales del Paleoceno (como examinamos en el capítulo anterior), la lava caliente habría gasificado el carbón, lo que habría enviado metano y dióxido de carbono al aire y también habría causado un calentamiento global acelerado que habría dejado los océanos sin oxígeno.

Sorprendentemente, los geólogos han descubierto miles de tuberías de roca vertical, de entre 20 y 150 metros de diámetro, a través de las cuales los sedimentos calentados por los volcanes podrían haber vertido unas 1.800 gigatoneladas de CO_2 en la atmósfera del Jurásico. Estas «tuberías de brecha» (la brecha es una roca sedimentaria detrítica compuesta) están repartidas por todo el altiplano de Karoo de Sudáfrica, y se parecen a pequeños volcanes si se observan en fotografías aéreas: un tenue eco geológico de las chimeneas de las centrales eléctricas modernas, que por supuesto hoy en día desempeñan un papel similar de emisión de carbono.

Otra teoría implica a uno de los sospechosos habituales: los hidratos de metano de las plataformas oceánicas, que podrían haber liberado del fondo del mar un pulso de hasta 9.000 millones de toneladas del gas. Quizás una combinación de ambas explicaría el calentamiento drástico. De cualquier forma, todo el ciclo del carbono geológico se cortocircuitó y fundió los plomos del clima de la Tierra; un aviso del pasado distante sobre nuestro futuro más inmediato.

El efecto fue devastador, pero la mayoría de especies que vivían en la época fueron capaces de superar la crisis, quizás porque ocurrió de forma relativamente lenta. No se puede decir lo mismo de un desastre similar pero mucho peor que cayó tanto sobre las especies marinas como las terrestres al final del periodo Pérmico, hace 251 millones de años. Este episodio no solo fue la peor crisis jamás soportada por la vida de la Tierra, lo más cerca que ha estado el planeta de perder por completo su vibrante y maravillosa biosfera y acabar convertida en una roca muerta y desolada del espacio. Si el supuesto episodio de los carbones del Jurásico fue como si se hubieran fundido los plomos, la extinción masiva del Pérmico fue más bien como si la casa entera se hubiera incendiado.

La masacre de finales del Pérmico

Para los trabajadores chinos que picaban piedra en las canteras de Méishan, en la provincia de Zhjiang del sur de China, el límite entre la piedra caliza gris y la lutita, más oscura, debió resultar algo totalmente trivial. Puede que advirtieran que la roca situada justo debajo del límite era más frágil que la normal, lo que la hacía irritantemente poco apropiada para la construcción. Puede que también se fijasen en la diferencia de color, de gris pálido a casi negro, en los estratos de piedra. Volar y transportar estas rocas parduzcas habría sido tan solo otro día más en el trabajo. Ninguno de estos obreros se habría dado cuenta de que, con sus taladros, picos y palas, estaban a punto de revelar una de las secciones geológicas más importantes jamás descubiertas. Habían plantado los derechos de explotación de su pedrera justo en el límite Pérmico-Triásico, escenario de la peor extinción masiva de todos los tiempos.

Las secciones de Méishan se han convertido en la vara de medir de todo el Pérmico final porque su sucesión de lechos rocosos está claramente definida. Fueron depositados en un fondo marino poco profundo, y las secciones de piedra caliza inferiores al límite Pérmico-Triáscio están repletas de fósiles. Los minúsculos microorganismos llamados foraminíferos y conodontos son particularmente abundantes, pero también se encuentran erizos, estrellas de mar y pequeños crustáceos, junto a corales, peces y tiburones. Claramente, el mar era plenamente productivo y estaba lleno de vida justo antes de la extinción: cada animal y planta estaba bien adaptado al lugar que le correspondía en una compleja red de ecosistemas.

Entonces llega el desastre. Los fósiles desaparecen, y la piedra caliza es reemplazada por una agitada capa de arcilla —fragmentos de cuarzo y cenizas de una erupción volcánica explosiva. Por encima de esta capa hay lutita oscura, rica en materia orgánica, un símbolo inequívoco de falta de oxígeno en el fondo marino. También hay pirita de hierro (el oro de los tontos), que igualmente indica unas condiciones sulfurosas, bajas en oxígeno. La abundancia previa de fósiles ha desaparecido. Donde antes vivían cientos de especies interconectadas, ahora solo sobreviven unas pocas almejas aisladas enterradas entre el barro. La mayor parte de la vida marina ha sido aniquilada. Y según los geólogos que trabajan en la sección de Méishan, todo este catastrófico episodio está recogido en unos meros 12 mm de estratos.

Hay más secretos acechando en los lechos de rocas de Méishan. La franja de ceniza volcánica permitió una datación precisa basada en la degradación de los isótopos de uranio en el plomo: el evento ocurrió hace 251 millones de años. Los isótopos de carbono también cambian, lo que muestra que algo se había torcido de forma preocupante en la biosfera y el ciclo de carbono. Una pista del porqué puede encontrarse en los isótopos de oxígeno, que también muestran una variación drástica entre oxígeno-16 y oxígeno-18, lo que indica una gran fluctuación de las temperaturas. Aquí está, quizás, la revelación más explosiva de todas: la temperatura no había subido uno ni dos, ni siquiera cuatro grados. Se había disparado en no menos de seis grados. La extinción del final del Pérmico, parece, tuvo lugar durante una época de rápido calentamiento provocado por el efecto invernadero.

Fuera de China, otras exposiciones de rocas limítrofes del Pérmico-Triásico explican una historia similar de apocalipsis y destrucción. En el norte de Italia, las capas sedimentarias marítimas de una zona costera de finales del Pérmico contienen materiales sedimentarios arrastrados desde la tierra en un catastrófico acceso de erosión de los suelos. Bajo circunstancias normales las plantas anclan el suelo, protegiéndolo de la erosión de las lluvias. Pero no ocurrió esto, y la conclusión es contundente: casi toda la cubierta vegetal había sido eliminada. Algo había destruido bosques, pantanos y sabanas, y cuando llegaron las lluvias del monzón, ya no quedaba nada que pudiera sujetar el precioso suelo, que fue arrastrado en grandes torrentes hacia el antiguo océano.

La poca vegetación que todavía sobrevivía simplemente se pudrió. En las rocas del desierto israelí de Negev y en otros lugares de todo el mundo, se ha detectado un «pico de hongos», es decir, se han encontrado las esporas preservadas de una proliferación de setas venenosas que brotaron rápidamente en los arboles y arbustos muertos. Fue una época de abundancia y plenitud para los organismos que se alimentan de los muertos.

En la cuenca de Karoo de la moderna Sudáfrica, los investigadores que cazan fósiles en el límite del Pérmico-Triásico se encontraron con una inusual capa perteneciente al momento de la extinción. Este «lecho de actividad» que de nuevo indica una erosión catastrófica, carece de vida: aún no se ha encontrado ningún fósil. También indica un cambio drástico en el clima, de húmedo a árido, justo en la época en que desaparecieron todas las formas de vida. Lo que había sido el profundo cañón de un río, con abundante vida en sus riberas, se había convertido en un conjunto de canales trenzados sobre un paisaje asolado por la sequía. Sin vegetación que sujetara sus riberas, el río serpenteaba por el desierto emergente. Lo que una vez había sido un jardín del Edén se había transformado en un valle de la Muerte.

Hay aún más indicios de un efecto invernadero apocalíptico en un lugar improbable: la Antártida. Casi 3.000 metros por encima del nivel del mar, en el pico Graphite de las montañas Transantárticas, hay suelos preservados que muestran acusados aumentos en el ritmo de desgaste químico, probablemente porque unos niveles más elevados de CO_2 en la atmósfera estaban haciendo que la lluvia fuera más acídica. Un hecho importante es que los sedimentos de roca también muestran que la transición de unas condiciones normales a unas de efecto invernadero fue —como mínimo para los estándares geológicos— espectacularmente rápida, del orden de unos 10.000 años o menos.

Los geólogos David Kidder y Thomas Worsley proponen un fascinante modelo para explicar cómo funcionaba este mundo invernadero, y también cómo se había llegado hasta él. Las semillas habían sido sembradas, según ellos, decenas de millones de años antes de la extinción, cuando había cesado la construcción tectónica de las montañas y la falta de erosión química había permitido que el dióxido de carbono alcanzara gradualmente unos niveles peligrosos. Hacia el fin del periodo Pérmico, las concentraciones de CO_2 eran cuatro veces más altas que las actuales, lo que había aumentado considerablemente las temperaturas globales.

Como un mortífero juego de dominó, la transición climática trajo consigo una cadena de retroalimentaciones positivas, cada una de las cuales fue echando leña a la crisis. Los cinturones de desierto se expandieron, mientras que los bosques se retiraron a refugios más fríos cercanos a los polos, lo que redujo aún más la eliminación de CO_2 por fotosíntesis. Los desiertos alcanzaron los 45 °N (Europa central y el norte de los Estados Unidos en la configuración continental de la actualidad), y su invasión quizás llegó más al norte, hasta los 60 °, cerca del Círculo Ártico. Estos desiertos habrían sido increíblemente calurosos, y los elevados niveles de evaporación de sus océanos costeros habrían dejado un agua muy salada y densa, lo que habría empujado el agua caliente hacia las profundidades oceánicas. Esto es lo contrario de lo que ocurre en el mundo de hoy en día, cuando es el agua fría la que se hunde en los abismos del océano. Pero el invernadero del Pérmico tenía unos polos más cálidos, por lo que el hundimiento del agua de los océanos polares se habría reducido hasta detenerse. El agua caliente puede ser agradable para darse un baño pero, tal como vimos antes, si se extiende por los océanos puede ser mortífera. En los mares más cálidos se disuelve menos oxígeno, así que las condiciones de toda la columna de agua se fueron volviendo cada vez más estancadas y anóxicas. Los habitantes del mar que respiraban oxígeno —casi todas las formas de vida superiores, desde el plancton hasta los tiburones— sufrieron asfixia. Además, el agua caliente se expande, así que el nivel del mar subió veinte metros durante la crisis del Pérmico, inundando las placas continentales y creando mares cálidos y poco profundos mientras las aguas anóxicas invadían la superficie de la tierra.

Estos océanos más cálidos habrían generado huracanes de una ferocidad increíble, mucho más potentes que nada de lo que observamos en la actualidad. Las tormentas modernas están limitadas por el agua fría presente tanto en las profundidades como en las latitudes altas, pero en el invernadero de finales del Pérmico los océanos cálidos se extendían por todo el mundo, de polo a polo. Los superhuracanes (a veces llamados «hipercanes») habrían tenido combustible suficiente como para impulsarlos hasta el Polo Norte y de vuelta, quizás incluso para circunnavegar el globo repetidas veces. Solo la tierra firme podría haberlos detenido, pero un hipercán que alcanzase una costa habría provocado unas inundaciones a las que ningún ser vivo habría podido sobrevivir. Estas tremendas tormentas también habrían transportado grandes cantidades de calor a latitudes altas mediante el vapor de agua y las retroalimentaciones de las nubes, contribuyendo aún más al efecto invernadero.

Pero esto solo era el principio. Un sistema Tierra equilibrado podría haber soportado estos golpes. Desafortunadamente, el destino tenía otros planes. De manera simultánea a la intensificación del efecto invernadero, una gigantesca columna de magma ascendía desde el manto fundido hacia la corteza de la Tierra, apuntando hacia el corazón de Siberia como un puñal. Cuando alcanzó la superficie, la tierra derretida explotó con una violencia espectacular, lanzando cenizas y desechos volcánicos por una extensión de centenares de kilómetros, y oscureciendo el sol con polvo y dióxido de azufre. Más y más magma fue manando durante el milenio y se fue acumulando en capas de muchos cientos de metros de grosor, a través de un área mayor que Europa occidental. Una cantidad cada vez mayor de basalto fue fluyendo por la tierra con cada erupción sucesiva, liberando miles de millones de toneladas de CO_2 desde las infernales fisuras abiertas en la superficie de la Tierra.

La vida podría haber sobrevivido a la inundación basáltica de Siberia si no hubiera coincidido en el tiempo con un intenso calentamiento que ya había llevado al límite a la biosfera. Tal como estaban las cosas, las erupciones fueron un golpe más que liberó gases venenosos y CO_2 en igual medida y provocó tormentas torrenciales de lluvia ácida a la vez que impulsó el efecto invernadero a un estado aún más extremo. Tal como resume Michael Benton en su libro *When Life Nearly Died* (Cuando la vida casi murió), estos monzones de ácido sulfúrico habrían contribuido aún más a dejar la tierra sin vegetación alguna, arrastrando los troncos en descomposición y las hojas muertas hacia los océanos estancados. A estas alturas, la mayor parte de la vida ya debía estar muerta o moribunda. Las criaturas en madrigueras profundas quizás sobrevivieron al golpe inicial de la crisis, pero cualquier cosa que emergiera a la superficie pronto moriría de calor o caería derribado por la inanición. Con la destrucción de la mayor parte de la vegetación —la base de la cadena alimenticia tanto en tierra como en los océanos— no había gran cosa que pudiera sobrevivir durante mucho tiempo. Los niveles de oxígeno en la atmósfera se desmoronaron hasta el 15% (los niveles contemporáneos son del 21%), tan bajos que cualquier animal de movimientos rápidos se quedaría sin respiración incluso a nivel del mar.

Y lo peor todavía estaba por llegar. Con el agua caliente alcanzando rápidamente las profundidades oceánicas, un monstruo que a estas alturas ya nos será familiar se estaba agitando en las placas continentales: los hidratos de metano. El calentamiento global descontrolado había comenzado.

Gran parte de la emisión de hidratos de metano inicial se habría disuelto en la columna de agua, acumulándose gradualmente con el tiempo. Sin embargo, a medida que la cadena de burbujas se elevaba, cada capa sucesiva de agua habría alcanzado sucesivamente el punto de saturación. El explosivo estaba cargado: lo único que hacía falta era un detonador.

Así es como se produjeron los acontecimientos: primero, una pequeña alteración en el suelo marino envió hacia arriba la parcela de agua saturada de gas metano. A medida que se elevaba, las burbujas comenzaron a aparecer, puesto que el gas disuelto burbujea con la reducción de la presión hidrostática, de la misma manera que una botella de limonada con gas se derrama si se le quita el tapón demasiado deprisa. Estas burbujas hicieron que la parcela de agua flotara aún más y aceleraron su ascenso por la columna de agua. El agua arrancó hacia arriba, alcanzando una fuerza explosiva que arrastró el agua cercana, propagando el proceso. En la superficie, el agua sale disparada cientos de metros en el aire, mientras el gas liberado estalla hacia la atmósfera. Las ondas de choque se extienden en todas direcciones, provocando erupciones sucesivas a su alrededor.

Nada de esto son conjeturas teóricas: un proceso similar en miniatura tuvo lugar no hace mucho tiempo, en 1986, en el lago camerunés de Nyos, donde las emisiones de gases volcánicos bajo el lecho lacustre están continuamente liberando dióxido de carbono. La noche del 12 de agosto de 1986, este gas explotó, creando una fuente de agua y gas de 120 metros de altura y soltando una nube letal de dióxido de carbono que asfixió a 1.700 personas en los alrededores. Al ser más pesado que el aire, la nube de CO_2 se pegó al suelo y ahogó a muchas de las víctimas en sus camas.

Una nube de metano podría comportarse de una forma muy similar. Cargado con gotitas de agua, se extiende por la superficie de la tierra como una manta tóxica. Lo que es peor, al contrario que el CO_2, el metano es inflamable. Incluso en concentraciones de aire-metano de tan solo un 5%, la mezcla se podría incendiar por un rayo o por cualquier otra chispa y enviar terroríficas bolas de fuego que rasgarían el cielo. Una comparación moderna podrían ser los explosivos de aire-combustible utilizados por los ejércitos ruso y estadounidense, cuyo poder destructivo es parecido al de las armas nucleares tácticas. Las llamadas «bombas de vacío» rocían una nube de gotas de combustible sobre un objetivo (idealmente un espacio cerrado, como una cueva) y las prenden, de forma que absorben el aire y generan una onda expansiva lo bastante fuerte como para matar o herir en áreas muy extensas.

Las nubes de metano-aire producidas por erupciones oceánicas dejarían en ridículo incluso a las más potentes armas modernas, sin embargo, y las explosiones de las nubes más grandes podrían generar ondas expansivas capaces de viajar más rápido que la velocidad del sonido. Con una explosión supersónica, es la propia presión de la onda expansiva la que prende la mezcla, desplazando un frente explosivo a velocidades de dos kilómetros por segundo y vaporizando todo lo que encuentra en su camino.

Los posibles efectos en los animales y plantas del mundo Pérmico son difíciles de imaginar. Una erupción comparativamente menor de metano oceánico podría, por tanto, convertirse rápidamente en un agente de extinción masiva muy eficaz. Tal como escribe el ingeniero químico Gregory Ryskin en un artículo dirigido específicamente a los «mecanismos asesinos» de final del Pérmico, este metano «podría destruir la vida terrestre casi por completo». Una erupción de metano oceánica importante, según su estimación, «liberaría energía equivalente a 108 megatoneladas de TNT, unas 10.000 veces mayor que todo el arsenal mundial de armas nucleares». Esta conflagración global hasta podría provocar un enfriamiento a corto plazo parecido al de un invierno nuclear, antes de impulsar de nuevo el calentamiento global gracias al CO_2 producido por el metano en combustión. (Y el metano no consumido tendría un efecto de calentamiento todavía más grave).

El agente asesino metano podría no haber actuado solo. Mientras la vegetación y los despojos de animales se pudrían en los océanos estancados, grandes cantidades de sulfuro de hidrógeno se estarían formando en las profundidades. Las pruebas de este océano sulfuroso todavía están conservadas en las rocas pérmicas del este de Groenlandia, donde las reveladoras piritas abundan entre las pizarras negras depositadas durante la época de la catástrofe. Venenoso en concentraciones ínfimas (y con un olor a huevos podridos), cualquier emisión de sulfuro de hidrógeno en la atmósfera podría haber acabado con los animales que quedaran vivos en las zonas que de alguna forma hubieran escapado a las erupciones de metano.

La mezcla sulfurosa de los océanos también habría sido un agente de extinción muy efectivo en el reino marino, capaz de matar todas las formas de vida que respirasen oxígeno. Por si esto fuera poco, la nube de sulfuro de hidrógeno también habría atacado y destruido la capa de ozono, permitiendo la penetración de la peligrosa radiación ultravioleta proveniente del Sol. Esporas desfiguradas han sido descubiertas recientemente en las mismas rocas pérmicas del este de Groenlandia, lo que indica que las plantas terrestres supervivientes podrían haber sufrido mutaciones en su ADN causadas por la exposición prolongada a los rayos UVA.

En concentraciones muy elevadas, el metano también destruye el ozono: un estudio de modelización que investigaba específicamente las condiciones de finales del Pérmico descubrió que si las concentraciones de metano de la superficie alcanzaban 5.000 veces los niveles básicos —como bien podría haber ocurrido durante la gran erupción de los hidratos de metano— la mitad de la columna de ozono sería destruida, lo que multiplicaría por siete la radiación UVA en la superficie. Por sí sola, esta podría ser una causa principal de la extinción, según los autores. Además, la combinación de los dos agentes —sulfuro de hidrógeno y metano— podría incrementar enormemente el efecto destructivo sobre la capa de ozono.

Con todos estos desastres sucediéndose sobre la capa de la Tierra, no es muy sorprendente que la extinción masiva del Pérmico supere a todas las demás. Según algunos cálculos, desapareció el 95% de las especies, tanto terrestres como marítimas. En los océanos aguantaron algunos animales con concha, profundamente enterrados bajo el barro. En tierra, tan solo un gran vertebrado superó el cuello de botella de la extinción: el *Lystrosaurus*, parecido a un cerdo, que durante millones de años dispuso del planeta prácticamente para él solo. Hay un claro «vacío de carbón» entre el Triásico temprano y medio, el periodo geológico que siguió al Pérmico, lo que demuestra que tan solo sobrevivió una escasa vegetación que no tuvo nada que ver con los frondosos bosques que crearon las espesas capas de carbón de principios del Pérmico y del Carbonífero. Hicieron falta 50 millones de años —hasta bien entrado el Jurásico— para que se recuperaran los niveles de biodiversidad previos a la extinción.

Regreso al futuro

Todos los geólogos coinciden en afirmar que la crisis de finales del Pérmico fue la madre de todos los desastres. Así pues, ¿qué lecciones nos puede enseñar para el caso en que nuestro mundo se dirija a los seis grados de calentamiento? Claramente, dado el lapso temporal de 251 millones de años, no es de esperar que los acontecimientos vayan simplemente a repetirse de la misma manera. Los continentes están dispuestos de una forma diferente, para empezar, lo que quizás permita una mejor circulación de los océanos. Hay más oxígeno en la atmósfera, así que es poco probable que incluso los peores índices de calentamiento por efecto invernadero vayan a asfixiarnos. Tampoco estoy seguro de que la perspectiva de bolas de fuego de metano que rasguen los cielos vaya a cumplirse en el mundo de hoy en día; tan solo es una de las muchas teorías que se han avanzado para explicar la extinción de finales del Pérmico, y como tal, señala lo peor que el invernadero de la Tierra puede llegar a hacerle a sus habitantes.

Por otro lado, hay algunos aspectos especialmente preocupantes de la actual crisis de calentamiento global, incluso si los comparamos con los horrores que azotaron el mundo al final del Pérmico. Un evento de extinción —que ha recibido el nombre no oficial de Extinción Masiva del Antropoceno— ya está teniendo lugar, independientemente del calentamiento global. Con tantas plantas y animales que han visto sus poblaciones disminuir drásticamente y que han sido llevados a los límites de la supervivencia, el mundo natural ya es menos resistente al cambio de lo que debió haber sido a finales del Pérmico. Consideremos a nuestros primos, los grandes simios, tan escasos en número que cada día nacen más bebés humanos que la población entera de gorilas, chimpancés y orangutanes juntas. Con tantas especies de vida pendiendo de un hilo a causa de la rapacidad del *Homo sapiens*, bastarán unos cambios climáticos moderados para empujarlos precipicio abajo.

Las alteraciones provocadas por los humanos también dificultan la migración y adaptación de plantas y animales, como vimos en capítulos previos. Lo que queda de la naturaleza está bajo asedio en «reservas», islas entre desiertos agrícolas y urbanos. Con el aumento de las temperaturas y la llegada de auténticos desiertos a las latitudes medias, estas islas de naturaleza serán absorbidas una a una, extinguidas por el cambio climático.

Consideremos también el ritmo del cambio. Incluso los índices más rápidos de emisiones volcánicas de CO_2 necesitan milenios para provocar efectos apreciables sobre el clima. Estamos cumpliendo la misma hazaña en cuestión de décadas. Como dijimos antes, el invernadero de finales del Pérmico probablemente tardó un mínimo de 10.000 años en desarrollarse. Podríamos conseguir el mismo nivel de calentamiento en un siglo, un centenar de veces más rápido hasta que la peor catástrofe jamás conocida por el mundo. Incluso si tenemos en cuenta las incertidumbres de los registros geológicos, nunca podremos enfatizar este punto lo suficiente: las emisiones humanas de dióxido de carbono están ocurriendo más deprisa de lo que la naturaleza ha sido capaz de conseguir desde el inicio de la vida en la Tierra. Aparentemente, tanto el Máximo Térmico del Paleoceno-Eoceno como los «eventos anóxicos oceánicos» del Cretáceo vieron aumentar los gases de efecto invernadero mucho más lentamente que ahora. En términos puros de volumen de carbono, estamos aún muy por debajo de su magnitud, pero la velocidad del cambio no tiene precedentes, y nos lleva a territorio desconocido.

Por supuesto, nuestras emisiones de carbono no tienen mala intención —para la mayoría de nosotros, nuestro enorme consumo de energía simplemente forma parte de la vida moderna— pero a la biosfera esto le da igual. Si nos hubiéramos planteado destruir la vida de la Tierra con el máximo de eficiencia posible, no habríamos encontrado un sistema mejor que desenterrar y quemar tantos hidrocarburos fósiles como podamos.

Hay mucha gente que cree de manera instintiva que unas criaturas tan pequeñas como los humanos no pueden tener un impacto remarcable en un objeto tan grande como el planeta. Pero si dudas de la escala del negocio en que anda metida la sociedad humana, acércate a una autopista con mucho tráfico y levanta la vista hacia el cielo. Recuerda que la atmósfera respirable se extiende unos meros 7.000 metros sobre tu cabeza. Luego piensa en cuántas autopistas zigzaguean ahora mismo por todo el globo, desde Bangkok a Berlín, todas a rebosar de coches y camiones, cada uno con su tubo de escape exhalando continuamente su mortífera mezcla de dióxido de carbono y otros gases. Acuérdate de añadir todas las centrales eléctricas, los aviones, las calderas domésticas y las estufas de gas, y recuerda también que esta situación continúa, día y noche, las 24 horas de cada día de la semana, por la totalidad del planeta.

Mejor todavía, echa un vistazo a una fotografía por satélite de la Tierra de noche, mira como cada continente está iluminado por una densa telaraña de ciudades, y maravíllate ante el conjunto visual de esta plétora de consumo energético continuo humano, el 80% del cual está basado en la combustión de combustibles fósiles. Ya te irá pareciendo menos sorprendente que cada año aumenten las concentraciones de CO_2, y que con cada aliento inhales más dióxido de carbono del que jamás ha respirado ningún otro humano antes que tú, en toda la historia evolutiva de nuestra especie. Tampoco puede sorprender que el clima esté cambiando rápidamente: lo que sería sorprendente sería que todo continuara como hasta ahora.

La lección de finales del Pérmico es, pues, la siguiente: el planeta puede volverse muy desagradable, muy deprisa, en cuanto se le saca de su estado natural. Hoy en día vuelve a haber vastos volúmenes de hidratos de metano submarinos almacenados bajo las placas continentales, esperando a que vuelvan a subir las temperaturas oceánicas. Nadie sabe hasta qué punto podemos forzar la situación.

Tampoco hay motivo alguno para descartar otros posibles desastres como la estratificación de los océanos o el envenenamiento por sulfuro de hidrógeno. La detención gradual de la corriente del Golfo podría ser otro eslabón más en la cadena de una máquina mucho mayor: con la parada de la circulación de los océanos, las aguas calientes, que transportan menos oxígeno, penetrarían en las profundidades, eliminando paulatinamente la vida aeróbica. En gran medida, el estancamiento de los océanos sería invisible para los habitantes de la tierra: por ejemplo, gran parte del mar Negro de hoy en día es anóxico, pero la superficie rica en oxígeno actúa como tapadera para el líquido venenoso de debajo.

Pese a todo, la liberación catastrófica de sulfuro de hidrógeno de las profundidades marinas es algo más que especulación: hoy en día, ocurre ocasionalmente, aunque en una escala mucho menor, frente a la costa de Namibia. Allí el sulfuro venenoso emerge hacia el exterior proveniente de material orgánico en descomposición en grandes explosiones, y la mezcla tóxica descolora la superficie del mar en una superficie tan grande que el fenómeno es fácilmente observable por satélite. Un gran número de peces —en realidad, todo lo que vive en los océanos cercanos— muere como resultado, y en las zonas costeras cercanas la población humana sufre a causa del desagradable olor y el efecto corrosivo del gas tóxico de sulfuro de hidrógeno. Según las investigaciones científicas, las erupciones son generadas principalmente por el metano del lecho oceánico, que asciende en forma de burbujas a través de la columna de agua hasta formar grandes fenómenos exactamente iguales a los que se cree que pudieron ocurrir a escala mundial a finales del Pérmico.

De hecho, Andrew Bakun y Scarla Weeks, expertos en el fenómeno del sulfuro de hidrógeno de Namibia, han sugerido específicamente que el calentamiento global podría provocar una emisión del gas tóxico a gran escala a causa de la ascensión de aguas profundas en el océano. Las zonas vulnerables, allí donde el agua de las profundidades emerge hacia la superficie en la actualidad —aunque, afortunadamente, ahora mismo no hay erupciones de gases tóxicos— incluyen las costas de Marruecos, Mauritania, Perú y California. Si este inoportuno cambio comenzara, los habitantes de las costas serían los primeros en percibir el olor de huevos podridos: el sentido del olfato del ser humano puede oler el sulfato de hidrógeno en la franja de las partes por trillón. (En concentraciones mayores el nervio olfativo se paraliza y perdemos la capacidad de detectar la toxina). Se trataría de un asesino silencioso: imaginad la escena de Bhopal tras la fuga de gas de la Union Carbide en 1984, repetida primero en las poblaciones costeras, después en el interior continental de todo el mundo. Al mismo tiempo comenzaría el asalto a la capa de ozono, empezaríamos a sentir que los rayos del Sol nos quemarían la piel y las primeras mutaciones celulares provocarían casos de cáncer entre los supervivientes.

¿Podría extinguirse la mismísima raza humana? No lo creo posible: la gente en general dispone de una única combinación de inteligencia y fuerte instinto de supervivencia. Los humanos llegan a extremos increíbles cuando intentan escapar a la muerte, como atestiguan incontables historias de supervivencia contra todo pronóstico. Yo mismo he llegado a arrastrarme por una montaña de los Andes en un estado de delirio semiconsciente, cuando lo más fácil habría sido estirarme y dejarme llevar, pero el instinto de supervivencia fue, por supuesto, demasiado fuerte. Incluso bajo el peor índice de calentamiento imaginable, seguro que en alguna parte todavía será posible plantar cosechas y cultivar alimentos. Las lluvias no se detendrán, y la fusión de las capas de hielo proveerá de abundantes reservas de agua en las regiones polares. Alimentar un mundo con 8.000 o 9.000 millones de habitantes es otra cuestión, pero la idea de que todos y cada uno de nosotros podamos desaparecer me parece inconcebible. Al contrario que los animales terrestres del Pérmico, podemos acumular la suficiente comida en conserva como para resistir muchos años. Podemos crear atmósferas artificiales para aislarnos de lo que ocurra en el exterior. Tal como sugieren algunos científicos, podríamos tomar medidas de geoingeniería de emergencia, quizás mediante la dispersión de espejos solares en el espacio o la diseminación de sulfatos por la parte superior de la atmósfera en un último intento de enfriar las cosas. Incluso podríamos llegar a fundar colonias en otros planetas algún día.

Y, pese a todo, esto no ofrece un gran consuelo, si tenemos en cuenta los tormentos que nos esperan. El calentamiento global extremo podría no significar una crisis de supervivencia para la especie humana, pero sí será con toda certeza una crisis de supervivencia para la mayoría de seres humanos que tengan la mala fortuna de habitar en un planeta en rápido proceso de calentamiento, y esto ya es bastante malo. Stalin se equivocó al proclamar que un millón de muertes no era más que una estadística: por eso se le sigue odiando hoy en día. La muerte de cada ser humano, de cada bebé, de cada madre, de cada hermano, padre o hermana, será una tragedia única que debería afligir al planeta entero: aun más cuando este desenlace aún puede ser evitado.

Hay mucha gente que, cuando se ve enfrentada a tan horribles posibilidades, se refugia en una especie de fatalismo geológico: el manido refrán de que la vida seguirá, con o sin nosotros, y de que al final del día nada importa en realidad. El planeta estará mejor sin el *Homo sapiens*, sugerirán algunos. Dejando de lado las dudas morales que plantea este tipo de actitud (es un poco como decir que el Holocausto Nazi no importó porque el elevado índice de nacimientos de la posguerra reemplazó rápidamente a los seis millones de muertos), no está tan claro que la vida siempre salga adelante. El Sol se va volviendo más caliente a medida que quema su suministro limitado de combustible nuclear, y durante millones de años el gran reto al que se enfrentará nuestro planeta será el de mantenerse frío frente al aumento inevitable de la radiación solar.

Este es un momento peligroso para andar jugando con el termostato de la Tierra. Los científicos han calculado que solo quedan mil millones de años para que la biosfera se extinga para siempre a causa del exceso de calor. El planeta ya tiene 4.600 millones de años, y durante gran parte de este tiempo careció de vida. Las decenas de millones de años que harán falta para que se restablezcan nuevas formas de vida, y para que la biodiversidad evolucione de nuevo en nuevos ecosistemas complejos tras cualquier extinción masiva causada por la humanidad son una porción considerable del tiempo habitable restante. Tal como escribe James Lovelock, la «Madre Tierra» es ya una señora mayor de sesenta años, menos resistente de lo que fue en su día. Con nuestras acciones conscientes, estamos reduciendo considerablemente su esperanza de vida.

Hasta donde nosotros sabemos, este es el único planeta de todo el universo que ha sido capaz de invocar a la vida en todo su esplendor y variedad. Cortar esta flor intencionadamente constituye un crimen, sin ninguna duda, uno aun más atroz que el genocidio más cruel o la guerra más destructiva. Si cada persona es igual de valiosa, cada especie lo es incluso más. No hay excusas, creo yo, para la colaboración en un crimen como este. Tal como establecieron los juicios de Nuremberg posteriores a la guerra, la ignorancia no es defensa, ni tampoco el haber actuado siguiendo órdenes. Para mí, el camino moral a seguir no es la aceptación pasiva de nuestro papel destructivo, sino la resistencia activa contra tan horrendo destino.

Como anuncié al principio de este libro, el futuro no está escrito en piedra, aún tenemos el poder —aunque disminuye cada día— de alterar el final de este terrible drama. No hace falta que termine en tragedia, y para dejar claro este punto, en el próximo capítulo examinaré las opciones que tenemos de evitar cada sucesivo grado de aumento de las temperaturas. Es aquí, y tan solo aquí, donde debemos depositar nuestras esperanzas.

Tal como escribió Dylan Thomas:

> No entres dócilmente en esa plácida noche,
> la vejez debería arder y delirar al terminar el día;
> rabia, rabia contra la agonía de la luz.

7

7

ESCOJAMOS NUESTRO FUTURO

«Vemos, como quien tiene mala luz,
las cosas —dijo— que se encuentran lejos,
gracias a lo que esplende el Sumo Guía.
Cuando están cerca, o son, vano es del todo
nuestro intelecto; y si otros no nos cuentan,
nada sabemos del estado humano.
Y comprender podrás que muerto quede
nuestro conocimiento en aquel punto
que se cierre la puerta del futuro».

Dante, *El Infierno,* Canto X: el Sexto Círculo del Infierno

Como le ocurre a Farinata, el fantasma que conversa con Dante en este revelador pasaje, es mucho más fácil para todos nosotros apreciar los acontecimientos cuando aún están en la distancia. También nos es mucho más fácil influir sobre ellos, puesto que a menos que decidamos reducir las emisiones de gases de efecto invernadero dentro de unos pocos años, nuestros destinos estarán escritos y nuestro camino hacia el infierno será inevitable, a medida que las retroalimentaciones del ciclo del carbono detalladas en capítulos pasados amenazan con hacer efecto una detrás de otra. Al igual que las almas atormentadas que Dante se encuentra en el Sexto Círculo del Infierno, una vez «se cierre la puerta del futuro» —en el Amazonas, Siberia o el Ártico— podríamos vernos incapaces de influir en el desenlace de esta terrible historia.

La advertencia es clara, ¿tenemos la voluntad de escucharla? En noviembre del 2006, los científicos del Proyecto Global del Carbono anunciaron que las emisiones estaban aumentando cuatro veces más deprisa que una década antes. En otras palabras, todos nuestros esfuerzos —comercio de emisiones, apagar las luces, el Protocolo de Kioto, etcétera— habían tenido un efecto significativo: *menos que cero*. Los participantes del proyecto señalaron que cada día que pasa nos alejamos más y más de cualquiera de las «vías de estabilización» del IPCC. Las cosas no pintan bien.

Aún es más: a causa de la latencia térmica del planeta, incluso si las concentraciones atmosféricas de gases de efecto invernadero se estabilizaran rápidamente (lo que, para ser sinceros, no va a ocurrir), las temperaturas aumentarán entre 0,5 °C y 1 °C, nos parezca bien o mal. Como los muertos vivientes que Dante se encuentra en el Primer Círculo del Infierno, los glaciares alpinos, los pastos de Nebraska y los resplandecientes arrecifes de coral ya están condenados por hechos que quedan en el pasado. Los últimos estudios también dejan claro que estamos muy cerca de un punto de inflexión en el Ártico, y que solo un gran esfuerzo internacional podría evitar que el casquete polar Ártico se colapse por completo, lo que significaría que el Polo Norte estaría libre de hielo durante el verano hacia el 2040. En efecto, si aceptamos las pruebas del Plioceno, existe la posibilidad de que, incluso con las actuales concentraciones de CO_2, nos enfrentemos a 3 °C de calentamiento, con un aumento eventual del nivel del mar de 25 metros. Pese a todo, este escenario tardaría siglos en desarrollarse, así que esta analogía no sería tan pesimista como podría parecer.

Sofisticados modelos informáticos de los futuros índices de cambio climático indican que nos queda poco tiempo para reducir las emisiones si queremos evitar niveles «peligrosos» de calentamiento, y que aún podemos apuntar a un «aterrizaje seguro» en el corredor entre 1 °C y 2 °C. Esta ventana de oportunidad está prácticamente cerrada, sin embargo. La conclusión de este libro, que coincide con el informe del 2007 del IPCC, es que tenemos menos de una década para alcanzar el límite y empezar a recortar las emisiones globales. Se trata de un calendario muy apretado, pero no imposible. Me parece que, dada la nefasta situación en que nos encontramos, lo que nos hace falta no es fatalismo, sino radicalismo.

Saber lo que no sabemos

Parafraseando a Donald Rumsfeld, una de las grandes «incógnitas conocidas» en el campo del cambio climático, así como la única parte de la ecuación climática sobre la que tenemos algún tipo de control, son las emisiones futuras: la cantidad de miles de millones de toneladas de gases de efecto invernadero que los humanos vamos a emitir mediante la quema de combustibles fósiles y la tala de bosques en los años por venir. El IPCC ha desarrollado una compleja serie de «escenarios de emisiones», cada uno de los cuales se fundamenta en distintas suposiciones sobre el crecimiento económico y demográfico, globalismo contra localismo, y otros factores clave durante el siglo que viene. Se trata de «escenarios» y no de «predicciones» porque simplemente no tenemos ni idea de cual tiene más posibilidades de ocurrir, y el IPCC evita específicamente asignar probabilidades a sus análisis: todos los escenarios se consideran igualmente probables.

En realidad, estos escenarios de emisiones son una incógnita aun mayor que cualquiera de las polémicas incertidumbres científicas sobre el clima de las que siempre están hablando los negacionistas. Estas incertidumbres al menos se refieren a realidades físicas que los científicos deberían ser capaces de delimitar tarde o temprano mediante la inteligencia y los ordenadores. Las emisiones futuras, sin embargo, dependen de decisiones que aún tienen que ser tomadas miles de millones de veces por gente como tú y como yo. Dependen de la economía y la política, en vez de los sólidos fundamentos de la física. Por esta razón, las emisiones a largo plazo probablemente no podrán ser calculadas nunca con precisión.

La segunda «incógnita conocida» es de carácter genuinamente científico: aquello que los académicos llaman «sensibilidad climática». (Debería destacar que ninguna de estas incertidumbres afecta a los escenarios retratados en los capítulos previos de este libro, que se refieren a los impactos de los aumentos de las temperaturas, independientemente de los escenarios de emisiones que las generan. Las estoy nombrando aquí para poder atacar la cuestión crucial que intenta resolverse en este capítulo: ¿qué trayectorias de emisiones nos llevarán a qué temperaturas finales?). La sensibilidad climática se define en la jerga técnica como la respuesta de temperatura de equilibro del sistema planetario a la duplicación de las concentraciones de CO_2 atmosférico previas a la industrialización. Es importante porque si la sensibilidad climática es baja (por ejemplo, el clima no es muy sensible al carbono), entonces unas elevadas emisiones de carbono llevarán a unos aumentos de temperatura relativamente controlables. O al contrario, si la sensibilidad climática es alta, entonces aunque restrinjamos severamente las emisiones, no nos salvaremos de una rápida subida de las temperaturas.

Puesto que están diseñados por distintos equipos que utilizan parámetros ligeramente diferentes, los modelos climáticos obtienen cifras ligeramente variables para este número crucial. Se trata de mucho más que simples suposiciones: los modelos, después de todo, se basan en leyes de la física (aunque muchas aun no sean comprendidas del todo), y la mayoría de ellos convergen alrededor de los 3 °C, lo que implica que multiplicar por dos los niveles de dióxido de carbono preindustriales, de unas 280 a 550 partes por millón, provocaría un aumento eventual de la temperatura de tres grados.

Aun así, más recientemente, algunos equipos de científicos han señalado que el valor real de la sensibilidad climática podría ser mucho más alto. Uno de los mejor conocidos es el equipo que se encuentra detrás del proyecto climateprediction.net de la Universidad de Oxford, que involucra a miles de personas que descargan y ejecutan un modelo climático en sus ordenadores domésticos. Cada modelo descargado contiene pequeñas diferencias del siguiente, y mediante el examen de miles de estos resultados los investigadores esperan encontrar un puñado de estimaciones para la sensibilidad climática. Durante el proceso consiguieron algunos titulares internacionales: aunque la mayoría de las simulaciones caseras dieron como resultado los típicos 3 °C más o menos, hubo unas cuantas que mostraron sensibilidades climáticas que llegaron hasta los 11 °C. Como dijo el coordinador del proyecto, Dave Frame, a los reporteros: «La posibilidad de obtener respuestas tan altas tiene profundas implicaciones. Si la respuesta del mundo real estuviera cerca del espectro superior de nuestro registro, incluso los niveles actuales de gases de efecto invernadero podrían ser peligrosamente altos».

Uno de los mayores obstáculos para el cálculo de la sensibilidad climática es el fenómeno del «oscurecimiento global». Se sabe desde hace tiempo que los aerosoles de sulfatos —liberados durante la combustión de combustibles fósiles, y unos importantes contribuidores a la lluvia ácida— tienen un efecto de enfriamiento a corto plazo sobre el clima, al protegernos temporalmente de los efectos completos del calentamiento global mediante el bloqueo de parte de los rayos del Sol. Se sospecha que estos aerosoles son los principales culpables de la extraña caída de las temperaturas globales entre

1940 y alrededor de los sesenta, justo en una época en que las emisiones de gases de efecto invernadero habían empezado a aumentar rápidamente.

La mayoría de proyecciones sugiere que el oscurecimiento irá declinando durante las décadas futuras, cuando las medidas de control de la contaminación vayan surgiendo efecto; de hecho, este proceso probablemente ya está en marcha, lo que quizás explicaría el rápido calentamiento global detectado desde los ochenta. Los aerosoles no permanecen en la atmósfera durante mucho tiempo: son eliminados por las lluvias en cuestión de días, mientras que el CO_2 permanece durante una media de un siglo. Una vez que desaparezca este escudo de aerosoles, las temperaturas bien podrían dirigirse hacia los extremos superiores de las previsiones del IPCC, más cerca de los seis grados que de los dos, según los últimos estudios.

Lo que es más, existe una preocupante distancia entre los modelos y los paleoclimas. Como mencioné anteriormente, unos niveles de CO_2 similares a los de hoy en día parecen haber causado unos 3 °C de calentamiento durante el Plioceno. Asimismo, los modelos actuales no son capaces de reproducir el episodio de invernadero del Eoceno, cuando el océano Ártico llegó a ser tan templado como el Mediterráneo, sin aplicar grandes niveles poco realistas de CO_2 simulado. El mismo problema se repite durante el invernadero del Cretáceo. Si los niveles cretácicos de CO_2 se introducen en los modelos climáticos, los niveles de calentamiento simulado son mucho menores que los que realmente ocurrieron hace 100 millones de años, según las estimaciones de los geólogos. Así que o bien la información fosilizada sobre las temperaturas y los niveles de CO_2 del pasado está equivocada, o los modelos están subestimando las retroalimentaciones climáticas. Ambos no pueden tener razón.

Los modelos climáticos, por su propia naturaleza, son parte de una iniciativa científica reduccionista, al separar las distintas partes del sistema climático y tratar de entenderlas y describirlas individualmente mediante ecuaciones físicas. Junta todas estas ecuaciones, que lo representen todo, desde las nubes al hielo marino, y según la lógica, obtendrás tu modelo. Pero la totalidad de un sistema complejo e interactivo no es necesariamente solo una suma de todas sus partes. En una tosca comparación, este es el motivo por el que los doctores no pueden reconstruir un cuerpo humano totalmente funcional a base de pegarle piel, orejas, dientes, sangre, nervios y huesos procedentes de un donante diseccionado. El secreto subyace en la manera en que todos los componentes químicos y biológicos humanos interaccionan dentro de un organismo vivo. Lo mismo puede decirse del «organismo» planetario, que —según la teoría de Gaya— exhibe gran parte de las características autorreguladoras de un cuerpo vivo.

El eslabón perdido podrían ser las retroalimentaciones climáticas y las interacciones que no estén en los modelos. Mientras que algunos elementos bien conocidos del ciclo del carbono ya han sido incluidos, aún hay muchas incertidumbres respecto a las retroalimentaciones que simplemente no pueden ser cuantificadas. Nadie sabe, por ejemplo, la cantidad precisa de CO_2 y metano que podría ser liberada por el deshielo del permafrost. Tampoco se sabe con seguridad cuándo se disparará el gatillo de los hidratos de metano, ni cómo ocurrieron estos procesos durante el Cretáceo. Puede que Jim Hansen haya resuelto parcialmente este enigma al distinguir entre las escalas temporales involucradas en los procesos de retroalimentación de la Tierra. Las «retroalimentaciones rápidas», señala, incluyen cambios en el vapor de agua, nubes, polvo atmosférico, hielo marino y cubiertas de nieve, y todos estos están bien reflejados en los modelos. Si los juntas todos, obtendrás la cifra generalmente aceptada de 3 °C para una duplicación del CO_2. Pero las retroalimentaciones lentas —como el colapso de las capas de hielo y los cambios en los gases de efecto invernadero que resulten de las alteraciones en la vegetación y en el ciclo del carbono— no están bien introducidas en los modelos, y pueden incrementar sustancialmente la sensibilidad climática en periodos más largos.

Los modelistas están empezando a ponerse al día, sin embargo, y estos distintos efectos de retroalimentación están siendo estudiados minuciosamente. Un estudio de mayo del 2007 revela, como se esperaba, que los modelos que incluyen retroalimentaciones del ciclo del carbono tienden a incrementar radicalmente sus índices previstos de calentamiento. Otro observó la manera en que las retroalimentaciones de los gases de efecto invernadero actuaban durante las etapas de transición de las edades de hielo. Mediante estos datos del mundo real, proyectaron que los valores más altos del IPCC del 2001 para el calentamiento del siglo XXI, 5,8 °C, «podían incrementarse hasta los 7,7 °C, casi 2 °C de calentamiento adicional». Un segundo estudio internacional que utilizaba datos de temperaturas de los últimos miles de años, alcanzó esencialmente la misma conclusión. Ambos sugieren que la discrepancia entre la paleoclimática y los modelos será eventualmente resuelta en favor de los primeros, una previsión poco reconfortante. ¿Seis grados? Mejor que sean ocho.

Marcarse un objetivo

Tal como vimos anteriormente, es muy probable que haya entre 0,5 °C y 1 °C de calentamiento adicional que aún no hemos experimentado a causa de la latencia térmica del sistema Tierra, así que incluso si mañana mismo detuviéramos la subida de CO_2, entraremos de igual manera en el «mundo de un grado». Las temperaturas seguirán subiendo durante otros treinta años aunque se implementen inmediatamente medidas de recorte de las emisiones, a causa de las grandes cantidades de carbono que ya hemos vertido en la atmósfera. Pero si aún tenemos tiempo de estabilizar el clima en un calentamiento de dos grados —y los modelos indican que lo tenemos— entonces disponemos de la oportunidad potencial de salvar grandes franjas de biodiversidad global, ralentizar el deshielo de Groenlandia y mantener la subida del nivel del mar asociada en un nivel tolerable, y aun de evitar las retroalimentaciones positivas más peligrosas que podrían actuar cuando nos acerquemos a los tres grados de calentamiento.

Este último objetivo es el más crucial, y quizás sea el mensaje central de este libro. Si, como se mostró en el capítulo 3, cruzamos el «punto de inflexión» del colapso del Amazonas y la emisión de carbono de los suelos, que está situado en algún punto por encima de los dos grados, entonces otras 250 partes por millón de CO_2 podrían ser vertidas en la atmósfera, lo que causaría 1,5 °C más de calentamiento y nos llevaría directamente a cuatro grados de calentamiento. Una vez llegados a este punto, la emisión acelerada de carbono y metano del permafrost en deshielo de Siberia añadiría aún más gas de efecto invernadero a la atmósfera, lo que generaría más calentamiento, y quizás nos llevaría al mundo de los cinco grados. Con este nivel de calentamiento, tal como se explicó en el capítulo 5, la liberación del hidrato de metano oceánico sería una peligrosa posibilidad que nos catapultaría hacia el apocalipsis de extinción masiva de los seis grados.

La lección es tan clara como abrumadora: si queremos asegurarnos de que vamos a salvar a la humanidad y al planeta de lo que podría ser la peor extinción masiva de todos los tiempos, aun peor que la de finales del Pérmico, *tenemos que detenernos en los dos grados.*

¿Podemos conseguirlo? Un analista académico ha calculado que solo hay una posibilidad del 7% de que ya hayamos cruzado la linea de los dos grados. Esta cifra ya es bastante preocupante: personalmente, no me subiría a un barco que tuviera un 7% de probabilidades de hundirse en mitad del océano, por ejemplo. Y sin embargo, puesto que estamos atrapados en el único planeta capaz de albergar vida de todo el universo conocido, no tenemos gran elección.

Pero veamos el lado positivo de las cosas: si damos esta cifra por buena, entonces el mundo tiene aún un 93% de posibilidades de quedarse por debajo de los dos grados de calentamiento, pero solo si se mantienen las concentraciones actuales de dióxido de carbono. Cada año en que permitimos que aumenten los niveles de CO_2, se reducen las probabilidades de sobrepasar los dos grados. En siete años, las concentraciones de CO_2 aumentarán hasta las 400 ppm (eran de 382 ppm en el 2007 y crecen en torno de las 2 ppm anuales), y nuestro margen de maniobra se habrá reducido considerablemente. Incluso si asumimos una sensibilidad climática relativamente baja, para entonces tendremos una menos reconfortante probabilidad del 75% de alcanzar el objetivo de dos grados. No son el tipo de probabilidades que nadie esté dispuesto a aceptar para nada de mayor importancia que una partida de póquer con apuestas bajas, pero cuando lo que está en juego es el futuro del planeta, son unas probabilidades realmente malas.

Pero lo repito: no tenemos muchas opciones. Es poco realista exigir que las emisiones vayan a reducirse en un 60% durante la próxima década, que es lo que haría falta para estabilizar las concentraciones atmosféricas de CO_2 por debajo de las 400 ppm. Estabilizarse a 550 ppm, como sugiere el economista británico sir Nicholas Stern, es la única opción políticamente realista, y nuestras probabilidades de mantenernos por debajo de los dos grados serán escasas, de menos del 20%. Con unos niveles de CO_2 así de altos, evitar un calentamiento de hasta tres grados será cada vez más difícil. De hecho, según los académicos, estabilizar los niveles en 550 ppm nos dejará con un 10% de probabilidades de superar hasta los cuatro grados, y las posibilidades de permanecer por debajo de los tres grados con esta concentración de CO_2 serán del cincuenta por ciento. (No os preocupéis: más adelante resumiré todo esto en una tabla). Claramente, el objetivo al que debemos apuntar depende de los riesgos que estemos dispuestos a aceptar, siempre teniendo en cuenta que el fracaso podría significar un calentamiento global galopante y la destrucción de la mayor parte de la vida de la Tierra.

Mayormente, esta discusión parecerá compleja y oscura para cualquiera excepto para los especialistas en la materia. Pero no debería. Se trata de una cuestión clave a la que se enfrenta la humanidad, mucho más importante que el terrorismo, el crimen, la seguridad social, la educación o cualquier otra preocupación cotidiana de las que llenan nuestros periódicos y pantallas de televisión. Nos enfrentamos a una decisión: ¿Qué temperatura, y por implicación, qué concentración de CO_2, queremos alcanzar? ¿400 ppm? ¿550 ppm? Aventuro que una encuesta de opinión estándar dirigida al público general no recogerá muchas respuestas. Gran parte de la población entrará dentro de la categoría de «no sabe, no contesta». Incluso la clase política está aún empezando a comprender la terminología relevante, y no hay ningún partido importante en ningún lugar del mundo, que yo sepa, que tenga una política definida sobre el tema. En última instancia, sin embargo, esta es una decisión política, una en la que todos los habitantes del público deberían poder participar de una forma informada y democrática, si es que se pretende que la decisión sea observada y apoyada por todos.

Esta cuestión plantea una cuestión más profunda sobre nuestro lugar en la Tierra. Nosotros los humanos, una especie animal entre millones, nos hemos convertido en los guardianes *de facto* de la estabilidad climática del planeta, un servicio que la naturaleza solía proporcionar de manera gratuita (con algunos altibajos). Sin siquiera darnos cuenta, nos hemos autoproclamado vigilantes y hemos puesto nuestras pesadas y sudorosas manos de mono en el termostato climático. Es difícil imaginar una responsabilidad más formidable.

Así pues, ¿cuáles son los detalles particulares delobjetivo de dos grados? Como dije antes, para lograr una certeza del 75% de que nos mantendremos bajo el umbral mágico de los dos grados, las emisiones globales de gases de efecto invernadero deben alcanzar su tope máximo en los siguientes *siete años*, para el 2015. Las emisiones tendrán que reducirse continuamente desde este punto, y para el 2050 tendrían que haberse reducido en un 85%. Esto estabilizaría las concentraciones de CO_2 en 400 partes por millón (o 450 ppm de equivalentes al CO_2, es decir, si expresamos en términos de CO_2 el calentamiento de todos los gases de efecto invernadero, como el metano y el óxido nitroso). Si las concentraciones suben por encima de este nivel, las posibilidades de mantenerse por debajo de los dos grados disminuyen en consecuencia. Llego a esta conclusión basándome en mi propia lectura de las últimas investigaciones científicas, pero tiene el respaldo del informe del 2007 del IPCC, que también deja claro que las emisiones globales deben llegar al límite en el 2015 si queremos que la concentración de CO_2 se mantenga en 400 ppm o menos, y el aumento de temperatura asociado se limite a dos grados.

Estas son mis mejores previsiones, en forma de tabla, en las que trato de simplificar la discusión anterior. Para evitar que se produzca un calentamiento sucesivo de más de un grado con un alto grado de probabilidad (75%), estimo que tendremos que seguir el siguiente curso de acción:

Cambio de grado	**Temperatura real en Celsius**	**Actuación necesaria**	**Objetivo de CO_2**
Un grado	0,1 °C-1,0 °C	Probablemente no se pueda evitar	350 ppm (los niveles actuales son de 380 ppm)
Dos grados	1,1 °C-2,0 °C	Tope de emisiones para el 2015	400 ppm
¿Umbral para la retroalimentación del ciclo del carbono?			
Tres grados	2,1 °C-3,0 °C	Tope de emisiones para el 2030	450 ppm
¿Umbral para la retroalimentación del metano siberiano?			
Cuatro grados	3,1 °C-4,0 °C	Tope de emisiones para el 2050	550 ppm
Cinco grados	4,1 °C-5,0 °C	Permitir la subida constante de las emisiones	650 ppm
Seis grados	5,1 °C-5,8 °C	Permitir unas emisiones muy elevadas	800 ppm

La tabla ilustra lo desesperadamente incoherentes que resultan las políticas climáticas actuales, incluso las de algunos importantes grupos ecologistas. La Unión Europea ha mencionado (aunque no adoptado formalmente) un objetivo de 550 ppm, mientras al mismo tiempo exigía que la subida de temperaturas tiene que limitarse por debajo de los dos grados. Con toda probabilidad, tal como muestra la tabla, 550 ppm se traducen en cuatro grados a los que habrá que sumar las retroalimentaciones positivas. Friends of the Earth, un respetado y dedicado grupo ecologista que ha llevado a cabo un trabajo brillante para concienciar a la gente sobre el cambio climático, también pide que las temperaturas globales se mantengan a este lado de los dos grados, por los mismos motivos que lo hago yo. Pero su campaña política tan solo pide una estabilización del CO_2 en las 450 ppm, pese al hecho de que esta concentración de carbono, según la mejor ciencia disponible, nos da un 75% de posibilidades de errar el objetivo de dos grados. Muchos otros grupos se enfrentan al mismo dilema: que tan solo si se hace campaña a favor de conseguir concentraciones de CO_2 «políticamente poco realistas» se podrá evitar con seguridad el calentamiento global extremo con seguridad. Pero claro, lo que es políticamente realista para los humanos y lo que es físicamente realista para el planeta no tienen nada que ver.

Así pues, si nuestro objetivo son los dos grados, con miras a evitar con un buen margen el imparable efecto dominó climático de las retroalimentaciones positivas, las emisiones de todos los gases de efecto invernadero deben alcanzar su cota máxima en el 2015, y descender continuamente desde entonces hasta alcanzar un objetivo de estabilización del CO_2 de 400 ppm (o 450 ppm de equivalentes de CO_2), por poco realista políticamente que pueda parecer esta trayectoria de emisiones. El porcentaje real de recorte de las emisiones que implica este objetivo dependerá de cómo se comporte el ciclo de carbono de la Tierra, pero en mi opinión la ciencia señala que harán falta unos recortes mundiales del 60% para el 2030, y del 85% para el 2050. De nuevo, estas cifras coinciden con las previsiones del Cuarto Informe de Evaluación del IPCC del 2007.

Puesto que las emisiones de carbono por persona varían enormemente entre los distintos países, no se debería esperar que estos recortes porcentuales fueran adoptados de manera uniforme. La India, por ejemplo, emite actualmente alrededor de 1 tonelada de CO_2 por persona, China, 4 toneladas por persona, y los Estados Unidos 20 toneladas por persona. Está claro que si estos países adoptaran simultáneamente un recorte de las emisiones del 60%, las desigualdades básicas permanecerían: la India emitiría 0,4 toneladas, China 1,6 toneladas, y los Estados Unidos 8 toneladas. Una propuesta que revalidara estas diferencias estructurales tendría, obviamente, pocas posibilidades de formar la base de un acuerdo global para las emisiones exitoso, por la simple razón de que sería extremadamente injusto.

Así que ¿cómo llegar a un acuerdo internacional, dados los diferentes niveles de desarrollo? Tan solo hay una solución lógica para el problema: los países ricos deben pactar el abandono de sus habituales políticas injustas a cambio de la participación de los países pobres en un régimen climático acordado, un compromiso que fue propuesto por primera vez por el Global Commons Institute y que conocemos como «Contracción y Convergencia» (C&C). Bajo C&C, todos los países se dirigirían hacia la igualdad de emisiones por persona en una fecha acordada, dentro de un contexto global de contracción de las emisiones globales hacia niveles sostenibles. Se trataría de una negociación histórica: los pobres conseguirían igualdad, y todos (incluidos los ricos) conseguirían la supervivencia.

En los Estados Unidos, donde las emisiones por persona son más altas que en la mayoría del mundo, este proceso de convergencia requeriría unos recortes mucho más acusados que la media, quizás de hasta el 85% en el 2030, dependiendo de la naturaleza del pacto C&C. Para conseguir que este sistema sea flexible y eficiente, es crucial que se establezca un mercado internacional de emisiones que permita que los países pobres puedan vender sus asignaciones no utilizadas a los países ricos a cambio de unos ingresos significativos. Estas ganancias procedentes de un mercado global de carbono permitirían abordar la pobreza y a la vez asegurar que los países pobres tengan la opción de perseguir un camino de desarrollo bajo en carbono.

Seamos francos: la conclusión de este libro es que solo nos quedan siete años para alcanzar el tope de emisiones antes de que nos enfrentemos a los peligros crecientes de un calentamiento global descontrolado. Soy el primero en admitir que este objetivo parece desesperadamente inalcanzable. Pero creo que es lo que exige la ciencia, e incluso está basado en unos supuestos algo conservadores, y asume que no hemos cruzado la línea todavía. Y siendo honestos, no nos faltan razones para el pesimismo: como ya mencioné antes, el ritmo de aumento de las emisiones de carbono se ha cuadruplicado en la última década. Las emisiones están aumentando rápidamente alrededor del mundo: el mayor infractor, los Estados Unidos, emite ahora un 16% más de CO_2 que en 1990, mientras que el total de China —aunque inferior en términos per cápita— se ha acelerado aún más. Según algunos informes, China ya ha superado a los Estados Unidos y es el mayor emisor del mundo.

Si miramos aún más allá, la AIE (Agencia Internacional de la Energía) proyecta que la demanda de energía mundial haya aumentado en más de la mitad para el 2030, y que el 80% del aumento provenga de combustibles fósiles en vez de fuentes de energía limpia. Es preocupante que en este escenario de «normalidad», las renovables crezcan rápidamente, pero aún representen tan solo el 2% de la generación total de energía en el 2030, a causa de la propia escala del crecimiento. En consecuencia, según esta proyección, las emisiones de CO_2 aumentarán en un terrorífico 52% por las mismas fechas. Incluso el AIE admite que estas tendencias «nos dirigen a un futuro que no es sostenible» y, por tanto, avanza un Escenario Mundial de Políticas Alternativas «en que los países que importen energía actúen con determinación para reducir la demanda y cambiar los patrones de utilización de petróleo». Este escenario optimista resulta no serlo tanto cuando se examina más de cerca: se sigue previendo que las emisiones de CO_2 aumenten en un tercio para el 2030, en vez del 60% de reducción que necesitaremos si queremos alcanzar el objetivo de los dos grados.

A estas alturas, debería quedar claro que la tendencia a la normalidad (que es la que seguimos ahora mismo, pese al protocolo de Kioto) lleva a unas grandes probabilidades de alcanzar cuatro, cinco e incluso seis grados de calentamiento para el 2100. Añádele todas las incertidumbres, y debería quedar meridianamente claro que un crecimiento posterior de las emisiones llevará al mundo a un juego de azar en que las probabilidades están en nuestra contra. Y cuanto más suban las emisiones, peores serán las probabilidades. Cara, gana el calentamiento global, cruz, perdemos nosotros. Como dijo algún gracioso, es como jugar a la ruleta rusa con una Luger en vez de con un revolver. Una bala, una cámara, y vamos a apretar el gatillo.

Un baño de realidad

Muchos libros sobre el cambio climático acaban con una perogrullada sobre las energías renovables, como si los autores creyesen en los cuentos de hadas y pensasen que simplemente con desear algo y creer en ello bastase para hacerlo realidad. Me parece que si fuera tan fácil apartarse de los combustibles fósiles, ya lo habríamos hecho, o al menos estaríamos encaminados en la dirección correcta. En su lugar, como hemos visto anteriormente, el mundo se está moviendo a gran velocidad en la dirección errónea, y parece destinado a seguir haciéndolo.

¿Debemos desesperarnos por las posibilidades de alcanzar el objetivo de los dos grados? No, pero tampoco deberíamos basar nuestras políticas en simples deseos. A lo mejor deberíamos empezar por aceptar abiertamente que no hay una solución rápida. La energía proveniente de los combustibles fósiles ha conseguido ocupar un papel central en casi todos los aspectos de la vida moderna, desde el transporte a la calefacción doméstica, y corresponde al 80% de todos nuestros suministros de energía. De hecho, nuestra civilización se define más por su uso de la energía que por ningún otro aspecto de su naturaleza: sin inmensas cantidades de energía, nuestra sociedad se detendría en seco, y miles de millones de personas pasarían hambre.

Me convencí de esto —de una manera casi cómica— cuando las protestas por el petróleo que tuvieron lugar por todo el Reino Unido en otoño del año 2000 y provocaron una escasez de gasolina y gasóleo que duró casi un par de semanas, pero que hicieron arrodillarse al país en el proceso. Se formaron colas en los supermercados cuando los consumidores acudieron presa del pánico a comprar provisiones. La gente conducía kilómetros en busca de gasolineras que no se hubieran quedado secas. En el centro de Gales, las vacas quedaron sin ordeñar en los campos al mismo tiempo que la leche embotellada se agotaba en las tiendas. Las únicas lecheras utilizables estaban en los museos, y para transportar la leche poco más de cien metros, de la granja a la tienda, hacían falta grandes camiones articulados que llevasen el producto a cientos de kilómetros de distancia, hasta una central de distribución y etiquetado que luego volvería a enviar la leche de vuelta. Por supuesto, todo esto requería combustible.

En una escala minúscula, esto ilustra lo dependientes que nos hemos vuelto de los combustibles fósiles, pero el mismo problema se puede observar a gran escala. Jeffrey Dukes, de la Universidad de Utah, es una de las pocas personas que lo han calculado, y sus cifras son alarmantes. Dukes calcula que un galón (3,79 l) de gasolina de Estados Unidos requirió de media unas 90 toneladas de material vegetal precursor durante su proceso de formación en los antiguos océanos (piensa en ello cada vez que llenes el depósito). Calculado a nivel global, la sociedad humana consume el equivalente a 400 años de energía solar antigua (expresado en términos de productividad primaria neta de las plantas durante eras geológicas previas) cada año mediante el uso de combustibles fósiles. Esto sugiere que un racionamiento drástico del uso de la energía sería necesario para que los humanos intentaran vivir gastando tan solo su presupuesto anual de energía solar.

También indica hasta qué punto nuestra civilización depende de un único subsidio energético del pasado, en forma de combustibles fósiles generados por las plantas que absorbieron antigua luz solar mediante la fotosíntesis durante millones de años. En efecto, con el ritmo de uso actual probablemente utilizamos el equivalente a un millón de años de combustibles fósiles cada año, expresado en términos del tiempo que precisaron para formarse. Únicos entre los animales, nosotros los humanos hemos sido capaces de romper las restricciones impuestas por un presupuesto anual finito de energía solar mediante el uso de la energía química almacenada en petróleo, carbón y gas. Ya no tenemos que depender de la generosidad anual de la naturaleza, porque a efectos prácticos podemos comer petróleo.

Así que los combustibles fósiles, más que ningún otro factor, han hecho que los humanos prosperen. Otros animales tienen que vivir dentro de las constricciones de sus ecosistemas, donde sus números son regulados por los suministros de alimentos, los depredadores y tantas otras cosas. El *Homo sapiens* ha escapado de esta camisa de fuerza ecológica, nuestras reservas de comida ya no están limitadas por lo que podemos plantar en los campos y recoger en el bosque. En vez de esto, convertimos los combustibles fósiles en comida, mediante la agricultura mecanizada y el transporte a larga distancia. El gas natural es utilizado en la fabricación de fertilizantes de nitrógeno, mientras que el petróleo da energía a los tractores y cosechadoras que llevan a cabo el grueso del trabajo. Harían falta cientos de humanos bebedores de sidra utilizando su energía muscular para cosechar lo mismo que una cosechadora mecánica bebedora de petróleo que utiliza energía mecánica (¡la sidra era, claramente, el mejor biodiésel sostenible!).

Aun peor, se utiliza más petróleo en procesar materiales crudos y convertirlos en cosas comestibles, envasarlos y transportar los productos acabados hasta el mercado. El sistema, por su propia naturaleza, utiliza mucha más energía que uno preindustrial, y además es muy ineficiente: se gastan muchas más calorías de energía provenientes de combustibles fósiles de las que conseguimos en forma de comida. Haríamos mejor —si esto fuera posible— si simplemente nos comiéramos el petróleo. Por ejemplo, hacen falta 127 calorías de combustible para enviar volando cada caloría de lechuga iceberg desde los Estados Unidos hasta el Reino Unido. Según una estimación, el sistema alimentario de los Estados Unidos consume diez veces más energía fósil que la que produce en forma de energía alimentaria.

Con este gran subsidio de energía fósil, el impacto humano en el planeta y los ecosistemas naturales ha sido profundo. Los humanos ya nos hemos apropiado de entre un 25% y un 40% de la producción planetaria primaria neta (NPP: definida como la cantidad neta de energía solar convertida en materia orgánica a través de la fotosíntesis). Como subrayan los autores de un estudio científico: «Este es un nivel destacable de apropiación para una especie que solo representa el 0,5% de la biomasa heterotrófica (animal) de la Tierra». Y, recordemos, esto es *además* de los 400 años de NPP antiguo que consumimos cada año a través del uso de combustibles fósiles. Consumimos vorazmente no solo la naturaleza moderna, sino también la antigua.

Pero la energía fósil, en cierta manera, podría haber disminuido el impacto directo de la humanidad. En vez de quemar madera para calentarnos, por ejemplo, los Rusos descubrieron que podían quemar carbón, lo que redujo la presión sobre los bosques. En los días anteriores a los combustibles fósiles, por ejemplo, Suecia tenía menos bosques de los que tiene ahora. Es poco probable que América del Norte o Eurasia mantuvieran una significante cubierta vegetal si no fuera por el subsidio de energía fósil. El cambio del carbón a la biomasa forestal, por tanto, sería deseable en términos de emisiones de gases de efecto invernadero, pero acabaría perjudicando aún más a la naturaleza de lo que ya hemos hecho.

Estados de negación

Las realidades energéticas no son la única razón por la que nuestra respuesta al calentamiento global hasta la fecha ha sido tan poco entusiasta. Nuestra psicología evolutiva nos predispone a no responder a las amenazas que puedan ser pospuestas para más tarde. Somos aptos para movilizarnos para las batallas inmediatas, no tanto para dirigirnos hacia retos que aún quedan en el futuro lejano. De ahí que el término más apropiado para describir las respuestas tanto individuales como sociales hasta ahora sea el de «negación». Se trata de la misma facultad mental que utilizan los fumadores para convencerse a sí mismos de que no morirán pronto, o que utilizan los montañeros que escalan el Everest para creerse invulnerables incluso cuando superan los cuerpos congelados de predecesores que murieron siguiendo la misma ruta.

Esta negación es compleja, e involucra una serie de respuestas defensivas que van desde la típica «el cambio climático es un mito» a la más comprensible (pero, en última instancia, igual de inútil) «ya, pero necesito mi coche para trabajar». Por supuesto, no es coincidencia que las mismas personas que están firmemente unidas al uso de combustibles fósiles —por ejemplo, los petroleros— son los que más probablemente negarán la realidad del cambio climático. Tal como recordó Al Gore a su audiencia durante la presentación de su película *Una verdad incómoda,* no hay nada tan difícil como intentar que un hombre comprenda algo cuando su trabajo depende precisamente de que no lo llegue a comprender. Es un caso clásico de negación: nadie quiere tener una imagen mental negativa de sí mismo, así que los actos inmorales se adornan necesariamente con una capa de justificación intelectual.

Según los psicólogos, la gente utiliza la negación para resolver la disonancia causada por una información nueva que puede desafiar puntos de vista profundamente enraizados o patrones de conducta muy valorados. Los conductores, por ejemplo, pueden no querer absorber una información que cuestiona la necesidad percibida de usar sus coches; de igual manera, las parejas en plena luna de miel no tendrán muchas ganas de pensar en el cambio climático mientras se embarcan en un vuelo hacia Tailandia. Esto esconde importantes implicaciones para activistas y educadores: la respuesta de negación significa que simplemente con dar a la gente más información factual sobre el cambio climático no tiene por qué convencerla para animarse a actuar contra el mismo, según una relación de causa y efecto.

¿Por qué la gente niega las cosas en vez de ser más honesta y cambiar de conducta? Parte del problema es social: nos enfrentamos diariamente a la presión de seguir un estilo de vida de alto consumo de combustibles fósiles, así que en realidad el cambio de comportamiento personal requiere mucho coraje. Esos que se esfuerzan en cambiar suelen ser etiquetados de «hippies» o «ecologistas». Un estilo de vida que consuma mucha energía suele verse como un símbolo de éxito social.

Los anuncios de cine y televisión buscan hacer de los coches potentes un símbolo de estatus, por ejemplo, mientras que los profesionales suelen jactarse de lo mucho que viajan por todo el mundo. Todos necesitamos la aprobación de nuestros pares, y si nuestro grupo se comporta de una forma que socava nuestras creencias sobre el cambio climático, estas nos harán sentir alienados en lugar de satisfechos.

Dado que la resolución de la disonancia es difícil, y que negarla es deshonesto, mucha gente prefiere otra forma de escapar del dilema: el desplazamiento. Resumiendo, le echan la culpa a los demás. Para una persona normal esto suele traducirse en acusar a alguien cuyo comportamiento es peor: el conductor de un Mini que señala al de un Hummer, por ejemplo. Para los legisladores, esto significa acusar a otros países: la resolución Byrd-Hagel del Senado de los Estados Unidos se negó a consentir ningún cambio en el estilo de vida americano hasta que los países en desarrollo también recortaran sus emisiones. (En la práctica, los Estados Unidos acusaban a China). Incluso los ecologistas pueden ser tentados por el desplazamiento: al convertir a George Bush en un villano —por muy indefendible que fuera su postura— fue más fácil para todos nosotros que tener que afrontar retos más delicados y más cercanos a nuestros hogares.

El cambio climático es un clásico problema de «tragedia de los comunes», en que el comportamiento que parece más lógico a nivel individual acaba demostrando ser desastroso para la sociedad cuando todo el mundo lo repite. El creador del concepto, Garrett Hardin, ofrece el ejemplo de los pastores de ganado que comparten un mismo pasto para ilustrar el problema. Cada pastor obtiene una ganancia individual al añadir una vaca más a la comunidad, puesto que consigue más leche y más carne. Pero si todos los vaqueros actúan igual, el resultado es un pastoreo excesivo que acaba destruyendo el recurso compartido. La negación psicológica es fundamental en el proceso, según Hardin: «Los beneficios individuales que obtiene un particular gracias a su habilidad para negar la verdad, incluso si la sociedad al completo, de la que él forma parte, sufre».

Un intrigante estudio sobre el tema utilizó una muestra aleatoria de grupos focales en Suiza para investigar actitudes sobre el cambio climático entre el público general. Sus resultados mostraron claramente cómo «la tragedia de los comunes» se refleja en la creencia de la gente «en la insignificancia de la acción individual para cambiar el orden de las cosas», con el resultado de que los aparentes «costes para uno mismo son mayores que los beneficios para los demás». Pese a todo, los investigadores descubrieron que el motivador principal de la negación era sencillamente más egoísta: la falta de voluntad por abandonar las propias comodidades y hábitos de consumo. La gente se quejaba de que el transporte público llegaba tarde, estaba sucio e iba demasiado lleno, y que por tanto «necesitaba» sus coches. O quizás argumentaban que sus vidas eran atareadas y difíciles, y que «necesitaban» unas vacaciones en el extranjero un par de semanas al año. Todas estas excusas buscan justificar un comportamiento continuado que es, expresado en términos colectivos, extremadamente destructivo.

El estudio informa de varias otras maneras en que ocurre la negación. Está la metáfora del compromiso desplazado: «Protejo el medio ambiente de otras formas, como el reciclaje»; la negación de responsabilidad: «Yo no soy la causa principal del problema»; la condena al acusador: «No tienes derecho a acusarme»; el rechazo de la culpa: «No he hecho nada malo»; la ignorancia: «No conozco las consecuencias de mis actos»; la impotencia: «Nada de lo que haga marcará la diferencia»; la comodidad: «Me cuesta mucho cambiar mi comportamiento»; y los límites imaginarios: «Hay demasiados impedimentos». Es una buena lista que probablemente le resulte familiar a cualquiera que haya discutido el cambio climático con más gente. Habré oído todas estas objeciones, expresadas de manera distinta, probablemente unos cientos de veces.

Quizás la forma más penetrante y resistente de negación sea lo que los investigadores suizos llamaron «la fe en algún tipo de arreglo directivo», en particular la creencia de que un caballero salvador tecnológico acudirá al rescate montado en su caballo blanco. Como el resto de formas de negación, la fe en un «arreglo tecnológico» evita la necesidad de un cambio serio en el comportamiento. Los políticos, por ejemplo, celebran los últimos prototipos de coches de hidrógeno porque desvían la atención de las versiones que utilizan combustibles fósiles, bastante más comunes. La mayoría de la gente cree que abordar el problema del cambio climático es una simple cuestión de construir suficientes turbinas eólicas, colocar paneles solares en tejados suficientes o reciclar más botellas de cristal. Pero los cálculos de Jeffrey Dukes, centrados en las cifras brutas de la utilización de energía fósil, indican que la realidad es algo diferente.

En un sentido más amplio, uno podría argumentar que todo el sistema económico de la sociedad occidental moderna esta cimentado en la negación, en particular en la negación de la restricción de recursos. En la escuela se enseña a los niños —y, aparentemente, algunos Nobel de economía aún se lo creen— que los recursos proporcionados por la Tierra, desde el mineral de hierro a la pesca, entran en la categoría de «bienes gratuitos», aparecidos como por arte de magia al principio del proceso económico. Estos «bienes gratuitos», que incluyen todos los servicios de los ecosistemas que mantienen a la especie humana, se consideran sin valor financiero y no entran en la contabilidad económica convencional.

El habitual «Producto Interior Bruto» (PIB) que se utiliza para medir el éxito económico nacional es una suma de los valores de producción y consumo que no considera la sostenibilidad del proceso. En un golpe maestro de la contabilidad creativa, la teoría económica convencional, por tanto, contabiliza el agotamiento de los recursos como una acumulación de riqueza. Es como si un particular se gastara todo el dinero de su cuenta corriente y lo contabilizara como «ingreso», una absurdidad que forma la base de toda nuestra economía.

Si pensamos en esta disfunción de la sociedad, parece algo injusto culpar a los individuos por no enfrentarse al cambio climático, puesto que todo el peso de la economía y la sociedad efectúa con eficiencia la tarea de evitar que lo hagan. Bob Dylan cantó una vez sobre cómo el sureño blanco que disparó al líder negro de las libertades civiles Medgar Evers en 1963 era solo un «peón de su juego». Así somos todos nosotros, peones en el juego del calentamiento global. Pero no estamos totalmente carentes de poder, ni totalmente libres de culpa. La propia mano colectiva que mueve estos peones es la nuestra.

El pico del petróleo

Pese a todo, puede que no tengamos el lujo de escoger voluntariamente si queremos abandonar los combustibles fósiles. En los últimos años un número cada vez mayor de gente bien informada ha llegado a la conclusión de que las reservas mundiales de petróleo están a punto de llegar a su tope, lo que invoca el fantasma de una crisis energética que causaría dificultades incalculables. Y hay buenos motivos para pensar que podrían tener razón. El descubrimiento de nuevas reservas de petróleo sigue una tendencia a la baja que comenzó a mediados de los sesenta. En 1980 las líneas de producción y descubrimiento se cruzaron en el gráfico, y desde entonces hemos ido consumiendo más petróleo del que hemos descubierto. Algunos analistas sugieren que el auténtico pico del petróleo podría llegar el año que viene, o que quizás ya lo hemos superado. Nadie lo puede saber con seguridad porque, por definición, solo distinguiremos este pico cuando lo hayamos sobrepasado.

La razón de este pico subyace en la simple geología: el petróleo es, en realidad, extremadamente raro. Para que se forme un yacimiento petrolífero tienen que ocurrir una serie de condiciones poco probables. Primero, grandes cantidades de carbono deben acumularse en un lecho marino anóxico. El plancton muerto y otra materia orgánica cae sobre el suelo oceánico continuamente, pero la mayor parte del tiempo este carbono es consumido y oxidado por bacterias. La anoxia oceánica —como vimos durante la discusión sobre el periodo Cretáceo— es tan poco común como pasajera.

Segundo, este sedimento rico en carbono debe formarse y compactarse de tal manera que expulse el agua pero siga siendo permeable, con el suficiente espacio poroso para que el petróleo se cuele y acceda a un depósito superior de roca porosa.

Tercero, esta capa permeable debe estar tapada con una tapadera impermeable (la «roca de cobertura») que impida que el petróleo aflore a la superficie y desaparezca. Cuarto, debe estar enterrado justo a la profundidad correcta, para que pueda ser «cocinado» por el calor geotérmico a la temperatura exacta. Si la temperatura es demasiado baja, el carbono permanece invariable. Si es demasiado alta, se forma gas en lugar de petróleo. Quinto y último, esta improbable combinación se debe plegar en una forma «anticlinal», como la de una silla de montar o una U invertida, que atrape el petróleo en una piscina debajo de la roca de cobertura, en lugar de dejar que escape, igual que una burbuja de aire queda atrapada en el techo de una cueva inundada. Solo si se completan estas condiciones es posible que los restos prehistóricos del plancton sean descubiertos millones de años después, convertidos en dulce, ligero crudo.

El mayor yacimiento petrolífero del mundo es de lejos el «superelefante» Saudí llamado Ghawar, que produce unos asombrosos 5 millones de barriles de petróleo diarios, lo que supone la mitad de la producción total de Arabia Saudí. En Ghawar, todos los improbables acontecimientos descritos anteriormente tuvieron lugar de forma perfecta en lo que la Asociación Americana de Geólogos del Petróleo no se cansa de calificar de «Escenario geológico ejemplar»: lutitas ricas en materia orgánica y carbonatos de textura grano-soportada y sin matriz micrítica forman la roca madre y el depósito de petróleo, ambos tapados a su vez por una roca de cobertura de sales que mantiene la tapadera firmemente encajada. Todo el campo forma una «U» invertida a exactamente la profundidad adecuada. «Es geología básica», dice Abdulkader Afifi de la compañía saudí Aramco. «Se precisan cinco condiciones para formar una gran acumulación de petróleo, y estas se conjuntaron de manera excelente a través de una gran superficie».

Pero puede que Ghawar ya haya alcanzado su tope (los Saudís no hablan del tema), y se sabe que se mantiene en un elevado índice de producción solo mediante la inyección de grandes cantidades de agua del mar que empujan hacia arriba el petróleo restante. Prácticamente todo el mundo ha sido sondeado geológicamente, así que las posibilidades de que los exploradores petrolíferos se hayan perdido una formación como Ghawar en alguna parte son improbables. Puesto que las reservas actuales se están agotando sin que haya nuevas reservas que las sustituyan, aquellos que anuncian el «pico del petróleo» parecen haber acertado de pleno.

El activista británico por el cambio climático y antiguo geólogo Jeremy Leggett avisa de que un fracaso a la hora de afrontar el pico del petróleo podría causar una crisis económica, combinada con un aumento significativo de los conflictos militares en Oriente Medio por las reservas petrolíferas restantes, un conflicto del que pudimos tener un avance en la guerra estadounidense de Irak. El analista energético Richard Heinberg aboga por una estrategia que llama «apagón», en la que el mundo se aparta conscientemente del modelo social de alto consumo energético para evitar colapsarse el día en que los pozos de petróleo empiecen a quedarse secos.

Existe un confuso solapamiento entre los problemas del pico del petróleo y el cambio climático. Lógicamente, el declive de las reservas petrolíferas tiene que ser bueno para la estabilidad del clima, porque obligará a una transición que abandone los combustibles fósiles, y que parece poco probable que vaya a ser tomada voluntariamente. Además, los altos precios de la energía hacen que la gente sea más eficiente a la hora de utilizarla, por lo que se reducen las emisiones. Unos precios del petróleo elevados también permiten que las energías renovables sean más competitivas, lo que impulsa nuevas inversiones en energía solar y eólica.

Pero los combustibles fósiles no son tan solo el petróleo. El carbón, que aún se utiliza para generar la mayoría de la electricidad del mundo, es un contribuyente mayor a las emisiones de gases de efecto invernadero que el petróleo, y aún queda bastante carbón en el mundo como para durar un par de siglos más, como mínimo, lo que de nuevo rompe con cualquier presupuesto de emisiones razonable. El carbón también puede ser transformado en combustibles sintéticos, una técnica inventada por los nazis y que fue continuada por el régimen del apartheid en Sudáfrica. Los combustibles sintéticos aún suministran la mitad de la gasolina y gasóleo de Sudáfrica, y con los altos precios mundiales del petróleo, los combustibles sintéticos de carbón están empezando a ser competitivos en otros lugares. El licuado del carbón produce mucho más CO_2 que el refinado convencional, así que en este caso el pico del petróleo podría empeorar el calentamiento global.

Otras fuentes «poco convencionales» de petróleo son igualmente contaminantes, como la extracción de petróleo de los depósitos de arenas de alquitrán de la provincia canadiense de Alberta, que utiliza grandes cantidades de vapor y gas natural, lo que significa que el ratio entre la energía retornada y la energía invertida es peligrosamente bajo, y las emisiones, peligrosamente altas. Las reservas globales de gas durarán más que el petróleo, pero no indefinidamente: las estimaciones para la fecha del «pico del gas» varían de una a ocho décadas desde la actualidad. Pero lo más probable es que cuando el gas convencional se agote, las compañías comiencen a explotar los hidratos de metano de las placas oceánicas, una fuente que ya recibe un considerable interés por parte de compañías como Exxon-Mobil y Texaco.

La imagen de conjunto es complicada, pero parece poco probable que el pico del petróleo nos vaya a salvar del calentamiento global: incluso si tarde o temprano empieza a escasear el petróleo barato, al mundo aún le quedan muchos hidrocarburos por gastar. Peor para todos.

Las cuñas de la estabilización

En muchos países ha surgido un acalorado debate sobre qué fuentes de energía están mejor situadas para reemplazar a los combustibles fósiles. Mucha gente se apunta a uno u otro bando sin darle muchas vueltas. Los «verdes», en general, detestan la energía nuclear, así que tienden a apoyar las opciones renovables, como la solar y la eólica. Otros expresan un odio similar por las turbinas eólicas y montan campañas vociferantes en contra de su desarrollo. Algunos se apuntan a los dos bandos, o a ninguno. En cabo Cod, Massachusetts, importantes ecologistas como Robert F. Kennedy Jr. se han opuesto a un gran parque eólico que iba a situarse frente a la costa, pese a su potencial para generar energía de forma limpia porque, como algunos sospechan, les arruinaba las vistas. En el Reino Unido, el científico James Lovelock es, como mínimo, congruente; aunque despotrica contra las turbinas eólicas, es un apasionado defensor de la energía nuclear.

Con ambos lados ofreciendo su propia cura milagrosa energética, al público le queda una falsa impresión: la de que simplemente tenemos que elegir una de las tan cacareadas soluciones y el problema quedará resuelto. La realidad es que solo una combinación de eficiencia energética y una amplia variedad de nuevas tecnologías nos ofrecerá alguna posibilidad de salir de la crisis. Esta verdad esencial fue ilustrada de forma muy competente hace un par de años por Robert Socolow y Steve Pacala, de la Universidad de Princeton en Nueva Jersey. Su idea fue considerar cada tecnología una «cuña» potencial, que unida a otras cuñas podría acabar marcando la diferencia entre una tendencia al alza en las emisiones o hacia la estabilización. Cada cuña representa una reducción de las emisiones de mil millones de toneladas de carbono para el 2055, y la implementación de siete cuñas permitiría que el mundo alcanzara el objetivo de no producir más CO_2 en 2055 que hoy en día. Socolow y Pacala insistieron a la gente que «no se dejara engatusar por la posibilidad de tecnologías revolucionarias» como la fusión nuclear, la fotosíntesis artificial o la electricidad solar espacial. En su lugar, recalcaron que «la humanidad puede solucionar el problema del carbono y el clima en la primera mitad de este siglo simplemente ampliando lo que ya sabemos hacer».

El artículo de Socolow y Pacala no deja lugar a dudas de que no existe una «varita mágica» que por si sola permita que la humanidad abandone el hábito del carbono y a la vez continúe utilizando más energía cada año. Mientras que una de las cuñas se puede conseguir mediante la mejora de la eficiencia de la flota de vehículos mundiales de 13 km por litro a 26 km por litro, por ejemplo, la misma supresión de carbono puede ser asumida si se reduce a la mitad la distancia media recorrida por vehículo, de 16.000 a 8.000 kilómetros al año. Unos edificios y una generación de electricidad más eficientes también podrían equivaler a una cuña cada uno. Si el gas sustituyera al carbón en la producción energética, la multiplicación por cuatro de las centrales energéticas alimentadas con gas supone otra cuña. Con 700 estaciones nucleares de un gigavatio en todo el mundo se podría sustituir el carbón equivalente a otra cuña de generación de electricidad, igual que si se implantara la captura y almacenamiento del carbono (el bombeo del CO_2 recogido de las chimeneas hacia depósitos subterráneos) en 800 plantas de carbón de tamaño similar. Recordemos, necesitamos siete de estas cuñas solo para estabilizar las emisiones globales al nivel actual.

El enfoque de Socolow y Pacala es especialmente útil porque ilustra la importancia de la escala. Se trata de un concepto desalentador para las renovables en particular: para que la energía eólica cumpla con una de las cuñas, se tendrían que instalar dos millones de cuñas de un megavatio, lo que cubriría 2 millones de hectáreas de terreno, es decir, unos tres metros cuadrados por persona. La energía eólica podría utilizarse para electrolizar agua, lo que produciría hidrógeno limpio para los vehículos de pila de combustible, pero para conseguir una cuña de esta forma harían falta otros cuatro millones de turbinas eólicas de un megavatio. Un programa de reforestación masiva, combinado con el final de la tala de los bosques tropicales, también podría traer una cuña de reducción de las emisiones de carbono.

Todos estos enfoques tienen sus pros y sus contras, por supuesto. Los molinos de viento matan pájaros, aunque su efecto se puede reducir si se decidiera instalarlos en los lugares adecuados, lejos de las vías migratorias y las zonas frecuentadas por aves de presa como las águilas doradas. Además, sus detractores tienden a exagerar este efecto: un estudio realizado por todo Estados Unidos sugiere que mueren cada año 40.000 pájaros en las cuchillas de las turbinas, una cifra que parece muy alta hasta que se compara con los cientos de millones que, según las estimaciones, cazan los gatos domésticos. Así pues, para ser coherentes del todo, los defensores de las poblaciones de aves harían bien en agarrar una escopeta y proceder a la purga de los mininos de sus vecindarios. Además, la energía eólica tiene el potencial de ser una fuente de energía enorme: un estudio del 2007 sugiere que si se plantasen en la plataforma continental situada frente a la costa este de los Estados Unidos 166.000 turbinas de 5 MW, la electricidad resultante abastecería a toda la región de la costa este, desde Massachusetts a Carolina del Norte. Se podrían sustituir los combustibles fósiles no solo de las centrales termoeléctricas alimentadas con carbón, sino también de los vehículos y edificios, si se adoptaran de forma generalizada los híbridos enchufables o de pila de combustible, las bombas de calor geotérmicas y otros sustitutos de la electricidad. Si juntásemos todo esto, casi el 70% de las emisiones de CO_2 de la región podrían ser eliminadas permanentemente gracias tan solo a esta única fuente de energía; un recorte que, si se extendiera por otras zonas, prácticamente bastaría para estabilizar el clima mundial. Todo lo que hace falta es voluntad política e inversiones.

A diferencia de las turbinas eólicas, que permiten que la agricultura o la pesca continúen por debajo suyo más o menos sin problemas, los terrenos destinados a paneles solares no serán útiles para nada más, aunque no se me ocurre ningún inconveniente a la instalación de paneles solares en los tejados. Hay quién ha sugerido que cubrir grandes superficies de los desiertos del mundo con paneles solares fotovoltáicos sería una buena manera de cosechar la luz del sol más brillante sin sacrificar terrenos agrícolas muy necesarios, particularmente si la electricidad que generasen pudiese ser transportada mediante cables de corriente continua hasta países consumidores situados a grandes distancias. Pero incluso si estas construcciones colosales pudieran ser emprendidas de manera realista, hay que considerar que los desiertos también son ecosistemas, y cumplen un papel en la estabilidad natural del planeta, incluso aunque parezcan yermos e inhóspitos para el ojo humano. Sin embargo, combinada con la eólica, no cabe duda de que la superficie del planeta recibe suficiente radiación solar como para suplir con creces las necesidades energéticas de la humanidad.

La energía nuclear es más controvertida que cualquiera de estos recursos renovables; se trata de una fuente de energía muy baja en carbono que cuenta con un largo historial de producción de electricidad, pero que además plantea peligros como la proliferación de armas nucleares y unos accidentes mortíferos, además de la cuestión no resuelta del qué hacer con los residuos radioactivos. La captura y almacenamiento de carbono, que consiste en la canalización de CO_2 líquido bajo tierra hasta profundos acuíferos salinos o pozos antiguos, es una tecnología que podría resultar en vertidos inesperados de CO_2 en depósitos subterráneos defectuosos o permeables, aunque según el ICC este riesgo es muy bajo. Las medidas de eficiencia energética tienen menos desventajas, pero el aumento de la eficiencia en coches y edificios puede acarrear la sorprendente consecuencia del aumento global del consumo energético, puesto que provocaría una bajada del precio de la electricidad, y está por ver hasta qué punto las medidas de reducción a gran escala son compatibles con una economía en desarrollo.

A lo mejor la manera más fácil y beneficiosa de reducir las emisiones sería poner freno a la destrucción de los bosques tropicales. Aunque a lo largo de la mayoría de este libro me he centrado en las emisiones de la quema de combustibles fósiles, las estimaciones sugieren que hasta un 20% de los gases de efecto invernadero humanos provienen de la deforestación de los trópicos. Brasil e Indonesia son dos de los mayores emisores de carbono del mundo, no porque sus habitantes le tengan mucho cariño a sus coches, sino porque están destruyendo enormes superficies boscosas a un ritmo cada vez más rápido. La detención de esta guerra relámpago ahorraría una cantidad de carbono durante el siglo que viene equivalente a eliminar todas las emisiones de combustibles fósiles durante toda una década. Dado que los bosques tropicales son vitales para la biodiversidad y actúan como sumidero de carbono, está claro que todos ganamos con su protección. Pese a que la «prevención de la deforestación» fue excluida de la primera ronda del Protocolo de Kioto (tanto por motivos de soberanía de las naciones implicadas como por la preocupaciones sobre como contabilizarlo correctamente), esto podría cambiar en la segunda fase, que debería comenzar en el 2012. El único problema es el dinero: dado que la madera que hay en estos árboles tiene un gran valor, mientras que el carbono que contienen de momento no tiene ninguno, si los de los países ricos queremos que los países pobres dejen de talar sus árboles, tendremos que pagarles a cambio.

Si prevenir la deforestación es quizás la mejor opción de cuña, la peor debe ser la de los biocombustibles. En Estados Unidos ya se mezcla etanol derivado del maíz con la gasolina, supuestamente para reducir las emisiones de CO_2, aunque en realidad esto tiene más que ver con contentar al poderoso *lobby* agrícola. Tampoco queda muy claro si se sustituye mucho carbono con este proceso, dado que la producción, el molido y el transporte de maíz se lleva a cabo en camiones, tractores y fábricas que utilizan grandes cantidades de combustibles fósiles. Algunos ecologistas entusiastas ya alimentan sus coches con aceites reciclados, y son grandes defensores de los biocombustibles. Pero de nuevo, el problema de la escala es crucial. Aunque nadie tiene nada que objetar al uso de residuos de aceites vegetales de los restaurantes como materia prima para el biodiésel, esta fuente solo podrá proveer unas cuantas centésimas de un 1% de todo el combustible utilizado por la flota del país entero.

Otros activistas de los biocombustibles señalan los residuos de paja o las virutas de madera como una forma de manufacturar etanol a partir de la celulosa, quizás mediante el uso de enzimas modificadas genéticamente. Aquí parece haber mucho más potencial en términos de sustitución de carbono, puesto que podría ser mucho más eficiente que producir etanol a partir de cosechas de alimentos. Sin embargo, las técnicas aún están en desarrollo, y se tardarían años en ampliar la producción lo suficiente como para recortar las emisiones de manera significativa. Lo que es más, aún hay otros problemas: si la paja no se vuelve a introducir en la tierra mediante la labranza, entonces se estará eliminando biomasa, lo que disminuye el contenido de humus del suelo y su valor nutricional para las plantas. Si el uso de residuos madereros hace que las plantaciones de árboles se expandan hacia terrenos actualmente «marginales», los espacios salvajes a los que la naturaleza todavía se aferra se verán reducidos aún más. La destructiva necesidad alimenticia del ser humano será incrementada por su destructiva necesidad energética.

Dejando de lado el tema de la biodiversidad y centrándonos solo en las técnicas de fabricación que ya tenemos a nuestra disposición, una cuña de etanol del análisis de Socolow y Pacala requeriría de 250 millones de hectáreas destinadas a la plantación de maíz o caña de azúcar, una superficie equivalente a una sexta parte de las cosechas de todo el mundo. Puesto que las reservas de alimentos mundiales ya están en mínimos históricos a causa del crecimiento demográfico y la sequía, parece cosa de locos dedicar una superficie mayor de nuestras mejores tierras de cultivo al suministro de combustible para vehículos. Y además podría ser inmoral: puesto que los propietarios de coches están por definición entre la élite rica mundial, la utilización de las cosechas para reemplazar al petróleo crearía escasez y aumentaría los precios de los alimentos en los mercados internacionales, lo que acabaría provocando hambre entre los más pobres. La realidad es simple: puedes utilizar las tierras para alimentar a los coches o a las personas, pero no a ambos.

Esto plantea una cuestión relacionada con el objetivo de la Unión Europea de alcanzar un 5% de biocombustibles en su flota de vehículos para el 2010. Gran parte procederá del biodiésel, cuya materia prima principal es el aceite de palma cultivado en plantaciones de Indonesia y Malasia. Estas plantaciones son responsables de la desastrosa tala de las selvas tropicales en declive que ha destruido el hábitat de especies raras como el orangután y a la vez ha provocado unas emisiones de carbono mayores a causa de la quema de madera y de la turba del subsuelo. Como discutimos anteriormente, estos incendios forestales asiáticos son, después del uso de combustibles fósiles, la mayor fuente de emisiones de gases de efecto invernadero: durante la sequía de 1997-1998, se estima que se vertieron 2.000 millones de toneladas de carbono de los incendios de los bosques del sudeste asiático. Algunos de estos incendios fueron de origen natural, pero muchos fueron provocados por los dueños de plantaciones, que quemaron la selva virgen para limpiarla. No hace falta mucha imaginación para comprender porqué el «diésel de la deforestación» tiene casi con toda seguridad un impacto todavía peor sobre el calentamiento global que su alternativa mineral más extendida: las estimaciones sugieren que el biodiésel basado en el aceite de palma comporta una emisión de carbono diez veces superior a la de los combustibles fósiles.

Si dejamos los biocombustibles y la nuclear fuera de cualquier posible cartera de energía a causa de sus obvios inconvenientes, aún podremos conseguir nuestras siete cuñas de otras formas. Tendríamos que reducir a la mitad las distancias que la gente recorre cada año, y deberíamos doblar el ahorro de combustible de nuestros vehículos. Tenemos que aumentar drásticamente la eficiencia de los edificios y las estaciones termoeléctricas de combustibles fósiles. Tenemos que construir dos millones de turbinas eólicas de un megavatio para generar electricidad, y cubrir dos millones de hectáreas con paneles solares. Tenemos que parar la destrucción de los bosques tropicales, y tenemos que aumentar radicalmente la cubierta forestal de otras zonas. Y tendremos que tomar la difícil decisión de inyectar miles de millones de toneladas de dióxido de carbono bajo tierra o invertir en 1.400 nuevas centrales eléctricas de gas.

Consigamos todo esto, y tendremos esperanzas de estabilizar las emisiones al nivel actual para el 2055, lo que rompería el crecimiento continuado que marca nuestra actitud habitual. Pero aun así nos queda un problema por resolver. Tal como mencioné antes, estabilizar las emisiones al nivel actual en cincuenta años no es suficiente para mantenernos dentro del objetivo de seguridad de los dos grados. Hay que *recortar* las emisiones, y hacerlo en una década. Scolow y Pacala estiman que sus siete cuñas llevarán el mundo hacia una trayectoria de 500 ppm, 100 ppm más alta de lo que yo considero necesario para estabilizar el clima por debajo de dos grados de calentamiento global. De hecho, una concentración de 500 ppm probablemente calentará el planeta entre tres y cuatro grados, con lo que quizás cruzaríamos los puntos de inflexión tanto del ciclo del carbono como del metano siberiano.

Para mantenernos dentro del objetivo de dos grados y 400 ppm, vamos a tener que añadir otras cuatro o cinco cuñas al gráfico de emisiones. No es imposible: podemos doblar la cantidad de turbinas eólicas, y reducir aún más el número de vehículos en las carreteras. Podemos reducir nuestras necesidades energéticas si llevamos un estilo de vida menos consumista y adoptamos unos patrones de comportamiento más localizados. Según Socolow y Pacala, ya poseemos la tecnología y los conocimientos sociales para lograr con éxito esta transición. Pero aún queda la cuestión política: ¿existe una manera de cambiar nuestra sociedad y conseguir que la gente trabaje con entusiasmo y colectivamente para asumir el objetivo de los dos grados, en lugar de ignorar el problema por completo o tratar de encontrar justificación a su comportamiento destructivo? En la actualidad, la presión económica y social trabaja en la dirección contraria: los niños pequeños, por ejemplo, en vez de pasar del consumismo, se ven forzados a ir a la última moda para no ser humillados en el patio del colegio. Sus padres ahorran para comprar el todoterreno o el SUV más moderno y poder demostrar su estatus y poder adquisitivo a los vecinos. Los programas de televisión equiparan la virilidad a la velocidad y la conducción libre, unos mensajes culturales que la publicidad repite incesantemente en televisión y carteles. Los artistas de hip-hop refuerzan estos valores rapeando sobre sus coches caros y realizando videos en que aparecen rodeados de modelos ligeras de ropa que bailan sensualmente a su alrededor.

Me parece evidente que por mucho que protesten, unos hippies ecologistas barbudos no van a conseguir persuadir a toda la sociedad de que la forma de vida consumista no es la ruta más rápida hacia la salud y la felicidad. La mayoría de mis vecinos sigue comprando en los supermercados, pese a que hay que ir en coche y a que con está prácticaestán arruinando a los comerciantes locales. Aún persiste el anticuado punto de vista de que un estilo de vida bajo en carbono requiere un inmenso sufrimiento y sacrificio personal. En mi opinión, nada podría estar más lejos de la verdad. Todas las pruebas apuntan a que la gente que no conduce, no vuela, compra en las tiendas locales, cultiva sus propios alimentos e incluso llega a conocer a los miembros de su comunidad disfruta de una calidad de vida muy superior a la de sus compatriotas que continúan adictos a su estilo de vida de alto consumo de combustibles fósiles.

De la misma manera que durante el racionamiento de alimentos de la Segunda Guerra Mundial los británicos resultaron estar más en forma y más sanos, muchos de nosotros experimentaríamos una drástica mejora de nuestra calidad de vida si el gobierno introdujera el «racionamiento de carbono». Un plan de este tipo no tendría por qué ser técnicamente complejo o difícil de implementar: la gente simplemente comerciaría con el carbono como si fuera una moneda virtual paralela, pasando sus tarjetas de carbono en las gasolineras y pagando sus raciones de carbono cuando compraran billetes de avión o pagaran la factura de la luz. Aunque los permisos de carbono deberían ser intercambiables en pos de la flexibilidad, el consumo conspicuo de carbono por parte de los famosos sería eliminado en su mayor parte. Lo que ocurriría sería que la presión social se invertiría, y a la gente no le importaría hacer cambios, puesto que sabría que todo el mundo estaría haciendo lo mismo. Se acabarían los peligros del tránsito y los niños podrían volver a jugar por las calles.

Al restringir el carbono mediante el racionamiento, puede que descubramos que estamos construyendo un tipo distinto de sociedad, uno que enfatizaría la calidad de vida por encima de las estadísticas puras de crecimiento económico y el consumismo desenfrenado. No es que yo tenga un gran plan sobre cómo debería ser esta sociedad, ni pretendo decir que sería una especie de utopía. La vida seguiría, con todas sus pruebas y tribulaciones. ¿No era eso, al fin y al cabo, lo que se pretendía? A menos que restrinjamos el uso de carbono, la vida no continuará en absoluto.

Pienso que esta sociedad baja en carbono sería capaz de recordar que nuestro planeta es un regalo único —puede que único en todo el universo— y que somos inmensamente afortunados de haber nacido en él. Sería una sociedad que echaría la vista atrás y vería el escenario de pesadilla de los seis grados como lo que es, un mal sueño del que la humanidad despertó y que fue evitado antes de que fuera demasiado tarde. Más que nada, sería una sociedad que sobreviviría y prosperaría, y que legaría una gloriosa herencia de casquetes glaciales, selvas tropicales y civilizaciones prósperas a las incontables generaciones del futuro.

NOTAS

INTRODUCCIÓN

p. XI **«La tierra [...] se duerme»:** N. del T. Traducción de Luis Martínez de Merlo. Alighieri, D. *Divina comedia*. Cátedra: Letras Universales, 2009, p. 95.

p. XVI **seis grados más frías:** Schneider von Deimling, T. *et al.* «How cold was the Last Glacial Maximum?». *Geophysical Research Letters,* vol. 33, n. 14 (2006), L14709. Los investigadores concluyen que el enfriamiento global medio en relación al clima preindustrial (0,8 °C más frío que el nuestro) fue de 5,8 °C ± 1,4 °C, considerablemente más frío que en estimaciones previas basadas en simulaciones.

p. XVII **aniquiló a la población humana:** Burroughs, W. *Climate Change in Prehistory: The End of the Reign of Chaos,* Cambridge University Press, 2005, p. 139.

p. XVII **«Vamos, que [...] y silvestre»:** N. del T. Traducción de Luis Martínez de Merlo. Alighieri, D. *Divina comedia*. Cátedra: Letras Universales, 2009, p. 89.

UN GRADO

p. 3 **los tocones eran de la Edad Media:** Stine, S. «Extreme and persistent drought in California and Patagonia during mediaeval time». *Nature,* n. 369 (1994), p. 546-9.

p. 4 **los mismos dos intervalos:** *íbid.*

p. 4 **los bosques estaban secos:** Swetnam, T. «Fire history and climate change in giant sequoya groves». *Science,* n. 262 (1993), p. 885-9.

p. 4 **sequía de enormes proporciones:** Laird, K. e*t al.* «Greater drought intensity and frequency before AD 1200 in the Northern Great Plains, USA». *Nature,* n. 384 (1996), p. 552-4.

p. 5 **riadas:** Meyer, G.; Pierce, J. «Climatic controls on fire-induced sediment pulses in Yellowstone national Park and central Idaho: a long time perspective». *Forest Ecology and Management,* vol. 178, n. 1-2 (2003), p. 89-104.

p. 5 **conflicto violento:** Diamond, J. *Collapse: How Societes Choose to Fail or Survive.* Allen Lane, 2005.

p. 6 **se calentaban y luego se enfriaban:** Jones, P; Mann, M. «Climate over past millennia». *Reviews of Geophysics,* n. 42 (2004), RG2002.

p. 6 **corriente medieval:** Meko, D. *et al.* «Medieval drought in the upper Colorado River Basin». *Geophysical Research Letters,* n. 34 (2007), L10705.

p. 6 **sequía [...] durante décadas:** Mangan, J. *et al.* «Response of Nebraska Sand Hills natural vegetation to drought, fire, grazing, and plant functional type shifts as simulated by the century model». *Climatic Change,* n. 63 (2004), p. 49-90.

p. 9 **También se produjo enfriamiento:** *Abrupt Climate Change: Inevitable Surprises,* Committee on Abrupt Climate Change, 2002, cap 2: «Evidence of Abrupt Climate Change».

p. 10 **masa de agua:** Burroughs, W. *Climate Change in Prehistory: The End of the Reign of Chaos,* Cambridge University Press, 2005, p. 61.

p. 10 **la circulación atlántica había disminuido:** Bryden, H. *et al.* «Slowing of the Atlantic meridional overturning circulation at 25°N», *Nature,* 438 (2005), p. 655-7.

p. 11 **inviernos [...] de 1962-1963:** «Great weather events: the winter of 1962/63», Servicio Meteorológico Nacional del Reino Unido, http://www.metoffice.com/corporate/pressoffice/anniversary/winter1962-63.html.

p. 11 **reducción del 50%:** Jacob, D. *et al.* «Slowdown of the thermohaline circulation causes enhanced maritime climate influence and snow cover over Europe», *Geophysical Research Letters,* n. 32 (2005), L21711.

p. 11 **oscilación natural aleatoria:** Kerr, R. «False alarm: Atlantic conveyor belt hasn't slowed down after all», *Science,* n. 314 (2006), p. 1064.

p. 12 **«se mantendría el calentamiento»:** *Climate Change 2007: The Physical Science Basis.* Contribución del Grupo de Trabajo I al Cuarto Informe de Evaluación del Panel Intergubernamental sobre el Cambio Climático (IPCC), cap. 10: «Global Climate Projections», Resumen Ejecutivo.

p. 13 **Thompson [y su equipo de perforación] pasaron acampados:** Krajik, K. «Ice man: Lonnie Thompson scales the peaks for science», *Science,* n. 298 (2002), p. 518-22.

p. 13 **hielo de la montaña ya se había derretido:** Thompson, L. *et al.* «Kilimanjaro ice core records: Evidence of Holocene climate change in tropical Africa», *Science,* n. 298 (2002), p. 589-93.

p. 14 **el hielo habrá desaparecido:** «Deciphering the ice», CNN, 2001, http://edition.cnn.com/SPECIALS/2001/americasbest/science.medicine/pro.lthompson.html.

p. 15 **los glaciares del Rwenzori [...] importante disminución:** Taylor, R. G. *et al.* «Recent glacial recession in the Rwenzori Mountains of East Africa due to rising air temperature», *Geophysical Research Letters,* n. 33 (2006), p. 10, L10402.

p. 15 **15 millones de metros cúbicos:** Agrawala, S. *et al.* «Development and climate change in Tanzania: Focus on Mount Kilimanjaro», Directorio de Medio Ambiente del OECD, 2003, 67 páginas.

p. 17 **Pinturas neolíticas:** Brooks, N. *et al.* «The prehistory of Western Sahara in a regional context», sin fecha, http://www.uea.ac.uk/sahara/publications/nb_west_abs.pdf.

p. 17 **cabezas de flecha y cuchillos de sílex:** Kindermann, K. *et al.* «Palaeoenvironment and Holocene land use of Djara, Western Desert of Egypt», *Quaternary Science Reviews,* vol. 25, n. 13-14 (2006), p. 1619-1637.

p. 17 **anzuelos de sílex:** Proyecto Fezzan - Arqueología, http://www.cru.uea.ac.uk/%7Ee118/Fezzan/fezzan_archaeol.html.

p. 17 **cauces de río enterrados:** NASA Earth Observatory Newsroom, http://earthobservatory.nasa.gov/Newsroom/NewImages/images.php3?img_id=16963.

p. 17 **el límite del desierto se retiró:** Gasse, F. «Diatom-inferred salinity and carbonate oxygen isotopes in Holocene waterbodies of the western Sahara and Sahel (Africa)», *Quaternary Science Reviews,* n. 21 (2002), p. 737-67.

p. 17 **masa de agua dulce más grande:** Leblanc, M. *et al.* «Reconstruction of Megalake Chad using Shuttle Radar Topographic Mission data», *Palaeogeography, Palaeoclimatology, Palaeoecology,* vol. 239, n. 1-2 (2006), p. 16-27.

p. 18 **aguas cálidas y poco profundas:** Schuster, M. *et al.* «Holocene Lake Mega-Chad palaeoshorelines from space», *Quaternary Science Reviews,* n. 24 (2005), p. 1821-7.

p. 18 **poder erosivo:** Leblanc, M. *et al.* «Reconstruction of Megalake Chad using Shuttle Radar Topographic Mission data», *Palaeogeography, Palaeoclimatology, Palaeoecology,* vol. 239, n 1-2 (2006), p. 16-27.

p. 18 **provocaba un monzón:** Claussen, M. *et al.* «Simulation of an abrupt change in Saharan vegetation in the mid-Holocene», *Geophysical Research Letters,* vol. 26, n. 14 (1999), p. 2037-40.

p. 19 **largos periodos de sequía:** Kindermann, K. *et al.* «Palaeoenvironment and Holocene land use of Djara, Western Desert of Egypt», *Quaternary Science Reviews,* vol. 25, n. 13-14 (2006), p. 1619-1637.

p. 19 **volverse más húmedo:** Hoerling, M. *et al.* «Detection and attribution of 20th century northern and southern African monsoon change», *Journal of Climate,* vol. 19, n. 16 (2005), p. 3989-4008.

p. 19 **lluvias más intensas:** Paeth, H. y Hense, A. «SST versus climate change signals in West African rainfall: 20th century variations and future projections», *Climatic Change,* n. 65 (2004), p. 179-208.

p. 19 **condiciones de sequía todavía más severas:** Held, I. *et al.* «Simulation of Sahel drought in the 20th and 21st centuries», *Proceedings of the National Academy of Sciences,* vol. 102, n. 50 (2005), p. 17891-6.

p. 21 **temperaturas de Groenlandia:** *Climate Change 2007: The Physical Science Basis.* Contribución del Grupo de Trabajo I al Cuarto Informe de Evaluación del Panel Intergubernamental de Expertos en el Cambio Climático - capítulo 6: «Palaeoclimate», sección 6.4.2.

p. 21 **más calurosa que la actual:** *Climate Change 2007: The Physical Science Basis.* Contribución del Grupo de Trabajo I al Cuarto Informe de Evaluación del Panel Intergubernamental de Expertos en el Cambio Climático - capítulo 6: «Palaeoclimate», sección 6.6.1.

p. 21 **a un grado:** Hansen, J. *et al.* «Global temperature change», *Proceedings of the National Academy of Sciences,* vol. 103, n. 39 (2006), p. 14288-93.

p. 22 **subido 2-3 ºC:** Evaluación del Impacto Climático en el Ártico, *Impacts of a Warming Arctic,* Cambridge University Press, 2004.

p. 22 **deshielo repentino:** Torre Jorgenson, M. *et al.* «Abrupt increase in permafrost degradation in Arctic Alaska», *Geophysical Research Letters,* n. 33 (2006), L02503.

p. 22 **han encogido o han llegado a desaparecer:** Riordan, B. *et al.* «Shrinking ponds in subarctic Alaska based on 1950-2002 remotely sensed images», *Journal of Geophysical Research,* n. 111 (2006), G04002.

p. 22 **prende con gran facilidad:** Smol, J. and Douglas, M. «Crossing the final ecological threshold in high Arctic ponds», *Proceedings of the National Academy of Sciences,* vol. 104, n. 30 (2007), p. 12395-7.

p. 22 **nivel global del mar:** Arendt, A. *et al.* «Rapid wastage of Alaska glaciers and their contribution to rising sea level», *Science,* n. 297 (2002), p. 382-6.

p. 22 **han perdido 400 kilómetros cúbicos:** Hinzman, L. *et al.* «Evidence and implications of recent climate change in Northern Alaska and other Arctic regions», *Climatic Change,* n. 72 (2005), p. 251-98.

p. 23 **desapareció sin dejar rastro:** Serreze, M.; Holland, M.; Stroeve, J. «Perspectives on the Arctic's shrinking sea-ice cover», *Science,* n. 315 (2007), p.1533-6.

p. 23 **extensión del hielo:** Comiso, J. «Abrupt decline in the Arctic winter sea ice cover», *Geophysical Research Letters*, n. 33 (2006), L18504.

p. 23 **virtualmente libre de hielo:** Holland, M.; Bitz, C.; Tremblay, B. «Future abrupt reductions in the summer Arctic sea ice», *Geophysical Research Letters*, n. 33 (2007), L23503.

p. 24 **«oportunidad de evitar»:** Hansen, J. *et al.* «Climate change and trace gases», *Philosophical Transactions of the Royal Society A*, n. 365 (2007), p. 1925-54.

p. 24 **reducciones en la superficie del hielo:** http://arctic.atmos.uiuc.edu/cryosphere/, 9 de agosto del 2007.

p. 24 **punto de inflexión:** Foley, J. «Tipping points in the tundra», *Science*, n. 310 (2005), p. 627-8.

p. 25 **contracción latitudinal:** Fu, Q. *et al.* «Enhanced mid-latitude tropospheric warming in satellite measurements», *Science*, n. 312 (2006), p. 1179.

p. 25 **«sin parangón»:** Citado en Foley, J. «Tipping points in the tundra», *Science*, n. 310 (2005), p. 627-8.

p. 26 **verano del 2003:** Schiermeier, Q. «Alpine thaw breaks ice over permafrost's role», *Nature*, n. 424 (2003), p. 712.

p. 27 **documento científico:** Gruber, S.; Hoezle, M.; Haeberli, W.; «Permafrost thaw and destabilisation of Alpine rock walls in the hot summer of 2003», *Geophysical Research Letters*, n. 31 (2004), L13504.

p. 28 **Trópicos Húmedos:** Información general en http://www.wettropics.gov.au/pa/pa_default.html y páginas siguientes.

p. 29 **por encima de cierta altura:** «The future of life in the rainforest canopy», Earthbeat, Radio National, http://www.abc.net.au/rn/science/earth/stories/s601197.htm.

p. 29 **«catástrofe medioambiental»:** Williams, S. *et al.* «Climate change in Australian tropical rainforests: an impending environmental catastrophe», *Proceedings of the Royal Society of London B*, n. 270 (2003), p. 1887-92.

p. 29 **selva tropical de las tierras altas:** Hilbert, D. *et al.* «Sensitivity of tropical forests to climate change in the humid tropics of North Queensland», *Austral Ecology*, n. 26 (2001), p. 590-603.

p. 31 **últimos milenios:** Hoegh-Guldberg, O. Comunicado personal.

p. 31 **entre el 60% y el 95%:** «Securing Australia's Great Barrier Reef», WWF Australia, 2003, http://www.wwf.org.au/News_and_information/Publications/PDF/Policies_position/securing_australias_great_barrier_reef.pdf.

p. 31 **relevante documento de 1999:** Hoegh-Guldberg, O. «Climate change, coral bleaching and the future of the world's coral reefs», *Marine and Freshwater Research*, n. 50 (1999), p. 839-66.

p. 31 **tolerancia térmica:** Baker, A. *et al.* «Corals' adaptive response to climate change», *Nature,* n. 430 (2004), p. 741.

p. 33 **blanqueamiento grave:** Donner, S. *et al.* «Global assessment of coral bleaching and required rates of adaptation under climate change», *Global Change Biology,* n. 11 (2005), p. 2251-65.

p. 33 **cada 2 años:** Donner, S.; Knutson, T.; Oppenheimer, M. «Model-based assessment of the role of human-induced climate change in the 2005 Caribbean coral bleaching event», *Proceedings of the National Academy of Sciences,* vol. 104, n. 13 (2007), p. 5483-8.

p. 34 **un tercio:** Stone, R. «A world without corals?», *Science,* n. 316 (2007), p. 678-81.

p. 34 **Región Florística del Cabo:** ver el resumen de Conservation International's sobre los puntos críticos de la biodiversidad, disponible en http://www.biodiversityhotspots.org/xp/Hotspots/cape_floristic/biodiversity.xml.

p. 35 **impacto devastador:** Bomhard, B. *et al.* «Potential impacts of future land use and climate change on the Red List status of the Proteaceae in the Cape Floristic region, South Africa», *Global Change Biology,* n. 11 (2005), p. 1452-68.

p. 35 **picas:** ver la información de WWF en «threatened species: pikas», en http://www.panda.org/about_wwf/what_we_do/climate_change/problems/impacts/species/pikas/index.cfm.

p. 36 **Bosque Nuboso de Monteverde:** «While still verdant enough to justify its name, the Monteverde Cloud Forest Preserve is beginning to resemble a crown that has lost its brightest and most beautiful gems», escrito por Tim Flannery. Estoy en deuda con él por sus extensas citas de los trabajos de Marty Crump. Ver Flannery, T. *The Weather Makers,* Allen Lane, 2005, capítulo 12.

p. 36 **ranas arlequín:** Pounds, A. *et al.* «Widespread amphibian extinctions from epidemic disease driven by global warming», *Nature,* n. 439 (2006), p. 161-7.

p. 36 **principal:** «Global warming and amphibian losses», tres artículos publicados en *Nature,* n. 447, 31 de mayo de 2007, E3-E6.

p. 37 **huracán Wilma:** la presión mínima del Wilma descendió a 882 mb el 19 de octubre de 2005, mientras que la velocidad de los vientos se elevó hasta los 282 km/h. Ver informe en http://www.nhc.noaa.gov/archive/2005/tws/MIATWSAT_oct.shtml.

p. 38 **disección forense del Catarina:** Bernardes Pezza, A.; Simmonds, I. «The first South Atlantic hurricane: Unprecedented blocking, low shear and climate change», *Geophysical Research Letters,* n. 32 (2005), L15712.

p. 39 **ojo estrecho y simétrico:** Gaertner, M. *et al.* «Tropical cyclones over the Mediterranean Sea in climate change simulations», *Geophysical Research Letters*, n. 34 (2007), L14711.

p. 40 **discusión académica:** ver, por ejemplo, la respuesta de William Gray, enviada a *Nature:* http://tropical.atmos.colostate.edu/Includes/Documents/Responses/emanuel_comments.pdf.

p. 40 **segundo trabajo:** Webster, P. *et al.* «Changes in tropical cyclone number, duration and intensity in a warming environment», *Science*, n. 309 (2005), p. 1844-6.

p. 41 **al menos la mitad:** Trenberth, K.; Shea, D. «Atlantic hurricanes and natural variability in 2005», *Geophysical Research Letters*, n. 33 (2006), L12704.

p. 42 **comenzará a deshacerse:** Arenstam Gibbons, S.; and Nicholls, R.; «Island abandonment and sea level rise: An historical analog from the Chesapeake Bay, USA», *Global Environmental Change*, vol. 16, n. 1 (2006), p. 40-47.

DOS GRADOS

p. 45 **científicos chinos:** Chen, F. *et al.* «Stable East Asian monsoon climate during the Last Interglacial (Eemian) indicated by paleosol S1 in the western part of the Chinese Loess Plateau», *Global and Planetary Change*, n. 36 (2003), p. 171-9.

p. 46 **aproximadamente 1 °C más altas:** Hansen, J. *et al.* «Global temperature change», *Proceedings of the National Academy of Sciences*, vol. 103, n. 39 (2006), p. 14288-93.

p. 47 **reducir la alcalinidad:** Orr, J. *et al.* «Anthropogenic ocean acidification over the twenty-first century and its impact on calcifying organisms», *Nature*, n. 437 (2005), p. 681-6.

p. 48 **importante informe:** The Royal Society. *Ocean acidification due to increasing atmospheric carbon dioxide*, Policy Document 12/05, 2005.

p. 48 **tóxicos:** Orr, J. *et al.* «Anthropogenic ocean acidification over the twenty-first century and its impact on calcifying organisms», *Nature*, n. 437 (2005), p. 681-6.

p. 48 **comenzaban a desintegrarse:** Ruttimann, J. «Sick seas», *Nature*, n. 442 (2006), p. 978-80.

p. 48 **se disolverían:** Gazeau, F. *et al.* «Impact of elevated CO2 on shellfish calcification», *Geophysical Research Letters*, n. 34 (2007), L07603.

p. 49 **«gran riesgo»:** Schiermeier, Q. «Researchers seek to turn the tide on problem of acid seas», *Nature*, n. 430 (2004), p. 820.

p. 49 **declive [en la productividad] del plancton:** Behrenfeld, M. *et al.* «Climatedriven trends in contemporary ocean productivity», *Nature*, n. 444 (2006), p. 752-5.

p. 50 **Suiza:** Beniston, M.; Diaz, H. «The 2003 heat wave as an example of summers in a greenhouse climate? Observations and climate model simulations for Basel, Switzerland», *Global and Planetary Change*, n. 44 (2004), p. 73-81.

p. 51 **incendios forestales:** Schar, C.; Jendritzky, G. «Hot news from summer 2003», *Nature*, n. 432 (2004), p. 559-60.

p. 51 **índices de deshielo:** World Meteorological Institute: ver http://www.wmo.int/web/Press/Press702_en.doc.

p. 51 **deshielo del permafrost:** Beniston, M.; Diaz, H. «The 2003 heat wave as an example of summers in a greenhouse climate? Observations and climate model simulations for Basel, Switzerland», *Global and Planetary Change*, n. 44 (2004), p. 73-81.

p. 51 **se había salido de la tabla estadística:** Schar, C. *et al.* «The role of increasing temperature variability in summer heatwaves», *Nature*, n. 427 (2004), 332-6.

p. 51 **ha doblado el riesgo:** Stott, P.; Stone, D.; Allen, M. «Human contribution to the European heatwave of 2003», *Nature*, n. 432 (2004), p. 610-14.

p. 52 **por toda Europa:** Della-Marta, P. *et al.* «Doubled length of western European summer heat waves since 1880», *Journal of Geophysical Research (Atmospheres)*, n. 112 (2007), D15103.

p. 52 **más calurosos que el del 2003:** Stott, P.; Stone, D.; Allen, M. «Human contribution to the European heatwave of 2003», *Nature*, n. 432 (2004), p. 610-14.

p. 52 **caída [del 30%] en el crecimiento de las plantas:** Ciais, Ph.; *et al.* «Europe-wide reduction in primary productivity caused by the heat and drought in 2003», *Nature*, n. 437 (2005), p. 529-33.

p. 53 **plantas europeas:** *Íbid.*

p. 53 **se acumularon en la atmósfera:** Zeng, N.; Haifeng, Q. «Impact of the 1998-2002 midlatitude drought and warming on terrestrial ecosystem and the global carbon cycle», *Geophysical Research Letters*, n. 32 (2005), L22709.

p. 54 **visibles desde el espacio:** fotografías de la NASA disponibles en http://earthobservatory.nasa.gov/NaturalHazards/natural_hazards_v2.php3?img_id=11709.

p. 54 **visión cada vez más común:** Giannakopolous, C. *et al.* «Climate change impacts in the Mediterranean resulting from a 2°C global temperature rise», WWF, julio del 2005.

p. 56 **varios metros más alto:** Vezina, J.; Jones, B.; Ford D. «Sea-level highstands over the last 500,000 years; evidence from the Ironshore Formation on Grand Cayman, British West Indies», *Journal of Sedimentary Research*, vol. 69, n. 2 (1999), p. 317-27.

p. 56 **entre cinco y seis metros superiores:** Tarasov, L.; Richard Peltier, W. «Greenland glacial history, borehole constraints and Eemian extent», *Journal of Geophysical Research*, n. 108 (2003), B3, p. 2143; Overpeck, J. *et al.* «Paleoclimatic evidence for future ice-sheet instability and rapid sea-level rise», *Science*, n. 311 (2006), p. 1747-50.

p. 56 **eran entonces aproximadamente 1 °C más altas que ahora:** James Hansen hace una estimación de alrededor de 1°C. Ver Hansen, J. «A slippery slope: How much global warming constitutes "dangerous anthropogenic interference"?», *Climatic Change*, n. 68 (2005), p. 269-79. Según E. Rohling *et al.* la diferencia global fue de 2 °C. Ver Rohling, E. *et al.* «African monsoon variability during the previous interglacial maximum», *Earth and Planetary Science Letters*, n. 202 (2002), p. 61-75.

p. 56 **contiene suficiente hielo:** Oppenheimer, M.; Alley, R. «The West Antarctic Ice Sheet and long term climate policy», *Climatic Change*, n. 64 (2004), p. 1-2, 1-10.

p. 56 **«amenaza de desastre»:** Mercer, J. «West Antarctic ice sheet and CO2 greenhouse effect: a threat of disaster», *Nature*, n. 271 (1978), p. 321-5.

p. 56 **libre de hielo:** Cuffey, K.; Marshall, S. «Substantial contribution to sea-level rise during the last interglacial from the Greenland ice sheet», *Nature*, n. 404 (2000), p. 591-4.

p. 56 **[había estado] cubierta de bosques:** Willerslev, E. *et al.* «Ancient biomolecules from deep ice cores reveal a forested southern Greenland», *Science*, n. 317 (2007), p. 111-14.

p. 57 **de entre dos y cinco metros:** Tarasov, L.; Richard Peltier, W. «Greenland glacial history, borehole constraints and Eemian extent», *Journal of Geophysical Research*, n. 108 (2003), B3, p. 2143; Otto-Bliesner, B. *et al.* «Simulating Arctic climate warmth and icefield retreat in the last interglaciation», *Science*, n. 311 (2006), p. 1751-3.

p. 58 **muy superiores:** Hansen, J. «A slippery slope: How much global warming constitutes "dangerous anthropogenic interference"?», *Climatic Change*, n. 68 (2005), p. 269-79.

p. 58 **arrecifes de coral:** Webster, J. *et al.* «Drowning of the -150 m reef off Hawaii: A casualty of global meltwater pulse 1A?», *Geology,* vol. 32, n. 3 (2004), p. 249-52.

p. 58 **sumergió:** Kienast, M. *et al.* «Synchroneity of meltwater pulse 1A and the Bolling warming: New evidence from the South China Sea», *Geology,* vol. 31, n. 1 (2003), p. 67-70.

p. 58 **«explosivamente rápidos»:** Hansen, J. «A slippery slope: How much global warming constitutes "dangerous anthropogenic interference"?», *Climatic Change,* n. 68 (2005), p. 269-79.

p. 58 **2,7 °C:** Gregory, J.; Huybrechts, P.; Raper, S. «Threatened loss of the Greenland ice sheet», *Nature,* n. 428 (2004), p. 616.

p. 58 **2,2 veces:** Chylek, P.; Lohmann, U. «Ratio of the Greenland to global temperature change: Comparison to observations and climate modelling results», *Geophysical Research Letters,* n. 32 (2005), L14705.

p. 59 **6 cm al año:** Johannessen, O. *et al.* «Recent ice-sheet growth in the interior of Greenland», *Science,* n. 310 (2005), p. 1013-16.

p. 59 **compensar la subida del nivel del mar:** Bugnion, V.; Stone, P. «Snowpack model estimates of the mass balance of the Greenland ice sheet and its changes over the twenty-first century», *Climate Dynamics,* n. 20 (2002), p. 87-106.

p. 59 **«adelgazando como locos»:** Schiermeier, Q. «A rising tide», *Nature,* n. 428 (2004), p. 114-15.

p. 60 **cubierta de hielo más fina:** Parizek, B.; Alley, R. «Implications of increased Greenland surface melt under global-warming scenarios: ice-sheet simulations», *Quaternary Science Reviews,* n. 23 (2004), p. 1013-27.

p. 60 **Jakobshavn Isbrae:** Joughin, I. *et al.* «Large fluctuations in speed on Greenland's Jakobshavn Isbrae glacier», *Nature,* n. 432 (2004), p. 608-10.

p. 60 **acelerado el flujo de hielo:** Howat, I. *et al.* «Rapid retreat and acceleration of Helheim Glacier, east Greenland», *Geophysical Research Letters,* n. 32 (2005), L22502.

p. 61 **glaciar Kangerdlugssuaq:** Luckman, A. *et al.* «Rapid and synchronous ice-dynamic changes in East Greenland», *Geophysical Research Letters,* n. 33 (2006), L03503.

p. 61 **doblado la velocidad:** *Íbid.*

p. 61 **normalidad:** Howat, I. *et al.* «Rapid changes in ice discharge from Greenland outlet glaciers», *Science,* n. 315 (2007), p. 1559-61.

p. 61 **«más vulnerable»**: Truffer, M.; Fahnestock, M. «Rethinking ice sheet time scales», *Science,* n. 315 (2007), p. 1508-10.

p. 61 **100.000 millones de toneladas:** Luthcke, S. *et al.* «Recent Greenland ice mass loss by drainage system from satellite gravity observations», *Science*, n. 314 (2006), p. 1286-9.

p. 62 **«censura»:** por ejemplo, Revkin, A. «Climate expert says NASA tried to silence him», *New York Times*, 29 de enero del 2006.

p. 62 **«peligrosamente cerca»:** Hansen, J. *et al.* «Climate change and trace gases», *Philosophical Transactions of the Royal Society A*, n. 365 (2007), p. 1925-54.

p. 62 **«mecanismo desencadenante»:** *Íbid.*

p. 63 **5 metros:** Hansen, J. «Scientific reticence and sea level rise», *Environmental Research Letters*, abril-junio del 2007, accesible en http://www.iop.org/EJ/article/17489326/2/2/024002/erl7_2_024002.html.

p. 63 **3,3 mm anuales:** Rahmstorf, S. *et al.* «Recent climate observations compared to projections», *Science*, n. 316 (2007), p. 709.

p. 64 **nueva fiebre del Ártico:** Krauss, C. *et al.* «As polar ice turns to water, dreams of treasure abound», *New York Times*, 10 de octubre del 2005.

p. 65 **«este territorio es ahora nuestro»:** Solovyov, D. «Russia explorers snub critics in North Pole row», Reuters, 8 de agosto del 2007.

p. 65 **osos polares de la bahía de Hudson:** Stirling, I. *et al.* «Long-term trends in the population ecology of polar bears in western Hudson Bay in relation to climate change», *Arctic*, n. 52 (1999), p. 294-306.

p. 66 **agua libre de hielo:** Comiso, J. «Impact studies of a 2°C global warming on the Arctic sea ice cover», *2° Is Too Much! Evidence and Implications of Dangerous Climate Change in the Arctic*, Programa del Ártico de WWF International, enero del 2005.

p. 66 **morsas desesperadas:** Krauss, C. *et al.* «Old ways of life are fading as the Arctic thaws», *New York Times*, 20 de octubre del 2005.

p. 66 **En tierra:** Evaluación sobre el Impacto Climático en el Ártico, *Impacts of a Warming Arctic*, Cambridge University Press, 2004, cap. 7: «Arctic Tundra and Polar Desert Ecosystems».

p. 66 **peces de agua dulce:** *Íbid.* Cap. 8: «Freshwater Ecosystems and Fisheries».

p. 67 **la tundra prácticamente desaparecerá:** Kaplan, J. «Climate change and Arctic vegetation», *2° Is Too Much! Evidence and Implications of Dangerous Climate Change in the Arctic*, Programa del Ártico de WWF International, enero del 2005.

p. 67 **límite del permafrost se retirará:** Evaluación sobre el Impacto Climático en el Ártico, *Impacts of a Warming Arctic*, Cambridge University Press, 2004, cap. 6: «Cryosphere and Hydrology».

p. 67 **«amplificación ártica»:** New, M. «Arctic climate change with a 2°C global warming», *2° Is Too Much! Evidence and Implications of Dangerous Climate Change in the Arctic,* Programa del Ártico de WWF International, enero del 2005.

p. 67 **cortos a la hora de describir términos:** «Inuit translators, elders meet to develop Inuktitut words for climate change», Canadian Press, 4 de octubre del 2005.

p. 67 ***uggianaqtuq*:** Cowen, R. «In melting Arctic, warming is now», *Christian Science Monitor,* 18 de octubre del 2005.

p. 67 **«los indígenas del Ártico»:** Doyle, A. «Arctic peoples urge UN aid to protect cultures», Reuters, 7 de diciembre del 2005.

p. 68 **Rajendra Pachauri:** «India unlikely to agree emissions caps post Kyoto», Webindia123, 24 de noviembre del 2005, http://news.webindia123.com/news/showdetails.asp?id=171704&n_date=20051124&cat=India.

p. 69 **India adelantó a Japón:** «India takes a hard line on global warming», Reuters, 19 de noviembre del 2005.

p. 69 **«de ninguna manera»:** *Íbid.*

p. 69 **descensos en la producción agrícola:** *Climate Change Impacts on Agriculture in India,* Keysheet 6, Defra, sin fecha.

p. 69 **tipología de los bosques:** *Climate Change Impacts on Forestry in India,* Keysheet 7, Defra, sin fecha.

p. 69 **importantes impactos agrícolas:** Kavi Kumar, K.; Parikh, J. «Indian agriculture and climate sensitivity», *Global Environmental Change,* n. 11 (2001), p. 147-54.

p. 69 **fortalecimiento del monzón:** May, W. «Simulation of the variability and extremes of daily rainfall during the Indian summer monsoon for present and future times in a global time-slice experiment», *Climate Dynamics,* n. 22 (2004), p. 183-204.

p. 69 **Bangladesh:** Agrawala, S. *et al.* «Development and climate change in Bangladesh: Focus on coastal flooding and the Sundarbans», Directorio de Medio Ambiente de la OECD, 2003, 70 páginas.

p. 70 **está surtiendo efecto:** Goswami, B. *et al.* «Increasing trend of extreme rain events over India in a warming environment», *Science,* n. 314 (2006), p. 1442-5.

p. 70 **Nepal:** Agrawala, S. *et al.* «Development and climate change in Nepal: Focus on water resources and hydropower», Directorio de Medio Ambiente de la OECD, 2003, 64 páginas.

p. 71 **campos de hielo de los Andes:** Barnett, T. *et al.* «Potential impacts of a warming climate on water availability in snow-dominated regions», *Nature,* n. 438 (2005), p. 303-9.

p. 72 **río Santa:** Kaser, G. *et al.* «The impact of glaciers on the runoff and the reconstruction of mass balance history from hydrological data in the tropical Cordillera Blanca, Peru», *Journal of Hydrology*, vol. 282, n. 1 (2003), p. 130-44.

p. 72 **canalizada [...] campos:** Chevallier, P. *et al.* «Climate change impact on the water resources from the mountains in Peru», documento presentado en el Fórum Global de la OECD sobre Desarrollo Sostenible: Desarrollo y Cambio Climático, París, 11-12 de noviembre de 2004.

p. 72 **caída en el agua de drenaje:** Juen, I. Kaser, G. and Georges, C. «Modelling observed and future runoff from a glacierized tropical catchment (Cordillera Blanca, Peru)», *Global and Planetary Change*, vol. 59, n. 1-4 (2006), p. 37-48.

p. 72 **moche [...] chimu:** Dillehay, T. *et al.* «Pre-industrial human and environment interactions in northern Peru during the late Holocene», *The Holocene*, vol. 14, n. 2 (2004), p. 272-81.

p. 73 **relacionadas con las sequías:** *Íbid.*

p. 74 **ya está aumentando:** Bradley, R. *et al.* «Threats to water supplies in the tropical Andes», *Science*, n. 312 (2006), p. 1755-6.

p. 74 **retrocediendo rápidamente:** *Íbid.*

p. 75 **almacena [...] nieve:** Mote, P. *et al.* «Declining mountain snowpack in western North America», *Bulletin of the American Meteorological Society*, enero del 2005.

p. 76 **«los lagartos y las plantas rodadoras»:** Barbassa, J. «An uncertain future for San Joaquin River», Associated Press, 17 de septiembre del 2005.

p. 76 **proyectaba un declive del manto de nieve:** Hayhoe, K. *et al.* «Emissions pathways, climate change, and impacts on California», *Proceedings of the National Academy of Sciences*, vol. 101, n. 34 (2004), p. 12422-7.

p. 76 **Oregón y Washington:** Ruby Leung, L. *et al.* «Mid-century ensemble regional climate change scenarios for the western United States», *Climatic Change*, n. 62 (2004), p. 75-113.

p. 77 **regiones montañosas:** Kim, J. «A projection of the effects of the climate change induced by increased CO2 on extreme hydrologic events in the western US», *Climatic Change*, n. 68 (2005), p. 153-68.

p. 77 **sistema del río Columbia:** Ruby Leung, L. *et al.* «Mid-century ensemble regional climate change scenarios for the western United States», *Climatic Change*, n. 62 (2004), p. 75-113.

p. 78 **se espera que se dupliquen:** Southworth, J. *et al.* «Sensitivity of winter wheat yields in the Midwestern United States to future changes in climate, climate variability and CO2 fertilisation», *Climate Research*, n. 22 (2002), p. 73-86.

p. 78 **cultivadores de cítricos**: Tubiello, F. *et al.* «Effects of climate change on US crop production: simulation results using two different GCM scenarios. Part 1: wheat, potato, maize and citrus», *Climate Research*, n. 20 (2002), p. 259-70.

p. 78 **en el Reino Unido:** *Climate Change and Agriculture in the United Kingdom*, MAFF, sin fecha, 65 páginas.

p. 78 **por toda Europa:** Maracchi, G. *et al.* «Impacts of present and future climate variability on agriculture and forestry in the temperate regions: Europe», *Climatic Change*, n. 70 (2005), p. 117-35.

p. 78 **América Central y del Sur:** Jones, P. and Thornton, P. «The potential impacts of climate change on maize production in Africa and Latin America in 2055», *Global Environmental Change*, n. 13 (2003), p. 51-9.

p. 79 **Mali:** Butt, T. *et al.* «The economic and food security implications of climate change in Mali», *Climatic Change*, n. 68 (2005), p. 355-78.

p. 79 **Botsuana:** Chipanshi, A. *et al.* «Vulnerability assessment of the maize and sorghum crops to climate change in Botswana», *Climatic Change*, n. 61 (2003), p. 339-60.

p. 79 **Congo:** Wilkie, D. *et al.* «Wetter isn't better: global warming and food security in the Congo basin», *Global Environmental Change*, n. 9 (1999), p. 323-8.

p. 79 **sudeste de América:** Carbone, G. *et al.* «Response of soybean and sorghum to varying spatial scales of climate change scenarios in the southeastern United States», *Climatic Change*, n. 60 (2003), p. 73-98.

p. 79 **Canadá:** *Implications of a 2°C Global Temperature Rise for Canada's Natural Resources*, WWF, 30 de noviembre del 2005, 109 páginas.

p. 79 **bacalao del mar del Norte:** Clark, R. *et al.* «North Sea cod and climate change - modelling the effects of temperature on population dynamics», *Global Change Biology*, n. 9 (2003), p. 1669-80.

p. 80 **Sudáfrica:** Midgeley, G. *et al.* «Assessing the vulnerability of species richness to anthropogenic climate change in a biodiversity hotspot», *Global Ecology & Biogeography*, n. 11 (2002), p. 445-51.

p. 80 **selva de Queensland:** Williams, S. *et al.* «Climate change in Australian tropical rainforests: an impending environmental catastrophe», *Proceedings of the Royal Society of London B*, n. 270 (2003), p. 1887-92.

p. 81 **rana arlequín de Monteverde:** Pounds, A.; Puschendorf, R. «Clouded futures», *Nature*, n. 427 (2004), p. 107-9.

p. 81 **las aísla:** Hare,W. *Assessment of Knowledge on Impacts of Climate Change - Contribution to the Specification of Art. 2 of the UNFCCC*, WBGU, Berlin, 2003, 104 páginas.

p. 81 **entre 100 y 1.000 veces más rápido:** Martens, P. *et al.* «Biodiversity: luxury or necessity?», *Global Environmental Change*, n. 13 (2003), p. 75-81.

p. 81 **hacia los polos:** Parmesan, C.; Yohe, P. «A globally coherent fingerprint of climate change impacts across natural systems», *Nature*, n. 421 (2003), p. 37-42.

p. 81 **zonas de distribución y el comportamiento:** Root, T. *et al.* «Fingerprints of global warming on wild animals and plants», *Nature*, n. 421 (2003), p. 57-60.

p. 82 **mariposa azul:** Thomas, J. «Biodiversity and climate change», conferencia en la Universidad de Oxford, 23 de enero del 2006.

p. 82 **30 kilómetros por década:** cálculos realizados de la siguiente manera: las zonas climáticas se desplazan 150 km por °C. Por tanto, son alrededor de 300 km por 2 °C de calentamiento, según este capítulo, o 30 km por década, si asumimos que se alcanzan los 2 °C para el 2100 y las temperaturas del Reino Unido no aumentan más rápido que las globales.

p. 83 **papamoscas cerrojillos:** Both, C. *et al.* «Climate change and population declines in a long-distance migratory bird», *Nature*, n. 441 (2006), p. 81-3.

p. 83 **más de un tercio de todas las especies:** Thomas, C. *et al.* «Extinction risk from climate change», *Nature*, n. 427 (2004), p. 145-8.

p. 83 **«Más de un millón de especies»:** «Climate change threatens a million species with extinction», comunicado de prensa de la Universidad de Leeds, 7 de enero del 2004.

TRES GRADOS

p. 90 **partida por la mitad:** Hoerling, M. *et al.* «Detection and attribution of 20th century northern and southern African monsoon change», *Journal of Climate*, vol. 19, n. 16 (2005), p. 3989-4008.

p. 92 **se volverán a mover:** Thomas, D. *et al.* «Remobilization of southern African desert dune systems by twenty-first century global warming», *Nature*, n. 435 (2005), p. 1218-21.

p. 95 **desarrollado el bipedalismo:** Haywood, A.; Valdes, P. «Vegetation cover in a warmer world simulated using a dynamic global vegetation model for the mid-Pliocene», *Palaeogeography, Palaeoclimatology, Palaeoecology*, n. 237 (2006), p. 412-77.

p. 95 **madera y hojas fosilizadas:** Francis, J.; Hill, R. «Fossil plants from the Pliocene Sirius Group, Transantarctic Mountains; evidence for climate from growth rings and fossil leaves», PALAIOS, vol. 11, n. 4 (1996), p. 389-96.

p. 96 **variedad [fascinante] de mamíferos:** Tedford, R.; Harington, R. «An Arctic mammal fauna from the early Pliocene of North America», *Nature*, n. 425 (2003), p. 388-90.

p. 96 **25 metros más alto:** Barreiro, M. *et al.* «Simulation of warm tropical conditions with application to middle Pliocene atmospheres», *Climate Dynamics*, n. 26 (2006), p. 249-365.

p. 96 **reconstrucción de las temperaturas del mar:** Haywood, A. *et al.* «Warmer tropics during the mid-Pliocene? Evidence from alkenone paleothermometry and a fully coupled ocean-atmosphere GCM», *Geochemistry, Geophysics, Geosystems*, vol. 6, n. 3 (2005), 20 páginas.

p. 97 **«críticos para entender»:** British Antarctic Survey, «Carbon dioxide role in past climate revealed», comunicado de prensa, 11 de abril del 2005.

p. 97 **libres de hielo estacional:** Haywood, A. *et al.* «Warmer tropics during the mid-Pliocene? Evidence from alkenone paleothermometry and a fully coupled ocean-atmosphere GCM», *Geochemistry, Geophysics, Geosystems*, vol. 6, n. 3 (2005), 20 páginas.

p. 97 **la circulación Atlántica [...] disminuyó:** Raymo, M. *et al.* «Mid-Pliocene warmth: stronger greenhouse and stronger conveyor», *Marine Micropaleontology*, n. 27 (1996), p. 313-26.

p. 97 **de las 360 a las 400 partes por millón:** Haywood, A.; Williams, M. «The climate of the future: clues from three million years ago», *Geology Today*, vol. 21, n. 4 (2005), p. 138-43.

p. 98 **un poco menos de tres grados:** Haywood, A.; Valdes, P. «Modelling Pliocene warmth: contribution of atmosphere, oceans and cryosphere», *Earth and Planetary Science Letters*, n. 218 (2004), p. 363-77; Jiang, D. *et al.* «Modeling the middle Pliocene climate with a global atmospheric general circulation model», *Journal of Geophysical Research*, n. 110 (2005), D14107.

p. 98 **tormentas [...] hambruna:** Couper-Johnston, R. *El Niño: The Weather Phenomenon that Changed the World*, Hodder & Stoughton, 2000.

p. 99 **trasladaron icebergs:** *Íbid.*

p. 99 **siempre han ido acompañados:** Krishna Kumar, K. *et al.* «Unraveling the mystery of Indian monsoon failure during El Niño», *Science*, n. 314 (2006), p. 115-19.

p. 100 **El Niño podría [...] volverse permanente:** Boer, G. *et al.* «Is there observational support for an El Niño-like pattern of future global warming?», *Geophysical Research Letters*, n. 31 (2004), L06201.

p. 100 **fenómenos de El Niño más débiles:** Meehl, G. *et al.* «Future changes of El Niño in two global coupled climate models», *Climate Dynamics*, n. 26 (2006), p. 549-66.

p. 100 **pocos cambios:** Collins, M.; Grupo de Modelización del CMIP. «El Niño or La Niña-like climate change», *Climate Dynamics*, n. 24 (2005), p. 89-104; Cane, M. «The evolution of El Niño, past and future», *Earth and Planetary Science Letters*, n. 230 (2005), p. 227-40.

p. 100 **más débiles e incluso desaparecían:** Boer, G. *et al.* «Is there observational support for an El Niño-like pattern of future global warming?», *Geophysical Research Letters*, n. 31 (2004), L06201.

p. 100 **vientos alisios [...] se debilitaron:** Barreiro, M. *et al.* «Simulation of warm tropical conditions with application to middle Pliocene atmospheres», *Climate Dynamics*, n. 26 (2006), p. 249-365.

p. 101 **vientos alisios [ya han] empezado a aflojar:** Vecchi, G. *et al.* «Weakening of tropical Pacific atmospheric circulation due to anthropogenic forcing», *Nature*, n. 441 (2006), p. 73-6.

p. 101 **«super-Niños»:** Hansen, J. *et al.* «Global temperature change», *Proceedings of the National Academy of Sciences*, vol. 103, n. 39 (2006), p. 14288-93.

p. 101 **inviernos en Europa [sean] más secos:** Müller,W.; Roeckner, E. «ENSO impact on midlatitude circulation patterns in future climate change projections», *Geophysical Research Letters*, n. 33 (2006), L05711.

p. 101 **vientos de cizallamiento:** Vecchi, G.; Soden, B. «Increased tropical Atlantic wind shear in model projections of global warming», *Geophysical Research Letters*, n. 34 (2007), L08702.

p. 101 **zonas de California de clima [normalmente] seco:** Maurer, E. *et al.* «Amplification of streamflow impacts of El Niño by increased atmospheric greenhouse gases», *Geophysical Research Letters*, n. 33 (2006), L02707.

p. 103 **añadiría 1,5 °C:** Cox, P. *et al.* «Acceleration of global warming due to carbon cycle feedbacks in a coupled climate model», *Nature*, n. 408 (2000), p. 184-7.

p. 104 **carbono depositado:** Fung, I. *et al.* «Evolution of carbon sinks in a changing climate», *Proceedings of the National Academy of Sciences*, vol. 102, n. 32 (2005), p. 11201-6.

p. 104 **Un equipo francés repitió:** Berthelot, M. *et al.* «How uncertainties in future climate change predictions translate into future terrestrial carbon fluxes», *Global Change Biology*, n. 11 (2005), p. 1-12.

p. 104 **Otro equipo:** Zeng, N. *et al.* «How strong is carbon cycle feedback under global warming?», *Geophysical Research Letters*, n. 31 (2004), L20203.

p. 104 **modelos investigados:** Li, W. *et al.* «Future precipitation changes and their implications for tropical peatlands», *Geophysical Research Letters,* n. 34 (2007), L01403.

p. 105 **«motor de energía hidrológica»:** Bunyard, P. «Climate and the Amazon: Consequences for our planet», *The Ecologist,* octubre del 2002.

p. 105 **gobierno brasileño:** *Íbid.*

p. 105 **las lluvias se reducían:** Betts, R. *et al.* «The role of ecosystem-atmosphere interactions in simulated Amazonian precipitation decrease and forest dieback under global climate warming», *Theoretical and Applied Climatology,* n. 78 (2004), p. 137-56.

p. 105 **esencialmente, en desierto:** Cowling, S. *et al.* «Contrasting simulated past and future responses of the Amazonian forest to atmospheric change», *Philosophical Transactions of the Royal Society of London B,* n. 359 (2004), p. 539-47.

p. 106 **Cada temporada de incendios:** Barlow, J.; Peres, C. «Ecological responses to El Niño-induced surface fires in central Brazilian Amazonia: management implications for flammable tropical forests», *Philosophical Transactions of the Royal Society of London B,* n. 359 (2004), p. 367-80.

p. 107 **Nuevo Gales del Sur:** Hennessy, K. *et al. Climate Change in New South Wales: Part 2 - Projected changes in climate extremes,* CSIRO, noviembre del 2004, 79 páginas.

p. 107 **la frecuencia de las sequías podría triplicarse:** *Íbid.*

p. 107 **Las lluvias medias [de todo el estado] podrían desplomarse:** Hennessy, K. *et al. Climate Change in New South Wales: Part 1 - Past climate variability and projected changes in average climate,* CSIRO, noviembre del 2004, 46 páginas; ver p. 36 para las proyecciones referentes a este capítulo, según un escenario de estabilizaciones altas de 550 para el 2070.

p. 108 **Victoria:** Suppiah, R. *et al. Climate Change in Victoria: Assessment of climate change for Victoria: 2001-2002,* CSIRO, abril del 2004, 33 páginas.

p. 108 **suroeste de Australia:** Timbal, B. «Southwest Australia past and future rainfall trends», *Climate Research,* n. 26 (2004), p. 233-49.

p. 108 **ancianos morirán:** Woodruff, R. *et al. Climate Change Health Impacts in Australia: Effects of Dramatic CO2 Emissions Reductions,* Fundación Australiana de Conservación; Asociación Médica Australiana, 2005, 45 páginas.

p. 108 **fiebre dengue:** *Íbid.*

p. 108 **350 litros de agua:** *Australian Natural Resources Atlas – Water,* Departamento de Medio Ambiente y Patrimonio del Gobierno de Australia, http://audit.deh.gov.au/ANRA/water/water_frame.cfm?region_type=AUS&region_code=AUS&info=allocation.

p. 108 **Darwin y Queensland:** Pittock, B. (ed.). *Climate Change - An Australian Guide to the Science and Potential Impacts*, Australian Greenhouse Office, 2003, p. 88.

p. 108 **seguirán siendo viables:** Luo, Q. *et al.* «Risk analysis of possible impacts of climate change on South Australian wheat production», *Climatic Change*, vol. 85, n. 1-2 (2007), p. 89-101.

p. 108 **cuenca del Murray-Darling:** Pittock, B. (ed.). *Climate Change - An Australian Guide to the Science and Potential Impacts*, Australian Greenhouse Office, 2003, p. 88, basado en el escenario medio A1 para el 2100.

p. 109 **caída en las lluvias anuales:** Hope, P. «Projected future changes in synoptic systems influencing southwest Western Australia», *Climate Dynamics*, n. 26 (2006), p. 765-80.

p. 109 **monte Pinatubo:** Fromm, M. *et al.* «Violent pyro-convective storm devastates Australia's capital and pollutes the stratosphere», *Geophysical Research Letters*, n. 33 (2006), L05815.

p. 112 **incremento de la intensidad de los huracanes:** Knutson, T.; Tuleya, R. «Impact of CO2-induced warming on simulated hurricane intensity and precipitation: sensitivity to the choice of climate model and convective parameterisation», *Journal of Climate*, vol. 17, n. 18 (2004), p. 3477-95.

p. 112 **huracanes:** Emanuel, K. *Divine Wind: The History and Science of Hurricanes*, Oxford University Press, 2005, p. 258.

p. 113 **exacerbe la sequía:** Sewall, J.; Sloan, L. «Disappearing Arctic sea ice reduces available water in the American west», *Geophysical Research Letters*, n. 31 (2004), L06209.

p. 113 **80%:** Johannessen, O. *et al.* «Arctic climate change: observed and modelled temperature and sea ice variability», *Tellus*, 26A (2004), p. 328-41.

p. 113 **«nuevo estado del Ártico»:** Stroeve, J. *et al.* «Arctic sea ice decline: Faster than forecast», *Geophysical Research Letters*, n. 34 (2007), L09501.

p. 114 **capas de hielo más pequeñas:** Oerlemans, J. *et al.* «Estimating the contribution of Arctic glaciers to sea-level change in the next 100 years», *Annals of Glaciology*, vol. 42, n. 1 (2005), p. 230-6.

p. 114 **3.500 kilómetros cúbicos:** CWE Glaciers Group, *The Impact of Climate Change on Glaciers in the Nordic Countries*, The CWE Project, 2004, 42 páginas.

p. 114 **se elevarían 25 cm:** Raper, S.; Braithwaite, R. «The potential for sea level rise: New estimates from glacier and ice cap area and volume distributions», *Geophysical Research Letters*, n. 32 (2005), L05502.

p. 115 **en Noruega se disfrutará de una época de labranza:** Skaugen, T.; Tveito, O. «Growing-season and degree-day scenario in Norway for 2021-2050», *Climate Research*, n. 26 (2004), p. 221-32.

p. 115 **Finlandia:** Dankers, R.; Christensen, O. «Climate change impact on snow coverage, evaporation and river discharge in the sub-Arctic Tanna basin, Northern Fennoscandia», *Climatic Change*, n. 69 (2005), p. 367-92.

p. 117 **la revuelta e incluso el regicidio:** Diamond, J. *Collapse: How Societies Choose to Fail or Survive*, Allen Lane, 2005, capítulo 5 - The Maya Collapses.

p. 117 **registros de los lechos lacustres:** Hodell, D. *et al.* «Terminal Classic drought in the northern Maya lowlands inferred from multiple sediment cores in Lake Chichancanab (Mexico)», *Quaternary Science Reviews*, vol. 25, n. 12-13 (2005), p. 1413-27.

p. 117 **«sequías más intensas de varios años de duración»:** Huag, G. *et al.* «Climate and the collapse of Maya civilization», *Science*, n. 299 (2003), p. 1731-5.

p. 117 **1-2 mm diarios:** Johns, T. *et al.* «Anthropogenic climate change for 1860-2100 simulated with the HadCM3 model under updated emissions scenarios», *Climate Dynamics*, n. 20 (2003), p. 583-612, (ver gráfico 13-c para el mundo B1).

p. 117 **empeora la deforestación:** Breshears, D. *et al.* «Regional vegetation die-off in response to global-change-type drought», *PNAS*, vol. 102, n. 42 (2005), p. 15144-8.

p. 117 **«puntos calientes» del cambio climático:** Giorgi, F. «Climate change hot spots», *Geophysical Research Letters*, n. 33 (2006), L08707.

p. 119 **épocas del pasado:** Burns, S. *et al.* «Indian Ocean climate and absolute chronology over Dansgaard/Oeschger Events 9 to 13», *Science*, n. 301 (2003), 1365-7.

p. 119 **«nube marrón asiática»:** Zickfield, K. *et al.* «Is the Indian summer monsoon stable against global change?», *Geophysical Research Letters*, n. 32 (2005), L15707.

p. 119 **muchos otros estudios:** May, W. «Simulation of the variability and extremes of daily rainfall during the Indian summer monsoon for present and future times in a global time-slice experiment», *Climate Dynamics*, n. 22 (2004), p. 183-204; Ueda, H. *et al.* «Impact of anthropogenic forcing on the Asian summer monsoon as simulated by 8 GCMs», *Geophysical Research Letters*, n. 33 (2006), L06703.

p. 119 **asociadas inundaciones extremas:** Dairaku, K.; Emori, S. «Dynamic and thermodynamic influences on intensified daily rainfall during the Asian summer monsoon under doubled atmospheric CO2 conditions», *Geophysical Research Letters*, n. 33 (2006), L01704.

p. 119 **aún más difícil:** Meehl, G.; Arblaster, J. «Mechanisms for projected future changes in south Asian monsoon precipitation», *Climate Dynamics*, n. 21 (2003), 659-75.

p. 119 **dura sequía:** Abram, N. *et al.* «Seasonal characteristics of the Indian Ocean Dipole during the Holocene epoch», *Nature,* n. 445 (2007), p. 299-302; Overpeck, J.; Cole, J. «Lessons from a distant monsoon», *Nature,* n. 445 (2007), p. 270-1.

p. 121 **acelerada retirada de los glaciares:** WWF Nepal Program, *An Overview of Glaciers, Glacier Retreat, and Subsequent Impacts in Nepal, India and China,* WWF, marzo del 2005, 70 páginas.

p. 122 **descenso de las reservas de agua:** Rees, G.; Collins, D. *An Assessment of the Potential Impacts of Deglaciation on the Water Resources of the Himalaya,* DFID KAR Project No. R7980, (2004), 54 páginas y anexos.

p. 122 **China:** Barnett, T. *et al.* «Potential impacts of a warming climate on water availability in snow-dominated regions», *Nature,* n. 438 (2005), p. 303-9.

p. 124 **río Colorado:** Christensen, N. *et al.* «The effect of climate change on the hydrology and water resources of the Colorado river basin», *Climatic Change,* n. 62 (2004), p. 337-63.

p. 124 **lago Mead:** Allen, J. «Drought lowers Lake Mead», NASA Earth Observatory, 2003, http://earthobservatory.nasa.gov/Study/LakeMead/.

p. 124 **el sistema fallaría:** Christensen, N. *et al.* «The effect of climate change on the hydrology and water resources of the Colorado river basin», *Climatic Change,* n. 62 (2004), p. 337-63.

p. 124 **cañón de Glen:** para saber más, consultar la página web del Instituto Glen Canyon: http://www.glencanyon.org/.

p. 125 **fecha [media] del deshielo primaveral:** Stewart, I. *et al.* «Changes in snowmelt runoff timing in western North America under a "business as usual" climate change scenario», *Climatic Change,* n. 62 (2004), p. 217-32.

p. 125 **llegarán hasta el océano:** Barnett, T. *et al.* «Potential impacts of a warming climate on water availability in snow-dominated regions», *Nature,* n. 438 (2005), p. 303-9.

p. 125 **costa [estadounidense] del Pacífico:** Mote, P. *et al.* «Preparing for climatic change: The water, salmon and forests of the Pacific northwest», *Climatic Change,* n. 61 (2003), p. 45-88.

p. 125 **río canadiense:** Lapp, S. *et al.* «Climate warming impacts on snowpack accumulation in an alpine watershed», *International Journal of Climatology,* n. 25 (2005), p. 521-36.

p. 126 **Rocosas:** Laprise, R. *et al.* «Current and perturbed climate as simulated by the second-generation Canadian Regional Climate Model (CRCM-II) over northwestern North America», *Climate Dynamics,* n. 21 (2003), p. 405-21.

p. 126 **años del Dust Bowl:** Seager, R. *et al.* «Model projections of an imminent transition to a more arid climate in Southwestern North America», *Science*, n. 316 (2007), p. 1181-4.

p. 126 **incendios graves:** Westerling, A. *et al.* «Warming and earlier spring increase western US forest wildfire activity», *Science*, n. 313 (2006), p. 940-3.

p. 126 **fuegos descontrolados:** Fried, J. *et al.* «The impact of climate change on wildfire severity: a regional forecast for northern California», *Climatic Change*, n. 64 (2004), p. 169-91.

p. 126 **más [de] riesgo elevado de incendios:** Brown, T. *et al.* «The impact of twenty-first century climate change on wildland fire danger in the western United States: An applications perspective», *Climatic Change*, n. 62 (2004), p. 365-88.

p. 128 **medio metro más:** Gornitz, V. *et al.* «Impacts of sea level rise in the New York City metropolitan area», *Global and Planetary Change*, n. 32 (2002), p. 61-88.

p. 128 **inundación [...] una vez cada 100:** *Íbid.*

p. 128 **las playas [del norte de Nueva Jersey y Long Island] podrían estar desplazándose:** *Íbid.*

p. 128 **barreras contra las inundaciones:** Van Lenten, C. «Storm surge barriers for New York harbour?», *Science and the City*, 2005. http://www.nyas.org/snc/update.asp?UpdateID=28.

p. 128 **Malcolm Bowman:** primera cita en la entrada anterior, la segunda en: Bowman, M. «A city at sea», *New York Times*, 25 de septiembre del 2005.

p. 129 **200 veces:** *London's Warming: The Impacts of Climate Change on London*, The London Climate Change Partnership, octubre del 2002, 293 páginas.

p. 129 **inundaciones:** Lowe, J. *et al.* «Changes in occurrence of storm surges around the United Kingdom under a future climate scenario using a dynamic storm surge model driven by the Hadley Centre models», *Climate Dynamics*, n. 18 (2001), p. 179-88.

p. 130 **aumentará la frecuencia [en que] tormentas de lluvia y viento:** Leckebusch, G.; Ulbrich, U. «On the relationship between cyclones and extreme windstorm events over Europe under climate change», *Global and Planetary Change*, n. 44 (2004), p. 181-93.

p. 130 **más frecuentes por todo el mundo:** Lambert, S.; Fyfe, J. «Changes in winter cyclone frequencies and strengths simulated in enhanced greenhouse warming experiments: results from the models participating in the IPCC diagnostic exercise», *Climate Dynamics*, n. 26 (2006), p. 713-28.

p. 130 **marejadas ciclónicas más fuertes:** Beniston, M. *et al.* «Future extreme events in a European climate: An exploration of regional climate model projections», Prudence WP5 (2004).

p. 131 **intensificación del ciclo hidrológico:** Huntingdon, T. «Evidence for intensification of the global water cycle: Review and synthesis», *Journal of Hydrology*, n. 319 (2005), p. 83-95.

p. 131 **aumento en las precipitaciones:** Zhang, X. *et al.* «Detection of human influence on twentieth-century precipitation trends», *Nature*, n. 448 (2007), p. 461-5.

p. 131 **tormentas fuertes cada vez más intensas:** Semmler, T.; Jacob, D. «Modeling extreme precipitation events - a climate change simulation for Europe», *Global and Planetary Change*, n. 44 (2004), p. 119-27.

p. 131 **aumento [del 50%] en las crecidas máximas:** Kay, A. *et al.* «RCM rainfall for UK flood frequency estimation. II. Climate change results», *Journal of Hydrology*, n. 318 (2006), p. 163-72.

p. 131 **inundaciones y cortes de agua:** Pal, J. *et al.* «Consistency of recent European summer precipitation trends and extremes with future regional climate projections», *Geophysical Research Letters*, n. 31 (2004), L13202.

p. 131 **Alpes:** Jasper, K. *et al.* «Differential impacts of climate change on the hydrology of two alpine river basins», *Climate Research*, n. 26 (2004), p. 113-29.

p. 131 **Rin:** Shabalova, M. *et al.* «Assessing future discharge of the river Rhine using regional climate model integrations and a hydrological model», *Climate Research*, n. 23 (2003), p. 233-46.

p. 131 **Mediterráneo:** Gibelin, A.L.; Déqué, M. «Anthropogenic climate change over the Mediterranean region simulated by a global variable resolution model», *Climate Dynamics*, n. 20 (2003), p. 237-339.

p. 132 **lluvias [más intensas] y frecuentes inundaciones:** McHugh, M. «Multi-model trends in East African rainfall associated with increased CO2», *Geophysical Research Letters*, n. 32 (2005), L01707.

p. 132 **el 85% de las infecciones:** *The World Health Report 2002: Reducing Risks, Promoting Healthy Life*, Organización Mundial de la Salud, 2002.

p. 133 **el 96% del país:** Ebi, K. *et al.* «Climate suitability for stable malaria transmission in Zimbabwe under different climate change scenarios», *Climatic Change*, n. 73 (2005), p. 375-93.

p. 133 **cientos de millones más de personas:** van Leishout, M. *et al.* «Climate change and malaria: analysis of the SRES climate and socio-economic scenarios», *Global Environmental Change*, n. 14 (2004), p. 87-99.

p. 133 **personas expuestas a la malaria:** *Íbid.*

p. 134 **plantas endémicas de los tepui:** Rull, V.; Vegas-Vilarrubia, T. «Unexpected biodiversity loss under global warming in the neotropical Guyana highlands: a preliminary appraisal», *Global Change Biology,* n. 12 (2006), p. 1-9.

p. 135 **arrecifes de coral:** Donner, S. *et al.* «Global assessment of coral bleaching and required rates of adaptation under climate change», *Global Change Biology,* n. 11 (2005), p. 2251-65.

p. 135 **plantas de Europa:** Thuiller,W. *et al.* «Climate change threats to plant diversity in Europe», *PNAS,* vol. 102, n. 23 (2005), p. 8245-50.

p. 135 **las Rocosas y las Grandes Llanuras:** Townsend Peterson, A. «Projected climate change effects on Rocky Mountain and Great Plains birds: generalities of biodiversity consequences», *Global Change Biology,* n. 9 (2003), 647-55.

p. 135 **noreste de China:** Shao, G. *et al.* «Sensitivities of species compositions of the mixed forest in eastern Eurasian continent to climate change», *Global and Planetary Change,* n. 37 (2003), p. 307-13.

p. 136 **climas «noveles»:** Williams, J.; Jackson, S.; Kutzbach, J. «Projected distributions of novel and disappearing climates by 2100 AD», *PNAS,* vol. 104, n. 14 (2007), p. 5738-42.

p. 137 **entre un tercio y la mitad:** Thomas, C. *et al.* «Extinction risk from climate change», *Nature,* n. 427 (2004), p. 145-8.

p. 137 **«decaer en un 10%»:** Halweil, B. «The irony of climate», *Worldwatch Magazine,* marzo/abril del 2005.

p. 137 **trópicos semiáridos de África:** Sivakumar, M. *et al.* «Impacts of present and future climate variability and change on agriculture and forestry in the arid and semi-arid tropics», *Climatic Change,* n. 70 (2005), p. 31-72.

p. 138 **declive catastrófico:** Easterling,W. and Apps, M. «Assessing the consequences of climate change for food and forest resources: a view from the IPCC», *Climatic Change,* n. 70 (2005), p. 165-89.

p. 138 **«los principales graneros del planeta»:** *Íbid.*

p. 138 **En los Estados Unidos, las zonas sureñas:** Tsvetsinskaya, A. *et al.* «The effect of spatial scale of climate change scenarios on simulated maize, winter wheat and rice production in the southeastern United States», *Climatic Change,* n. 60 (2003), p. 37-71.

p. 138 **daños adicionales provocados por las inundaciones:** Rosenzweig, C. *et al.* «Increased crop damage in the US from excess precipitation under climate change», *Global Environmental Change,* n. 12 (2002), p. 197-202.

p. 138 **«desplazarse cientos de kilómetros»:** Motha, R.; Baier,W. «Impacts of present and future climate change and climate variability on agriculture in the temperate regions: North America», *Climatic Change*, n. 70 (2005), p. 137-64.

p. 139 **disparar los precios del mercado:** Easterling,W.; Apps, M. «Assessing the consequences of climate change for food and forest resources: a view from the IPCC», *Climatic Change*, n. 70 (2005), p. 165-89.

CUATRO GRADOS

p. 144 **50 centímetros:** El Raey, M. *et al.* «Adaptation to the impacts of sea level rise in Egypt», *Climate Research*, n. 12 (1999), p. 117-28.

p. 144 **Boston:** Kirshen, P. *et al. Climate's Long-Term Impacts on Metro Boston (CLIMB)*, resumen para los medios (sin fecha).

p. 144 **Nueva Jersey:** Cooper, M. *et al. Future Sea Level Rise and the New Jersey Coast: Assessing Potential Impacts and Opportunities*, Programa de Políticas Científicas, Tecnológicas y Medioambientales de la Escuela Woodrow Wilson de Asuntos Internacionales de la Universidad de Princeton, junio del 2005.

p. 147 **glaciar continental de la Antártida Occidental:** Mercer, J. H. «West Antarctic ice sheet and CO2 greenhouse effect: A threat of disaster», *Nature*, n. 271 (1978), p. 321-5.

p. 147 **acelerarse y retirarse:** Payne, A. *et al.* «Recent dramatic thinning of the largest West Antarctic ice stream triggered by oceans», *Geophysical Research Letters*, n. 31 (2004), L23401.

p. 147 **perdiendo [...] hielo:** Velicogna, I.; Wahr, J. «Measurements of time-variable gravity show mass loss in Antarctica», *Science*, n. 311 (2006), p. 1754-6.

p. 147 **propagado muy hacia el interior:** Kerr, R. «A bit of icy Antarctica is sliding towards the sea», *Science*, n. 305 (2004), p. 1897.

p. 147 **añadiendo 0,14 milímetros:** Thomas, R. *et al.* «Accelerated sea-level rise from West Antarctica», *Science*, n. 306 (2004), p. 255-8; van den Broeke, M. *et al.* «Snowfall in West Antarctica much greater than previously assumed», *Geophysical Research Letters*, n. 33 (2006), L02505. El segundo ofrece datos actualizados.

p. 148 **«monitorizando»:** «NASA finds vast regions of West Antarctica melted in recent past», noticias de la misión de la NASA, 15 de mayo del 2007 disponible en http://www.nasa.gov/vision/earth/lookingatearth/arctic-20070515.html.

p. 148 **han acelerado su flujo:** Alley, R. *et al.* «Ice-sheet and sea-level changes», *Science*, n. 310 (2005), p. 456-60.

p. 149 **Ross y Ronne:** Oppenheimer, M.; Alley, R. «Ice sheets, global warming, and Article 2 of the UNFCCC», *Climatic Change*, n. 68 (2005), p. 257-67.

p. 149 **lechos submarinos:** Bindshadler, R. «Hitting the ice sheets where it hurts», *Science*, n. 311 (2006), p. 1720-1.

p. 149 **casi 40 millones de años:** Zachos, J. *et al.* «Trends, rhythms, and aberrations in global climate over 65 Ma to present», *Science*, n. 292 (2001), p. 686-93.

p. 150 **aguas costeras de China:** Liu, J.; Diamond, J. «China's environment in a globalizing world», *Nature*, n. 435 (2005), p. 1179-86.

p. 151 **tan voraces como los americanos:** Brown, L. «Learning from China: Why the Western economic model will not work for the world», Earth Policy Institute, actualización sobre eco-economía, 9 de marzo del 2005; http://www.earth-policy.org/Updates/2005/Update46.htm.

p. 151 **la producción agrícola [de China] se derrumbará:** *Investigating the Impacts of Climate Change on Chinese Agriculture*, proyecto en colaboración entre China y el Reino Unido, Defra, 2004.

p. 152 **continente australiano:** Hare, B. «Relationship between increases in global mean temperature and impacts on ecosystems, food production, water and socio-economic systems», en *Avoiding Dangerous Climate Change*, Schellnhuber, H. J. (ed.). Cambridge University Press, 2006.

p. 152 **India:** *Climate Change Scenarios for India*, Keysheet 2, Defra, 2005.

p. 152 **análisis global:** Wang, G. «Agricultural drought in a future climate: results from 15 global climate models participating in the IPCC 4th assessment», *Climate Dynamics*, n. 29 (2005), p. 739-53.

p. 153 **en China las civilizaciones:** Chang Huang, C. *et al.* «Climatic aridity and the relocations of the Zhou culture in the southern Loess Plateau of China», *Climatic Change*, n. 61 (2003), p. 361-78.

p. 153 **civilización Harappa:** Staubwasser, M. *et al.* «Climate change at the 4.2 ka BP termination of the Indus valley civilization and the Holocene south Asian monsoon variability», *Geophysical Research Letters*, vol. 30, n. 8 (2003), p. 1425.

p. 153 **Nada queda [...] las arenas:** N. del T. Traducción del poema «Ozymandias» de Percy B. Shelley a cargo de Juan Abeleira y Alejandro Valero. *No despertéis a la serpiente*, ediciones Hiperión, 1994.

p. 155 **caída de las precipitaciones:** Raisanen, J. *et al.* «European climate in the late twenty-first century: regional simulations with two driving global models and two forcing scenarios», *Climate Dynamics,* n. 22 (2004), p. 13-31.

p. 155 **olas de calor:** Holt, T.; Palutikof, J. *The Effect of Global Warming on Heat Waves and Cold Spells in the Mediterranean.* Documento D5A4, del proyecto Prudence, Unidad de Investigación Climática, 2004.

p. 155 **aumento de entre el 200% y el 500%:** Diffenbaugh, N. *et al.* «Heat stress intensification in the Mediterranean climate change hotspot», *Geophysical Research Letters,* n. 34 (2007), L11706.

p. 155 **Suiza:** Beniston, M.; Diaz, H. «The 2003 heat wave as an example of summers in a greenhouse climate? Observations and climate model simulations for Basel, Switzerland», *Global and Planetary Change,* n. 44 (2004), p. 73-81.

p. 156 **Inglaterra:** Brabson, B. *et al.* «Soil moisture and predicted spells of extreme temperatures in Britain», *Journal of Geophysical Research,* n. 110 (2005), D05104.

p. 156 **temperaturas del continente:** Rowell, D. «A scenario of European climate change for the late twentyfirst century: seasonal means and interannual variability», *Climate Dynamics,* n. 25 (2005), p. 837-49.

p. 156 **mar Caspio:** Elguindi, M.; Giorgi, F. «Projected changes in the Caspian Sea level for the 21st century based on the latest AOGCM models», *Geophysical Research Letters,* n. 33 (2006), L08706.

p. 156 **puntos calientes:** Giorgi, F. «Climate change hot spots», *Geophysical Research Letters,* n. 33 (2006), L08707.

p. 158 **la nieve será una rareza:** duración de la capa de nieve según el gráfico Fig. 3 en Beniston, M. *et al.* en «Snow pack in the Swiss Alps under changing climatic conditions: an empirical approach for climate impacts studies», *Theoretical and Applied Climatology,* n. 74 (2003), 19-31.

p. 158 **3.000 metros:** Beniston, M. *et al.* «Estimates of snow accumulation and volume in the Swiss Alps under changing climatic conditions», *Theoretical and Applied Climatology,* n. 76 (2003), p. 125-40.

p. 158 **los glaciares desaparecerán:** Zemp, M. *et al.* «Alpine glaciers to disappear within decades?», *Geophysical Research Letters,* n. 33 (2006), p. 13, L13504.

p. 158 **olas de calor:** Beniston, M. «Warm winter spells in the Swiss Alps: Strong heat waves in a cold season? A study focusing on climate observations at the Saentis high mountain site», *Geophysical Research Letters,* n. 32 (2005), L01812.

p. 159 **por el norte de Europa:** Fischer-Bruns, I. *et al.* «Modelling the variability of midlatitude storm activity on decadal to century time scales», *Climate Dynamics,* n. 25 (2005), p. 461-76.

p. 159 **Escocia:** Yin, J. «A consistent poleward shift in the storm tracks in simulations of 21st century climate», *Geophysical Research Letters*, n. 32 (2005), L18701.

p. 160 **costes [...] aumentarán:** Leckebusch, G. *et al.* «Property loss potentials for European midlatitude storms in a changing climate», *Geophysical Research Letters*, n. 34 (2007), L05703.

p. 160 **reduzcan en número:** Lambert, F.; Fyfe, J. «Changes in winter cyclone frequencies and strengths simulated in enhanced greenhouse warming experiments: results from the models participating in the IPCC diagnostic exercise», *Climate Dynamics*, n. 26 (2006), p. 713-28.

p. 160 **el sur y el este de Inglaterra:** *Climate Change Scenarios for the United Kingdom*, Informe UKCIP02 de abril del 2002.

p. 160 **se cree que [estos riesgos] se cuadruplicarán:** *Future Flooding*, Programa de previsión de la Oficina de Ciencia y Tecnología del Reino Unido. Resumen ejecutivo, sin fecha.

p. 161 **Toda la costa de Inglaterra:** *Íbid.*

p. 161 **nevadas:** *Climate Change Scenarios for the United Kingdom*, Informe UKCIP02, abril del 2002.

p. 162 **tesis doctoral:** http://www.lib.utexas.edu/etd/d/2005/cooked44152/cooked44152.pdf; **artículo:** Cooke, J. *et al.* «Precise timing and rate of massive late Quaternary soil denudation», *Geology*, vol. 31, n. 10 (2003), p. 853-6.

p. 162 **mayor intensidad de las precipitaciones:** Chen, M. *et al.* «Changes in precipitation characteristics over North America for doubled CO2», *Geophysical Research Letters*, n. 32 (2005), L19716.

p. 162 **Toda la superficie terrestre:** Semenov, V.; Bengtsson, L. «Secular trends in daily precipitation characteristics: greenhouse gas simulation with a coupled AOGCM», *Climate Dynamics*, n. 19 (2002), p. 123-40.

p. 162 **el centro y el norte de Europa:** Frei, C. *et al.* «Future change of precipitation extremes in Europe: Intercomparison of scenarios from regional climate models», *Journal of Geophysical Research*, n. 111 (2006), D06105.

p. 162 **ciclones de invierno:** Lambert, F.; Fyfe, J. «Changes in winter cyclone frequencies and strengths simulated in enhanced greenhouse warming experiments: results from the models participating in the IPCC diagnostic exercise», *Climate Dynamics*, n. 26 (2006), p. 713-28.

p. 163 **región oriental de Australia:** Walsh, K. *et al.* «Fine-resolution regional climate model simulations of the impact of climate change on tropical cyclones near Australia», *Climate Dynamics*, n. 22 (2004), p. 47-56.

p. 162 **Corea:** Boo, K.-O. *et al.* «Response of global warming on regional climate change over Korea: An experiment with the MM5 model», *Geophysical Research Letters,* n. 31 (2004), L21206.

p. 162 **Polo Norte [...] verano:** Teng, H. *et al.* «Twenty-first century Arctic climate change in the CCSM3 IPCC scenario simulations», *Climate Dynamics,* n. 26 (2006), p. 601-16.

p. 163 **permafrost [...] disminuye:** Lawrence, D.; Slater, A. «A projection of severe near-surface permafrost degradation during the 21st century», *Geophysical Research Letters,* n. 32 (2005), L24401.

p. 164 **lejano este de Rusia:** Evaluación sobre el Impacto Climático del Ártico, *Impacts of a Warming Arctic,* Cambridge University Press, 2004, p. 87-8.

p. 164 **un 30% más de agua dulce llega al océano Ártico:** Lawrence, D.; Slater, A. «A projection of severe near-surface permafrost degradation during the 21st century», *Geophysical Research Letters,* n. 32 (2005), L24401.

p. 165 **500.000 millones de toneladas de carbono atrapadas:** Frey, K.; Smith, L. «Amplified carbon release from vast West Siberian peatlands by 2100», *Geophysical Research Letters,* n. 32 (2005), L09401.

p. 165 **«desenchufado la nevera»:**Walker, G. «A world melting from the top down», *Nature,* n. 446 (2007), p. 718-21.

p. 165 **aumento del 700%:** Frey, K.; Smith, L. «Amplified carbon release from vast West Siberian peatlands by 2100», *Geophysical Research Letters,* n. 32 (2005), L09401.

p. 165 **lodazal recién descongelado:** Christensen, T. *et al.* «Thawing sub-arctic permafrost: Effects on vegetation and methane emissions», *Geophysical Research Letters,* n. 31 (2005), L04501.

p. 165 **lagos en deshielo:**Walter, K. M. *et al.* «Methane bubbling from Siberian thaw lakes as a positive feedback to climate warming», *Nature,* n. 443 (2006), p. 71-5.

p. 166 **ya está disparándose:** Torre Jorgenson, M. *et al.* «Abrupt increase in permafrost degradation in Arctic Alaska», *Geophysical Research Letters,* n. 33 (2006), L02503.

p. 166 **«cantidades potenciales»:** *Íbid.*

p. 166 **exagerado:** Delisle, G. «Near-surface permafrost degradation: How severe during the 21st century?», *Geophysical Research Letters,* n. 34 (2007), L09503.

p. 166 **«duplicásemos»:**Walker, G. «A world melting from the top down», *Nature,* n. 446 (2007), p. 718-21.

CINCO GRADOS

p. 171 **aumenten tanto la evaporación como las precipitaciones:** Manabe, S. *et al.* «Century-scale change in water availability: CO2-quadrupling experiment», *Climatic Change*, n. 64 (2004), p. 59-76.

p. 171 **trópicos [...] Reino Unido:** Huntingford, C. *et al.* «Regional climate-model predictions of extreme rainfall for a changing climate», *Quarterly Journal of the Royal Meteorological Society*, n.129 (2003), p. 1607-21.

p. 172 **«expansión de los grandes desiertos»:** Manabe, S. *et al.* «Century-scale change in water availability: CO2-quadrupling experiment», *Climatic Change*, n. 64 (2004), p. 59-76.

p. 173 **el manto niveo [de las montañas] de California:** Hayhoe, K. *et al.* «Emissions pathways, climate change, and impacts on California», *Proceedings of the National Academy of Sciences*, n. 101 (2004), n. 34, p. 12422-7.

p. 173 **Yemen:** Brown, L. *Plan B: Rescuing a Planet under Stress and a Civilization in Trouble*, W.W. Norton & Co., 2003, p. 31-2.

p. 174 **declive de la productividad agrícola:** Parry, M. *et al.* «Effects of climate change on global food production under SRES emissions and socio-economic scenarios», *Global Environmental Change*, n. 14 (2004), p. 53-67.

p. 174 **James Lovelock:** comunicado personal, 31 de marzo del 2006.

p. 174 **se duplique:** Flannigan, M. *et al.* «Future area burned in Canada», *Climatic Change*, n. 72 (2005), p. 1-16.

p. 175 **Eoceno temprano:** Dawson, M. *et al.* «Paleogene terrestrial vertebrates: northernmost occurrence, Ellesmere Island, Canada», *Science*, n. 192 (1976), p. 781-2.

p. 176 **diferencias entre estaciones:** McKenna, M. «Eocene paleolatitude, climate and mammals of Ellesmere Island», *Palaeogeography, Palaeoclimatology, Palaeoecology*, n. 30 (1976), p. 349-62.

p. 176 **nuevas especies de mamíferos:** Rose, K. «Clarkforkian Land-Mammal Age: revised definition, zonation, and tentative intercontinental correlation», *Science*, n. 208 (1980), p. 744-6.

p. 176 **extinción masiva:** Kennett, J.; Stott, L. «Abrupt deep-sea warming, palaeoceanographic changes and benthic extinctions at the end of the Palaeocene», *Nature*, n. 353 (1991), p. 225-9.

p. 177 **Dickens pensaba:** Dickens, G. *et al.* «Dissociation of oceanic methane hydrate as a cause of the carbon isotope excursion at the end of the Paleocene», *Paleoceanography*, n. 10 (1995), p. 965-71.

p. 178 **Katz había descubierto [en los sedimentos] evidencias:** Katz, M. *et al.* «The source and fate of massive carbon input during the latest Paleocene Thermal Maximum», *Science*, n. 286 (1999), p. 1531-3.

p. 178 **geólogos han fechado:** Storey, M. *et al.* «Paleocene-Eocene Thermal Maximum and the opening of the Northeast Atlantic», *Science*, n. 316 (2007), p. 587-9.

p. 179 **España:** Schmitz, B.; Pujalte, V. «Sea-level, humidity, and land-erosion records across the initial Eocene thermal maximum from a continental-marine transect in northern Spain», *Geology*, vol. 31, n. 8 (2003), p. 689-92.

p. 179 **«megadelta»:** Schmitz, B.; Pujalte, V. «Abrupt increase in seasonal extreme precipitation at the Paleocene-Eocene boundary», *Geology*, vol. 35, n. 3 (2007), p. 215-18.

p. 179 **acidez de los mares:** Zachos, J. *et al.* «Rapid acidification of the ocean during the Paleocene-Eocene Thermal Maximum», *Science*, n. 308 (2005), p. 1611-15.

p. 179 **América del Norte:** Retallack, G. «Pedogenic carbonate proxies for amount and seasonality of precipitation in paleosols», *Geology*, vol. 33, n. 4 (2005), p. 333-6.

p. 179 **Rocosas:** Sewall, J. and Sloan, L. «Come a little bit closer: A high-resolution climate study of the early Paleogene Laramide foreland», *Geology*, vol. 34, n. 2 (2006), p. 81-4.

p. 179 **Inglaterra y Bélgica:** Retallack, G. «Pedogenic carbonate proxies for amount and seasonality of precipitation in paleosols», *Geology*, vol. 33, n. 4 (2005), p. 333-6.

p. 179 **su propio efecto invernadero:** Jahren, A. and Sternberg, L. «Humidity estimate for the middle Eocene Arctic rain forest», *Geology*, vol. 31, n. 5 (2003), p. 463-6.

p. 180 **temperaturas del mar:** Sluijs, A. *et al.* «Subtropical Arctic Ocean temperatures during the Palaeocene/Eocene thermal maximum», *Nature*, n. 441 (2006), p. 610-13.

p. 180 **temperaturas del aire:** Weijers, J. *et al.* «Warm Arctic continents during the Palaeocene-Eocene Thermal Maximum», *Earth and Planetary Science Letters*, 2007.

p. 180 **lluvias mucho más copiosas:** Pagani, M. *et al.* «Arctic hydrology during global warming at the Palaeocene/Eocene thermal maximum», *Nature*, n. 442 (2006), p. 671-5.

p. 180 **nada de hielo:** Kerr, R. «Signs of a warm, ice-free Arctic», *Science*, n. 305 (2004), p. 1693.

p. 180 **temperaturas medias se elevaron:** Pagani, M. *et al.* «An ancient carbon mystery», *Science*, n. 314 (2006), p. 1556-7.

p. 180 **Gerald Dickens:** Dickens, G. «The blast in the past», *Nature*, n. 401 (1999), p. 752-5.

p. 180 **John Higgins y Daniel Schrag:** Higgins, A.; Schrag, D. «Beyond methane: Towards a theory for the Paleocene-Eocene Thermal Maximum», *Earth and Planetary Science Letters*, n. 245 (2006), p. 523-37.

p. 180 **Eoceno temprano:** Lowenstein, T.; Demicco, R. «Elevated Eocene atmospheric CO2 and its subsequent decline», *Science*, n. 313 (2006), p. 1928.

p. 181 **30 veces más rápidas:** «Lesson from 55 million years ago says climate change could be faster than expected», *Daily Telegraph*, 17 de febrero del 2006.

p. 181 **achicharradora ola de calor:** Thomas, D. *et al.* «Warming the fuel for the fire: Evidence for the thermal dissociation of methane hydrate during the Paleocene-Eocene thermal maximum», *Geology*, vol. 30, n. 12 (2002), p. 1067-70.

p. 182 **descender un 85%:** Buffett, B.; Archer, D. «Global inventory of methane hydrate: sensitivity to changes in the deep ocean», *Earth and Planetary Science Letters*, n. 227 (2004), p. 185-99.

p. 182 **océano Ártico:** ver «Methane hydrates and global warming», blog RealClimate, 12 de diciembre del 2005, http://www.realclimate.org/index.php?p=227.

p. 182 **mapa:** Hadley Centre,: *Stabilising Climate to Avoid Dangerous Climate Change - a Summary of Relevant Research at the Hadley Centre*, 2005, p. 9 «Increasing natural methane emissions».

p. 183 **tsunami [como este] había golpeado las islas Británicas:** Sissons, J.; Smith, D. «Peat bogs in a post-glacial sea and a buried raised beach in the western part of the Carse of Stirling», *Scottish Journal of Geology*, n. 1 (1965), p. 247-55.

p. 183 **Northumberland:** Smith, D. *et al.* «The Holocene Storegga Slide tsunami in the United Kingdom», *Quaternary Science Reviews*, n. 23 (2004), p. 2291-321.

p. 183 **islas Shetland:** Bondevik, S. *et al.* «Record-breaking height for 8000-year-old tsunami in the North Atlantic», *Eos*, vol. 84, n. 31 (2004), p. 289-300.

p. 183 **20 metros en las Shetlands:** *Íbid.*

p. 183 **liberación [repentina] de hidratos de metano:** Zillmer, M. *et al.* «Imaging and quantification of gas hydrate and free gas at the Storegga slide offshore Norway», *Geophysical Research Letters*, n. 32 (2005), L04308.

p. 183 **marcas:** ver «Methane hydrates and global warming», blog RealClimate, 12 de diciembre del 2005, http://www.realclimate.org/index.php?p=227.

p. 184 **perdido todo rastro de hidratos de metano:** Paull, C. *et al.* «Assessing methane release from the colossal Storegga submarine landslide», *Geophysical Research Letters*, n. 34 (2007), L04601.

p. 184 **durante 10.000 años:** Pagani, M. *et al.* «An ancient carbon mystery», *Science*, n. 314 (2006), p. 1556-7.

p. 184 **evidencias geológicas de América del Norte:** Wing, S. *et al.* «Transient floral change and rapid global warming at the Paleocene-Eocene boundary», *Science*, n. 310 (2005), p. 993-6.

p. 185 **el PETM comenzó siendo seco:** *Íbid.*

SEIS GRADOS

p. 193 **periodo Cretáceo o Cretácico:** Skelton, P. (ed.). *The Cretaceous World*, Cambridge University Press, 2003.

p. 193 **rocas cretácicas:** *Íbid.*

p. 194 **champsosaurus:** Tarduno, J. *et al.* «Evidence for extreme climatic warmth from Late Cretaceous Arctic vertebrates», *Science*, n. 282 (1998), p. 2241-4.

p. 195 **árboles del pan:** Jenkyns, H. *et al.* «High temperatures in the Late Cretaceous Arctic Ocean», *Nature*, n. 432 (2004), p. 888-92.

p. 195 **colinas:** Ito, M. *et al.* «Temporal variation in the wavelength of hummocky cross-stratification: Implications for storm intensity through Mesozoic and Cenozoic», *Geology*, vol. 29, n. 1 (2001), p. 87-9.

p. 195 **Atlántico tropical:** Bice, K. *et al.* «A multiple proxy and model study of Cretaceous upper ocean temperatures and atmospheric CO2 concentrations», *Palaeoceanography*, n. 21 (2006), PA2002.

p. 195 **Atlántico sur:** Bice, K. *et al.* «Extreme polar warmth during the Cretaceous greenhouse? Paradox of the late Turonian O18 record at Deep Sea Drilling Project Site 511», *Palaeoceanography*, vol. 18, n. 2 (2003), p. 1031.

p. 195 **adaptada a la sequía:** Skelton, P. (ed.). *The Cretaceous World*, Cambridge University Press, 2003.

p. 196 **península Antártica:** Poole, I. *et al.* «A multi-proxy approach to determine Antarctic terrestrial palaeoclimate during the Late Cretaceous and Early Tertiary», *Palaeogeography, Palaeoclimatology, Palaeoecology*, n. 222 (2005), p. 95-121.

p. 196 **Polo Sur:** Brentnall, S. *et al.* «Climatic and ecological determinants of leaf lifespan in polar forests of the high CO2 Cretaceous "greenhouse" world», *Global Change Biology*, n. 11 (2005), p. 2177-95.

p. 196 **Polo Norte:** Jenkyns, H. *et al.* «High temperatures in the Late Cretaceous Arctic Ocean», *Nature*, n. 432 (2004), p. 888-92.

p. 196 **supercontinente Pangea:** Poulsen, C. «Did the rifting of the Atlantic Ocean cause the Cretaceous thermal maximum?», *Geology*, vol. 31, n. 2 (2003), p. 115-18.

p. 198 **correlación con los picos de calentamiento:** Jenkyns, H. «Evidence for rapid climate change in the Mesozoic-Palaeogene greenhouse world», *Philosophical Transactions of the Royal Society of London A*, n. 361 (2003), p. 1885-1916.

p. 199 **liberación [catastrófica] de hidratos de metano:** Kerr, R. «Quakes large and small, burps big and old», *Science*, n. 287 (2000), p. 576-7.

p. 199 **floración de algas:** Beckmann, B. *et al.* «Orbital forcing of Cretaceous river discharge in tropical Africa and ocean response», *Nature*, n.437 (2005), p. 241-4.

p. 200 **tuberías de roca vertical:** Svensen, H. *et al.* «Hydrothermal venting of greenhouse gases triggering Early Jurassic global warming», *Earth and Planetary Science Letters*, n. 256 (2007), p. 554-66.

p. 199 **pulso:** *Íbid.*

p. 201 **La mayor parte de la vida [...] aniquilada:** Benton, M. *When Life Nearly Died: The Greatest Mass Extinction of All Time*, Thames & Hudson, 2003, p. 168.

p. 201 **12 mm de estratos:** Kaiho, K. *et al.* «Close-up of the end-Permian mass extinction horizon recorded in the Meishan section, South China: Sedimentary, elemental, and biotic characterization and a negative shift of sulfate sulfur isotope ratio», *Palaeogeography, Palaeoclimatology, Palaeoecology*, vol. 239, n. 3-4 (2006), p. 396-405.

p. 202 **época de rápido calentamiento provocado por el efecto invernadero:** Benton, M. *When Life Nearly Died: The Greatest Mass Extinction of All Time*, Thames & Hudson, 2003, p. 267.

p. 202 **erosión de los suelos:** Sephton, M. «Catastrophic soil erosion during end-Permian biotic crisis», *Geology*, vol. 33, n. 12 (2005), p. 941-4.

p. 202 **«pico de hongos»:** Visscher, H. *et al.* «The terminal Paleozoic fungal event: Evidence of terrestrial ecosystem destabilization and collapse», *PNAS*, vol. 93, n. 5 (1996), p. 2155-8.

p. 202 **cuenca de Karoo:** Smith, R.; Ward, P. «Pattern of vertebrate extinctions across an event bed at the Permian-Triassic boundary in the Karoo Basin of South Africa», *Geology*, vol. 29, n. 12 (2001), p. 1147-50.

p. 203 **fascinante modelo:** Kidder, D.; Worsley, T. «Causes and consequences of extreme Permo-Triassic warming to globally equable climate and relation to the Permo-Triassic extinction and recovery», *Palaeogeography, Palaeoclimatology, Palaeoecology*, vol. 203, n. 3-4 (2004), p. 207-37.

p. 204 **huracanes:** *Íbid.*

p. 204 **Siberia:** Kamo, S. *et al.* «Rapid eruption of Siberian flood-volcanic rocks and evidence for coincidence with the Permian-Triassic boundary and mass extinction at 251 Ma», *Earth and Planetary Science Letters*, n. 214 (2003), p. 75-91.

p. 205 **dejar la tierra sin vegetación:** Benton, M. *When Life Nearly Died: The Greatest Mass Extinction of All Time*, Thames & Hudson, 2003.

p. 205 **niveles de oxígeno:** Weidlich, O. *et al.* «Permian-Triassic boundary interval as a model for forcing marine ecosystem collapse by long-term atmospheric oxygen drop», *Geology*, vol. 31, n. 11 (2003), p. 961-4.

p. 205 **como se produjeron los acontecimientos:** Ryskin, G. «Methane-driven oceanic eruptions and mass extinctions», *Geology*, vol. 31, n. 9 (2003), p. 741-4.

p. 206 **erupción [...] de metano oceánico:** *Íbid.*

p. 207 **océano sulfuroso:** Nielsen, J.; Shen, Y. «Evidence for sulfidic deep water during the Late Permian in the East Greenland basin», *Geology*, vol. 32, n. 12 (2004), p. 1037-40.

p. 207 **emisión de sulfuro de hidrógeno:** Kump, L. *et al.* «Massive release of hydrogen sulfide to the surface ocean and atmosphere during intervals of ocean anoxia», *Geology*, vol. 33, n. 5 (2005), p. 397-400.

p. 207 **mutaciones en su ADN:** Visscher, H. *et al.* «Environmental mutagenesis during the end-Permian ecological crisis», *PNAS*, vol. 101, n. 35 (2004), p. 12952-6.

p. 207 **causa [principal] de la extinción:** Lamarque, J.-F. *et al.* «Modeling the response to changes in tropospheric methane concentration: Application to the Permian-Triassic boundary», *Palaeoceanography*, n. 21 (2006), PA3006.

p. 207 **combinación de los dos agentes:** Lamarque, J.-F. *et al.* «Role of hydrogen sulfide in a Permian-Triassic boundary ozone collapse», *Geophysical Research Letters*, n. 34 (2007), L02801.

p. 211 **emisión [del gas tóxico] a gran escala:** Bakun, A. and Weeks, S. «Greenhouse gas buildup, sardines, submarine eruptions and the possibility of abrupt degradation of intense marine upwelling ecosystems», *Ecology Letters*, n. 7 (2004), p. 1015-23.

p. 211 **el nervio olfativo se paraliza:** Kump, L. *et al.* «Massive release of hydrogen sulfide to the surface ocean and atmosphere during intervals of ocean anoxia», *Geology,* vol. 33, n. 5 (2005), p. 397-400.

p. 213 **solo quedan mil millones de años:** Franck, S. *et al.* «Long-term evolution of the global carbon cycle: historic minimum of global surface temperature at present», *Tellus B,* vol. 54, n. 4 (2002), p. 325-43.

ESCOJAMOS NUESTRO FUTURO

p. 217 **«Vemos, como [...] la puerta del futuro»:** N. del T. Traducción de Luis Martínez de Merlo. Alighieri, D. *Divina comedia.* Cátedra: Letras Universales, 2009, p. 135.

p. 218 **aumentando cuatro veces más deprisa:** Jones, N. «Carbon tally shows growing global problem», noticias de Nature.com, 2006. http://www.nature.com/news/2006/061106/full/061106-18.html.

p. 218 **0.5 ºC:** Teng, H. *et al.* «Twenty-first century climate change commitment from a multi-model ensemble», *Geophysical Research Letters,* n. 33 (2006), L07706.

p. 218 **1 ºC:** Wigley, T. «The climate change commitment», *Science,* n. 307 (2005), p. 1766-9.

p. 220 **11ºC:** Stainforth, D. *et al.* «Uncertainty in predictions of the climate response to rising levels of greenhouse gases», *Nature,* n. 433 (2005), p. 403-6.

p. 220 **«peligrosamente altos»:** Ver http://climateprediction.net/science/pubs/climateprediction_press_release.pdf.

p. 221 **ya está en marcha:** Wild, M. *et al.* «From dimming to brightening: decadal changes in solar radiation at Earth's surface», *Science,* n. 308 (2005), p. 847-50.

p. 221 **extremos superiores:** Andraea, M. *et al.* «Strong present-day aerosol cooling implies a hot future», *Nature,* n. 435 (2005), p. 1187-90; Bellouin, N. *et al.* «Global estimate of aerosol direct radiative forcing from satellite measurements», *Nature,* n. 438 (2005), p. 1138-41.

p. 221 **los modelos [actuales] no son capaces de reproducir:** Higgins, A.; Schrag, D. «Beyond methane: Towards a theory for the Paleocene-Eocene Thermal Maximum», *Earth and Planetary Science Letters,* n. 245 (2006), p. 523-37.

p. 221 **invernadero del Cretáceo:** Bice, K. *et al.* «A multiple proxy and model study of Cretaceous upper ocean temperatures and atmospheric CO2 concentrations», *Palaeoceanography,* n. 21 (2006), PA2002.

p. 222 **distintos efectos de retroalimentación:** Torn, M.; Harte, J. «Missing feedbacks, asymmetric uncertainties, and the underestimation of future warming», *Geophysical Research Letters,* n. 33 (2006), L10703.

p. 222 **incrementar sustancialmente la sensibilidad climática:** Hansen, J. *et al.* «Climate change and trace gases», *Philosophical Transactions of the Royal Society A,* n. 365 (2007), p. 1925-54.

p. 222 **incrementar radicalmente:** Damon Matthews, H.; Keith, D. «Carbon-cycle feedbacks increase the likelihood of a warmer future», *Geophysical Research Letters,* n. 34 (2007), L09702.

p. 222 **Un segundo estudio internacional:** Scheffer, M. *et al.* «Positive feedback between global warming and atmospheric CO2 concentration inferred from past climate change», *Geophysical Research Letters,* n. 33 (2006), L10702.

p. 223 **7% de probabilidades:** Meinshausen, M. «What does a 2°C target mean for greenhouse gas concentrations? A brief analysis based on multi-gas emission pathways and several climate sensitivity uncertainty estimates», en Schellnhuber, H. J. (ed.), *Avoiding Dangerous Climate Change,* Cambridge University Press, 2006.

p. 224 **opción políticamente realista:** Stern, N. *Stern Review: The economics of climate change,* dpto. del tesoro del Reino Unido (2006), disponible en http://www.hm-treasury.gov.uk/independent_reviews/stern_review_economics_climate_change/sternreview_index.cfm.

p. 225 **alcanzar su tope [...] *siete años*:** den Elzen, M.; Meinshausen, M. «Multi-gas emission pathways for meeting the EU 2°C climate target», in Schellnhuber, H. J. (ed.), *Avoiding Dangerous Climate Change,* Cambridge University Press, 2006.

p. 229 **AIE [...] proyecta:** resumen ejecutivo del Pronóstico Energético Mundial del 2005, Agencia Internacional de la Energía. http://www.iea.org/Textbase/npsum/WEO2005SUM.pdf.

p. 229 **Escenario Mundial de Políticas Alternativas:** comunicado de prensa del Pronóstico Energético Mundial del 2005, Agencia Internacional de la Energía. http://www.worldenergyoutlook.org/press_rel.asp.

p. 230 **cifras son alarmantes:** Dukes, J. «Burning buried sunshine: Human consumption of ancient solar energy», *Climatic Change,* n. 61 (2003), p. 31-44.

p. 231 **lechuga iceberg:** *Eating Oil: Food Supply in a Changing Climate,* Sustain/Elm Farm Research Centre, diciembre del 2001. Resumen disponible en http://www.sustainweb.org.

p. 231 **consume diez veces más:** Giampietro, M.; Pimentel, D. «The tightening conflict: Population, energy use, and the ecology of agriculture», *NPG Forum Series,* octubre de 1993, p. 1-8.

p. 232 **«nivel destacable de apropiación»:** Imhoff, M. *et al.* «Global patterns in human consumption of net primary production», *Nature,* n. 429 (2004), p. 870-3.

«tragedia de los comunes»: Hardin, G. «The tragedy of the commons», *Science,* n. 162 (1968), p. 1243-8.

p. 234 **grupos focales en Suiza:** Stoll-Kleemann, S. *et al.* «The psychology of denial concerning climate mitigation measures: evidence from Swiss focus groups», *Global Environmental Change,* n. 11 (2001), p. 107-17.

p. 236 **consumiendo más petróleo:** Leggett, J. *Half Gone: Oil, Gas, Hot Air and the Global Energy Crisis,* Portobello Books, 2005, p. 59.

p. 237 **«se conjuntaron»:** «Saudi Arabia's Ghawar Field: the elephant of all elephants», *AAPG Explorer,* 2005. http://www.aapg.org/explorer/2005/01jan/ghawar.cfm.

p. 238 **crisis económica:** Leggett, J. *Half Gone: Oil, Gas, Hot Air and the Global Energy Crisis,* Portobello Books, 2005, p. 95-6.

p. 238 **«apagón»:** Heinberg, R. *Powerdown: Options and Actions for a Post-Carbon World,* Clairview Books, 2004.

p. 239 **cuñas:** Pacala, S.; Socolow, R. «Stabilization wedges: Solving the climate problem for the next 50 years with current technologies», *Science,* n. 305 (2004), p. 968-72.

p. 241 **matan pájaros:** Marris, E.; Fairless, D. «Wind farms' deadly reputation hard to shift», *Nature,* n. 447 (2007), p. 126.

p. 241 **eliminadas permanentemente:** Kempton,W. *et al.* «Large CO2 reductions via offshore wind power matched to inherent storage in energy end-uses», *Geophysical Research Letters,* n. 34 (2007), L02817.

p. 242 **captura y almacenamiento de carbono:** IPCC, *Carbon Dioxide Capture and Storage: Summary for Policymakers and Technical Summary,* WMO/UNEP, 2005.

p. 242 **ahorraría una cantidad [...] equivalente:** Gullison, R. *et al.* «Tropical forests and climate policy», *Science,* n. 316 (2007), p. 985-6.

p. 243 **unas cuantas centésimas:** Monbiot, G. «Fuel for nought», *The Guardian,* 23 de noviembre del 2004; http://www.guardian.co.uk/climatechange/story/0,,1357462,00.html.

p. 244 **bosques del sudeste asiático:** *Íbid.*

ÍNDICE ANALÍTICO

ÍNDICE ANALÍTICO